"十二五"普通高等教育本科国家级规划教材

教育部—华为"智能基座"优秀在线课程的推荐参考用书
国家精品在线开放课程教学成果
国家级一流本科课程教学成果
中国大学MOOC课程配套教材
新型工业化·新计算·大学计算机系列

C语言大学实用教程
学习指导

（第5版）

苏小红　张羽　李东◎等编著

U0281069

College
Computer

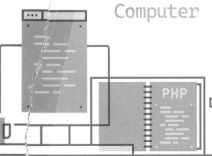

电子工业出版社
Publishing House of Electronics Industry
北京·BEIJING

内 容 简 介

本书是"十二五"普通高等教育本科国家级规划教材，是教育部—华为"智能基座"优秀教材《C 语言大学实用教程》（第 5 版）的配套教材，也是教育部—华为"智能基座"优秀在线课程的推荐参考用书。

全书包括习题解答、上机实验和案例分析三章。第 1 章为习题解答，包括主教材的全部习题及解答，涵盖全国计算机等级考试各种题型。第 2 章为上机实验，包括程序调试技术、上机实验题目及其参考答案等。本章最后给出的贯穿全书内容的综合应用实例（菜单驱动的学生成绩管理系统），可作为课程设计内容。第 3 章为案例分析，包括错误案例分析、趣味经典实例分析、程序优化及解决方案、C 语言新标准四部分，包括 C99、C11 和 C18 的新特性。

主教材和本书均为任课老师免费提供电子课件及实例源代码。

本书可作为高校各专业 C 语言程序设计课程教材、ACM 程序设计大赛和全国计算机等级考试参考书。

图书在版编目（CIP）数据

C 语言大学实用教程学习指导 / 苏小红等编著.
5 版. -- 北京 ：电子工业出版社, 2024. 8. -- ISBN
978-7-121-48802-3

Ⅰ. TP312.8

中国国家版本馆 CIP 数据核字第 2024SZ0714 号

责任编辑：章海涛　　　　　　文字编辑：纪　林
印　　刷：北京天宇星印刷厂
装　　订：北京天宇星印刷厂
出版发行：电子工业出版社
　　　　　北京市海淀区万寿路 173 信箱　　邮编：100036
开　　本：787×1 092　1/16　印张：20.75　字数：532 千字
版　　次：2007 年 4 月第 1 版
　　　　　2024 年 8 月第 5 版
印　　次：2024 年 8 月第 1 次印刷
定　　价：64.00 元

致本书读者

在 Java、C#等充满"面向对象""快速开发""稳定可靠"这样溢美之词的计算机编程语言大行其道的今天，还如此耗费心力写一本关于已经"落伍的"C 语言的书，着实让人匪夷所思。虽然 C 语言在教育界还举足轻重，在系统开发领域依然健硕，铁杆支持者遍布世界各地，但是 C 语言的书籍种类繁多，早已被写到"滥"的地步了。这本书的存在还会有价值吗？

万物皆将成为时间的灰烬，其价值体现在燃烧时发出的光热。

C 语言的重要性将在本书第 1 章中阐述。在计算机教育方面，C 语言是为数不多的与国外保持内容同步的课程之一，这大概也是因为 C 语言自身多年以来没有什么变化吧。但在教学深度上，尤其在把 C 语言从应试课程转变为实践工具方面，国内无论教材还是课程建设方面都有很长的路要走。

计算机科学日进千里，很多旧的思想、方法都被打破，不能与时俱进的语言必遭淘汰。可是 C 语言却能奇迹般地以不动如山之姿态笑傲天下，论剑江湖，这套以静制动的本领来自 C 语言的灵活。

灵活，使 C 语言的用法可以产生诸般变化。每种变化都有其利与害，趋利避害是根本。但何为利，何为害呢？这是程序设计科学研究的主题之一。随着时间的推移，判断的标准总在变化。比如 20 世纪 90 年代以前，性能一直是最重要的，所有的程序设计方法都趋向于提高性能。当硬件越来越快、越来越便宜，软件越来越复杂、越来越昂贵时，设计程序时考虑更多的是如何降低开发成本和难度，不惜以牺牲性能为代价。当网络成为技术推动力时，安全问题又成为重中之重。

无论思潮怎样变化，C 语言总能有一套行之有效的方法来应对。这些方法完全构建在对 C 语言基本语法的应用之上，丝毫影响不到它固有的体系。一些适时的方法被制定为规则，另一些落后的方法则被划为禁手。如果 C 语言的教科书还只以讲述语法为主，而忽略在新形势下的新方法、新规则和新思想的传授，就真的没有价值了。

本书要做有价值的书，要让读这本书的人真正学会 C 语言。那么，达到什么程度算是"学会"了 C 语言呢？这倒是一个很有意思的问题。

本书作者中有一人，自称一生三次学会了 C 语言。

第一次是大一，看到 C 语言成绩后，不禁自封"C 语言王子"。

待到大二，偶遇一个机会，用 C 语言开发一个真实的软件，才知道自己"卷上谈兵"的本领实在太小，与会用 C 语言的目标相去甚远。写了上万行代码，做了大小几个项目，自觉对 C 语言的掌握已炉火纯青，此为第二次学会。

待回眸品评这些项目，发现除了几副好皮囊能取悦用户，无论程序结构、可读性、可维护性还是稳定性都一团糟。年轻程序员的良心大受谴责，终于认识到，写好程序绝不是懂语法、会调用函数那么简单。又经历练，其间苦学软件工程、面向对象等理论，打造出第一个让自己由衷满意的程序，于是长出一口气，叹曰："C，我终于会用了！"。

这条路走得着实辛苦，但确实滋味无穷，乐在其中。留校任教后，他很快获得了教授 C 语言课程的机会，欣然领命，直欲把经年积累一并爆发，送与学生。经前辈高人指点，他选择了 Kernighan 和 Ritchie 合著的 *C Programming Language* 为教材。早闻此书，初见其形；边教边品，仰天长叹："原来 C 语言若此，吾不曾会矣！"

总结往事，环顾业界，何谓"学会"？这是一个没有答案的提问。学完语法规则只是读完了小学，识字不少，还会造句，但还写不出大篇的漂亮文章。若要进步，就非要在算法和结构设计两方面努力了。但这两者实非一蹴而就，大学四年也只能学到一些条条框框，就像高中毕业，尽管作文无数，能力却仅止于八股应试而已。若要写出"惊天地、泣鬼神"之程序，还必须广泛实践，多方积累。学无止境啊！

行文至此，终于完成了这本自认还有价值的书。目前的计算机图书市场异常火爆，"经典与滥竽齐飞，赞美共炒作一色"。我们不知道此书能发出多少光热，也不知道有多少人能见到这份光、感到这点热，只知道它也会成为时间的灰烬，而且盼望这一天越早到来越好。因为，此书观点被大量否定之时，必是 IT 再次飞跃之日。

作　者
于哈尔滨工业大学计算学部

教学资源

- ❖ 国家精品在线开放课程、国家级一流本科课程、华为智能基座精品慕课、中国大学 MOOC 课程。
- ❖ 面向教师的电子课件和实例源代码。
- ❖ 二维码应用，扫描二维码可观看视频或动画演示。
- ❖ 面向读者的教材网站。
- ❖ Code::Blocks 安装程序下载。
- ❖ 面向学生自主学习的作业和实验在线测试系统。
- ❖ 程序设计远程在线考试和实验平台。
- ❖ 基于 B/S 架构的 C 语言题库与试卷管理系统。
- ❖ 基于 B/S 架构的 C 语言编程题考试自动评分系统。

上述系统之间的关系如下所示。

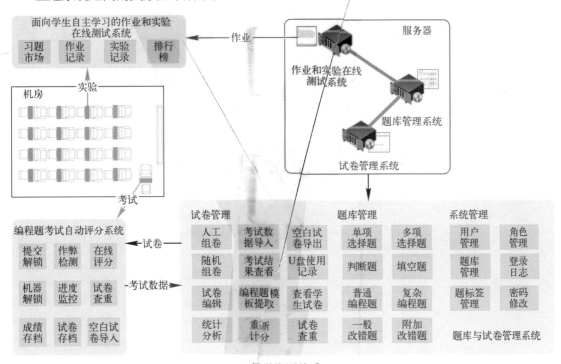

教学资源关系

平台使用方法和购买优惠，请扫描旁边的二维码
咨询：sxh@hit.edu.cn

前　言

让学生在学习程序设计的过程中，养成良好的编程风格，在上机调试程序时，不再感到枯燥乏味，而是其乐融融，这一直是作者多年来无论教学还是著书方面都孜孜以求的目标。30多年C语言的学习和教学经历给了我们很多热情和灵感，收到了来自读者与用户的无数反馈，无论赞扬还是批评，鼓励还是意见，更增加了我们的激情，激励我们一次次地去修订它。

"不求经典，但求精心"，是我们的原则。因为我们知道，只有精心，才可能造就经典。"知识要准确、文字要亲切、示例要有趣、内容要实用"，是我们的目标。因为我们知道，准确才有价值，亲切才被喜欢，有趣才留印象，实用才会对读者有真正的帮助。我们衷心希望以本书为媒介，架起作者与读者沟通和交流的桥梁，让读者跟随我们一起去欣赏C语言之美、理解C语言之妙、体会学习C语言之无穷乐趣，不仅要学习或者学会C语言，更让学习C语言的过程变成一件无比轻松快乐的事情。

本书是"十二五"普通高等教育本科国家级规划教材，是教育部—华为"智能基座"优秀教材《C语言大学实用教程（第5版）》（ISBN 978-7-121-44334-3）的配套教材，包括习题解答、上机实验指导和案例分析三章内容。

第1章为习题解答，包括主教材的全部习题及解答，涵盖全国计算机等级考试各种题型（选择题、程序填空题、程序改错题、阅读程序写出运行结果题、编程题等），其中部分习题还给出了多种解答方法。

第2章为实验指导，包括程序调试技术、课内和课外上机实验题目及其参考答案、综合应用实例以及C语言编程题考试自动评分系统简介等内容。程序调试技术主要介绍Code::Blocks+GCC+GDB集成开发环境下标准C程序调试方法，还介绍了鲲鹏平台下的C语言编写方法。实验指导部分以知识点为主线设计实验题目，将趣味性和实用性融为一体，以循序渐进的任务驱动方式，指导读者完成实验程序设计。本章最后还给出了一个贯穿全书内容的综合应用实例（学生成绩管理系统），可作为课程设计内容。

第3章为案例分析，主要包括错误案例分析、趣味经典实例分析、程序优化及解决方案，以及C99、C11、C18简介等内容。错误案例分析主要介绍含有隐蔽错误的程序的排错方法，帮助读者了解错误发生的原因、实质、排错方法及解决对策；趣味经典实例分析主要介绍了骑士游历和八皇后等经典问题的程序设计；程序优化及解决方案主要介绍程序性能优化的一些基本原则。

主教材和本书均为任课教师免费提供电子课件，并同时提供例题和习题源程序。本书可以作为高校各专业C语言程序设计课程的教材，也可以作为ACM程序设计大赛和全国计算机等级考试参考书。

本书在第4版的基础上删减了部分习题和实验题，修改并完善了习题解答。

主教材和本教材对应的课程于 2007 年被评为"国家精品课程"，2016 年被评为"国家精品资源共享课程"，2017 年被评为"国家精品在线开放课程"，2020 年被评为"国家一流线上课程"。读者可在教材网站（ http://book.sunner.cn ）或华信教育资源网站（ http://www.hxedu.com.cn ）免费下载多媒体教学课件以及全部例题、习题、实验和案例分析的源代码。

此外，为了配合本教材实验，我们在头歌平台上建设了与本实验教材配套的实践课程，读者可以在线完成本教材的所有实验；为了配合本教材习题，我们还研制了基于 B/S 结构的 C 语言编程题考试自动评分系统、面向学生自主学习的作业和实验在线测试系统，以及 C 语言试卷和题库管理系统，有需要者可直接联系作者。

全书统稿工作由苏小红教授负责。实验题目设计及实验程序答案、错误案例分析、程序优化与解决方案、趣味经典实例分析、程序调试技术中的常见编译错误和警告信息的英汉对照及学生成绩管理综合应用实例、C99 简介、C 语言编程题考试自动评分系统简介等内容的编写由苏小红完成；鲲鹏平台下的 C 语言编写方法由叶麟编写；C11 简介和 C18 简介由张羽改编完成；习题 8、习题 9 的改编和答案编写由李东完成，习题 1、习题 5 答案以及程序调试技术由孙志岗编写；习题 4、习题 7 答案由李秀坤编写；习题 6 答案由王庆北编写；习题 2、习题 3 答案由温东新编写。

因水平有限，书中错误在所难免，恳请批评指正，我们将在教材网站（ http://book.sunner.cn ）上及时发布勘误信息，以求对读者负责。有索取教材相关资料者，请直接与作者联系，邮箱为 sxh@hit.edu.cn。欢迎读者给我们发送电子邮件或在网站上留言，对教材提出宝贵意见。

作　者
于哈尔滨工业大学计算学部

目　录

第1章 习题解答

1.1 习题1及参考答案

1.1 列举几种你所知道的计算机硬件和软件。

【参考答案】 硬件：CPU、内存、硬盘、光盘、键盘、鼠标等。软件：Windows，QQ，Internet Explorer，Office，WPS Word 等。

1.2 冯·诺依曼机模型由哪几个基本组成部分？

【参考答案】 控制器、运算器、存储器、输入设备和输出设备。

1.3 列举几种常见的程序设计语言。

【参考答案】 C，C++，Java，Python，C#，PHP，ASP，Go，Rust 等。

1.4 列举几个生活和学习中成功应用信息技术的例子。

【参考答案】 智能手机、智能洗衣机、扫地机器人、智能驾驶汽车等。

1.2 习题2及参考答案

2.1 说明下列变量名中哪些是合法的。

               π   2a   a#   C$ t3   _var   θ   int

【参考答案】 合法的为 t3、_var。

2.2 单项选择。

（1）C 语言中用_____表示逻辑值 "真"。

A）true   B）整数值 0   C）非零整数值   D）T

（2）下列合法的字符常量为_____。

A）"a"   B）'\n'   C）'china'   D）a

（3）设有语句 "char c='\72';"，则变量 c_____。

A）包含 1 个字符   B）包含 2 个字符   C）包含 3 个字符   D）不合法

（4）字符串常量"\t\"Name\\Address\n"的长度为_____。

A）19   B）15   C）18   D）不合法

（5）设 a、b、c 为 int 型变量，且 a = 3，b = 4，c = 5，下面表达式值为 0 的是_____。

A）'a' && 'b'   B）a <= b

C）a || b+c && b-c   D）!((a<b) && !c || 1)

（6）若有以下定义，则表达式 "a * b + d − c" 的值的类型为_____。

```
char  a;
int   b;
float c;
double d;
```

A）float   B）int   C）char   D）double

（7）设有语句 "int a = 3;"，执行语句 "a += a −= a * a;" 后，变量 a 的值是_____。

A）3   B）0   C）9   D）−12

（8）设有语句 "int a = 3;"，执行语句 "printf("%d", −a ++);" 后，输出结果是_____，变量 a 的值是_____。

A）3   B）4   C）−3   D）−2

【参考答案】 （1）C   （2）B   （3）A   （4）B

　　　　　　（5）D   （6）D   （7）D   （8）C

2.3 将下列数学表达式表示为合法的 C 语言表达式。

（1）$\dfrac{\sqrt{a^2+b^2}}{2c}$

（2）$|(a+b)(c+d)+2|$

（3）$(\ln x+\sin y)/2$

（4）$2\pi r$

（5）$\dfrac{1}{1+\dfrac{1}{x}}$

（6）$\dfrac{\sin 30° + 2e^x}{2y + y^x}$

【参考答案】

（1）

```
sqrt(a * a + b * b) / (2 * c)
```

或

```
sqrt(pow(a, 2) + pow(b, 2)) / (2 * c)
```

（2）

```
fabs((a + b) * (c + d) + 2)
```

（3）

```
(log(x) + sin(y)) / 2
```

注：y 应为弧度，否则若 y 为角度，则应写成

```
(log(x)+ sin(3.14 / 180 * y)) / 2)
```

（4）

```
2 * 3.1415 * r
```

或

```
2 * PI* r（其中 PI 被定义为符号常量）
```

（5）

```
1/(1 + 1.0 / x)
```

```
(sin(3.14 / 180 * 30) + 2 * exp(x)) / (2 * y + pow(y, x))
```

1.3 习题 3 及参考答案

3.1 单项选择。

（1）下列可作为 C 语言赋值语句的是_____。

A）x = 3, y = 5 　　　　　B）a = b = c 　　　　　C）i-- ; 　　　　　D）y = int (x);

（2）以下程序的输出结果为_____。

```c
#include  <stdio.h>

int main(void)
{
    int  a = 2, c = 5;
    printf("a = %%d, b = %%d\n", a, c);
    return 0;
}
```

A）a = %2, b = %5 　　　　B）a = 2, b = 5 　　　　C）a=%%d, b=%%d 　　D）a=%d, b=%d

（3）有以下程序：

```c
#include  <stdio.h>
int main(void)
{
    int  a, b, c, d;
    scanf("%c,%c,%d,%d", &a, &b, &c, &d);
    printf("c,%c,%c,%c\n", a, b, c, d);
    return 0;
}
```

若运行时从键盘上输入：6,5,65,66✓，则输出结果是_____。

A）6,5,A,B 　　　　　B）6,5,65,66 　　　　　C）6,5,6,5 　　　　　D）6,5,6,6

【参考答案】　（1）C 　　　　　（2）D 　　　　　（3）A

3.2　从键盘输入三角形的三边长为 a、b、c，按下面公式计算并输出三角形的面积。

$$s = \frac{1}{2}(a+b+c)$$

$$\text{area} = \sqrt{s(s-a)(s-b)(s-c)}$$

【参考答案】　程序运行时应保证输入的 a、b、c 的值满足三角形成立的条件，这样计算得到的三角形面积才有意义；将面积计算的数学公式写成 area = sqrt(s*(s-a)*(s-b)*(s-c)) 是正确的，但写成 area = sqrt(s(s-a)(s-b)(s-c)) 则是错误的。

另外，当 a、b、c 被声明为整型变量时，将数学公式 $s = \frac{1}{2}(a + b + c)$ 写成 s = 0.5*(a+b+c) 或 s = (a+b+c)/2.0 都是正确的。而写成 s = 1/2*(a+b+c) 或 s = (a+b+c)/2，虽然合法，但结果是错误的。前者是因为 1/2 的值为 0，使得整个表达式的值为 0，从而导致 s 值为 0。后者是因为整型数的相除结果仍为整型，使得最终计算结果中的小数位被截断。

参考程序如下：

```
#include  <stdio.h>
#include  <math.h>

int main(void)
{
    float  a, b, c;                            // a、b、c 表示三角形的三边
    float  s, area;
    printf("Input a, b, c : ");
    scanf("%f, %f, %f", &a, &b, &c);
    s = 1.0 / 2 * (a + b + c);                 // 注意，这里不能写成 1/2，否则值为 0
    area = sqrt(s * (s - a) * (s - b) * (s - c));
    printf("area = %.2f\n", area);
    return 0;
}
```

程序的运行结果如下：

```
Input a, b, c : 3,4,5↙
area = 6.00
```

3.3　编程从键盘输入圆的半径，计算并输出圆的周长和面积。

【参考答案】　将计算圆周长和面积公式中的π定义为符号常量。参考程序如下：

```
#include  <stdio.h>
#define      PI          3.14

int main(void)
{
    float  r ;                                 // r 为半径
    printf("Input r : ");
    scanf("%f", &r);
    printf("circum = %.2f, area = %.2f\n", 2*PI*r, PI*r*r);
    return 0;
}
```

程序的运行结果如下：

```
Input r : 5↙
circum = 31.40, area = 78.50
```

1.4　习题 4 及参考答案

4.1　单项选择。

（1）在下列条件语句中，只有一条语句在功能上与其他三条语句不等价（其中 s1 和 s2 表示某条 C 语句），这条不等价的语句是_____。

A）if (a)　s1;　else　s2;　　　　　　　　B）if (!a)　s2;　else　s1;

C）if (a != 0)　s1;　else　s2;　　　　　　D）if (a == 0)　s1;　else　s2;

（2）在 while (x) 语句中的 x 与下面条件表达式等价的是_____。

A）x == 0　　　　　B）x == 1　　　　　　　C）x != 1　　　　　　　D）x != 0

（3）以下能判断 ch 是数字字符的选项是_____。

A）if (ch>='0'&&ch<='9')   B）if (ch>=0&&ch<=9)

C）if ('0'<=ch<='9')   D）if (0<=ch<=9)

（4）为了避免嵌套的条件语句 if-else 的二义性，C 语言规定 else 总是与_____配对。

A）同一行上的 if   B）缩排位置相同的 if

C）其之前最近的未曾配对的 if   D）其之后最近的未曾配对的 if

（5）下列说法中错误的是_____。

A）嵌套循环的内层和外层循环的循环控制变量不能同名

B）执行嵌套循环时是先执行内层循环，后执行外层循环

C）若内外层循环的次数是固定的，则嵌套循环的循环次数等于外层循环的循环次数与内层循环的循环次数之积

D）若一个循环的循环体中又完整地包含了另一个循环，则称为嵌套循环

【参考答案】　　（1）D　　　　（2）D　　　　（3）A
　　　　　　　　（4）C　　　　（5）B

4.2　写出下列程序的运行结果。

（1）若从终端上由第一列开始输入：right?↙，则程序运行结果为_____。

```c
#include <stdio.h>

int main(void)
{
    char c;   c = getchar();
    while (c != '?')
    {
        putchar(c);
        c = getchar();
    }
    return 0;
}
```

（2）对如下程序，若输入数据同上，则程序运行结果为_____。

```c
#include <stdio.h>

int main(void)
{
    char c;
    while ((c = getchar()) != '?')
    {
        putchar(c);
    }
    return 0;
}
```

（3）对如下程序，若输入数据同上，则程序运行结果为_____。

```c
#include <stdio.h>

int main(void)
{
```

```
    char  c;

    while (putchar (getchar()) != '?')  ;
    return 0;
}
```

（4）对如下程序，若运行时输入：abcdefg$abcdefg↙，则程序运行结果为_____。

```
#include  <stdio.h>

int main(void)
{
    char  c;

    while ((c = getchar()) != '\n')
    {
        putchar(c);
    }
    printf("End!\n");
    return 0;
}
```

（5）对如下程序，若输入数据同上，则程序运行结果为_____。

```
#include  <stdio.h>

int main(void)
{
    char  c;

    while ((c = getchar()) != '$')
    {
        putchar(c);
    }
    printf("End!\n");
    return 0;
}
```

【参考答案】 （1）right （2）right （3）right?
（4）abcdefg$abcdefgEnd! （5）abcdefgEnd!

4.3 阅读程序，按要求在空白处填写适当的表达式或语句，使程序完整并符合题目要求。

（1）从键盘任意输入一个年号，判断它是否是闰年。若是闰年，则输出"Yes"，否则输出"No"。已知符合下列条件之一者是闰年:（a）能被 4 整除，但不能被 100 整除;（b）能被 400 整除。

```
#include  <stdio.h>

int main(void)
{
    int  year, flag;
    printf("Enter year : ");
    scanf("%d", &year );

    if (_____①_____)
```

```
    {
        flag = 1;                                    // 若 year 是闰年，则标志变量 flag 置 1
    }
    else
    {
        flag = 0;                                    // 否则，标志变量 flag 置 0
    }
    if (_____②_____)
    {
        printf("%d is a leap year!\n", year);        // 输出"是闰年"
    }
    else
    {
        printf("%d is not a leap year!\n", year);    // 输出"不是闰年"
    }
    return 0;
}
```

【参考答案】　① (year % 4 == 0 && year % 100 != 0) || (year % 400 == 0)
　　　　　　② flag

（2）判断从键盘输入的字符是数字字符、大写字母、小写字母、空格，还是其他字符。

```
#include <stdio.h>
int main(void)
{
    char  ch;
    ch = getchar();
    if (_____①_____)
    {
        printf("It is an English character!\n");
    }
    else if (_____②_____)
    {
        printf("It is a digit character!\n");
    }
    else if (_____③_____)
    {
        printf("It is a space character!\n");
    }
    else
    {
        printf("It is other character!\n");
    }
    return 0;
}
```

【参考答案】　① (ch>='a' && ch<='z') || (ch>='A' && ch<='Z')
　　　　　　② ch<='9' && ch>='0'
　　　　　　③ ch==' '

（3）华氏温度和摄氏温度的转换公式为 $C=5/9\times(F-32)$，其中 C 表示摄氏温度，F 表示华氏温度。要求：华氏温度的范围为 0～300，每隔 20°F 输出一个华氏温度对应的摄氏温度值。

```c
#include <stdio.h>

int main(void)
{
    int  upper = 300, step = 20;
    float  fahr = 0, celsius;

    while (____①____ < upper)
    {
        _____②_____;
        printf("4.0f\t%6.1f\n", fahr, celsius);
        _____③_____;
    }
    return 0;
}
```

【参考答案】　① fahr

② celsius = 5.0 / 9 * (fahr - 32)

③ fahr = fahr + step

4.4　输入三角形的三条边 a、b、c，判断它们能否构成三角形。若能构成三角形，则指出是何种三角形（等腰三角形、直角三角形、一般三角形）。

【参考答案】　构成三角形的条件是任意两边之和大于第三边。参考例 4-5 对实型数据是否相等进行测试。按题意，对程序进行测试时，需要以下 5 种测试用例：不能构成三角形、等腰三角形、直角三角形、等腰直角三角形、一般三角形。

```c
#include <stdio.h>
#include <math.h>
#define    EPS    1e-1

int main(void)
{
    float  a, b, c;
    int  flag = 1;
    printf("Input the three edge length : ");
    scanf("%f, %f, %f", &a, &b, &c);            // 输入三角形的三条边

    if (a + b > c && b + c > a && a + c > b)     // 三角形的基本条件
    {
        if (fabs(a - b) <= EPS || fabs(b - c) <= EPS || fabs(c - a) <= EPS)
        {
            printf("等腰");
            flag = 0;
        }
        if (fabs(a*a+b*b-c*c) <= EPS || fabs(a*a+c*c-b*b) <= EPS || fabs(c*c+b*b-a*a) <= EPS)
        {
            printf("直角");
            flag = 0;
        }
```

```
        if (flag)
        {
            printf("一般");
        }
        printf("三角形\n");
    }
    else
    {
        printf("不是三角形\n");
    }
    return 0;
}
```

程序的 4 次测试结果如下：
①   Input the three edge length : 3,4,5↙
    直角三角形
②   Input the three edge length : 4,4,5↙
    等腰三角形
③   Input the three edge length : 10,10,14.14↙
    等腰直角三角形
④   Input the three edge length : 3,4,9↙
    不是三角形

4.5   读入一个年份和月份，输出该月有多少天（考虑闰年），用 switch 语句编程。

提示：闰年的 2 月有 29 天，平年的 2 月有 28 天。

【参考答案】

```
#include <stdio.h>

int main(void)
{
    int  year, month;
    printf("Input year, month : ");
    scanf("%d, %d", &year, &month);                 // 输入相应的年和月
    switch (month)
    {
        case 1:
        case 3:
        case 5:
        case 7:
        case 8:
        case 10:
        case 12:    printf("31 days\n");
                    break;
        case 2:     if ((year % 4 == 0 && year % 100 != 0) || (year % 400 == 0))
                    {
                        printf("29 days\n");          // 闰年的 2 月有 29 天
                    }
                    else
                    {
                        printf("28 days\n");          // 平年的 2 月有 28 天
```

```
                    }
                    break;
        case 4:
        case 6:
        case 9:
        case 11:    printf("30 days\n");
                    break;
        default:    printf("Input error!\n");
    }
    return 0;
}
```

程序的三次测试结果如下：

①   Input year, month : 1988,5↙
        31 days
②   Input year, month : 1988,2↙
        29 days
③   Input year, month : 1989,2↙
        28 days

4.6   编程计算 $1\times2\times3+2\times3\times4+\cdots+99\times100\times101$ 的值。

【参考答案】 用累加求和算法，通项公式为 term=i*(i+1)*(i+2)（i = 1, 3, $\cdots$, 99）或 term= (i-1)*i*(i+1)（i = 2, 4, $\cdots$, 100），步长为 2。

```
#include  <stdio.h>

int main(void)
{
    long  i;                                    // 注意，这里 i 必须定义为 long 类型
    long  term, sum = 0;

    for (i = 1; i <= 99; i = i+2)
    {
        term = i * (i + 1) * (i + 2);
        sum = sum + term;
    }
    printf("sum = %ld", sum);
    return 0;
}
```

程序的运行结果如下：
    sum = 13002450

4.7   编程计算 $1! + 2! + 3! + 4! + \cdots + 10!$ 的值。

【参考答案1】 用累加求和算法，累加项为 term = term*i（i=1, 2, $\cdots$, 10），term 初值为 1。

```
#include  <stdio.h>

int main(void)
{
    long  term = 1, sum = 0;

    for (int i = 1; i <= 10; i++)
```

```
    {
        term = term * i;
        sum = sum + term;
    }
    printf("1!+2!+…+10! = %ld\n", sum);
    return 0;
}
```

【参考答案 2】 采用双重循环计算，用内层循环求阶乘 $i!$，外层循环控制累加的项数。

```
#include <stdio.h>
int main(void)
{
    long  term, sum = 0;
    for (int i = 1; i <= 10; i++)
    {
        term = 1;
        for (int j = 1; j <= i; j++)
        {
            term = term * j;
        }
        sum = sum + term;
    }
    printf("1!+2!+…+10! = %ld\n", sum);
    return 0;
}
```

程序的运行结果如下：

        1!+2!+…+10! = 4037913

4.8 编程计算 $a + aa + aaa + \cdots + aa\cdots a$（$n$ 个 a）的值，n 和 a 的值由键盘输入。

【参考答案】 用累加和算法，累加项为 term = term * 10 + a（i=1, 2, …, n），term 初值为 0。

```
#include <stdio.h>

int main(void)
{
    long  term = 0, sum = 0;
    int  a, n;
    printf("Input a, n : ");
    scanf("%d, %d", &a, &n);          // 输入 a、n 的值

    for (int i = 1; i <= n; i++)
    {
        term = term * 10 + a;         // 求累加项
        sum = sum + term;             // 进行累加
    }
    printf("sum = %ld\n", sum);
    return 0;
}
```

程序的运行结果如下：

```
Input a, n : 2,4↙
sum = 2468
```

4.9　利用 $\dfrac{\pi}{2}=\dfrac{2}{1}\times\dfrac{2}{3}\times\dfrac{4}{3}\times\dfrac{4}{5}\times\dfrac{6}{5}\times\dfrac{6}{7}\times\cdots$ 的前 100 项之积计算π的值。

提示：用累乘积算法，累乘项为 term = n * n / ((n-1) * (n+1))（n = 2, 4, ⋯, 100），步长为 2；或者 term = 2 * n * 2 * n / ((2*n-1) * (2*n+1))（n = 1, 2, ⋯, 50），步长为 1。

【参考答案 1】　采用累乘求积算法，累乘项为 term = n * n / ((n-1) * (n+1))（n = 2, 4, ⋯, 100），步长为 2。

```c
#include <stdio.h>

int main(void)
{
    double  term, result = 1;               // 累乘项初值应为1

    for (int n = 2; n <= 100; n = n + 2)
    {
        term = (double)(n * n)/((n - 1) * (n + 1));   // 计算累乘项
        result = result * term;
    }

    printf("result = %f\n", 2*result);
    return 0;
}
```

【参考答案 2】　采用累乘求积算法，累乘项为 term = 2 * n * 2 * n / ((2*n-1) * (2*n+1))（n = 1, 2, ⋯, 50），步长为 1。

```c
#include <stdio.h>

int main(void)
{
    double  term, result = 1;

    for (int n = 1; n <= 50; n++)
    {
        term = (double)(2 * n * 2 * n) / ((2 * n - 1) * (2 * n + 1));   // 计算累乘项
        result = result * term;
    }

    printf("result = %f\n", 2 * result);
    return 0;
}
```

程序的运行结果如下：

```
result = 3.126078
```

4.10　利用泰勒级数 $e=1+\dfrac{1}{1!}+\dfrac{1}{2!}+\dfrac{1}{3!}+\cdots+\dfrac{1}{n!}$，计算 e 的近似值。当最后一项的绝对值小于 10^{-5} 时认为达到了精度要求，要求统计总共累加了多少项。

【参考答案 1】 采用累加求和算法 e=e+term。利用前项计算后项寻找累加项的构成规律：由 $\frac{1}{2!} = \frac{1}{1!} \div 2$，$\frac{1}{3!} = \frac{1}{2!} \div 3$，…，可以发现前项、后项之间的关系是 $term_n = term_{n-1} \div n$，写成 C 语句为 "term = term/n;"，term 的初值为 1.0，n 的初值也为 1，n 按 n=n+1 变化。统计累加项数的计数器变量为 count，初值为 0，在循环体中每累加一项就加 1 一次。

```c
#include  <math.h>
#include  <stdio.h>

int main(void)
{
    int  n = 1, count = 1;
    double  e = 1.0, term = 1.0;

    while (fabs(term) >= 1e-5)
    {
        term = term / n;
        e = e + term;
        n++;
        count++;
    }
    printf("e = %f, count = %d\n", e, count);
    return 0;
}
```

【参考答案 2】 先计算 1!、2!、3!、…，再将其倒数作为累加项 term。

```c
#include  <math.h>
#include  <stdio.h>

int main(void)
{
    int  count = 1;
    double  e = 1.0, term = 1.0;
    long  fac = 1;

    for (int n = 1; fabs(term) >= 1e-5; n++)
    {
        fac = fac * n;
        term = 1.0 / fac;
        e = e + term;
        count++;
    }
    printf("e = %f, count = %d\n", e, count);
    return 0;
}
```

程序的运行结果如下：

```
e = 2.718282, count = 10
```

4.11 计算 $1 - \frac{1}{2} + \frac{1}{3} - \frac{1}{4} + \cdots + \frac{1}{99} - \frac{1}{100} + \cdots$，直到最后一项的绝对值小于 10^{-4} 为止。

【参考答案】 采用累加和算法，累加项为 term=sign/n，分子 sign=-sign，初值为 1，分母 n=n+1，初值为 1。

```
#include <stdio.h>
#include <math.h>

int main(void)
{
    int  n = 1;
    float  term = 1, sign = 1, sum = 0;

    while (fabs(term) >= 1e-4)            // 判末项大小
    {
        term = sign / n;                 // 求出累加项
        sum = sum + term;                // 累加
        sign = -sign;                    // 改变项的符号
        n++;                             // 分母加 1
    }
    printf("sum = %f\n", sum);
    return 0;
}
```

程序的运行结果如下：

```
sum = 0.693092
```

4.12 利用泰勒级数 $\sin x \approx x - \dfrac{x^3}{3!} + \dfrac{x^5}{5!} - \dfrac{x^7}{7!} + \dfrac{x^9}{9!} - \cdots - \cdots$，计算 $\sin x$ 的值。要求最后一项的绝对值小于 10^{-5}，并统计出此时累加了多少项。

【参考答案】 x 由键盘输入，采用累加求和算法，sum=sum+term，sum 初值为 x，利用前项求后项的方法计算累加项 term= -term*x*x/((n+1)*(n+2))，term 初值为 x，n 初值为 1，n=n+2。

```
#include <math.h>
#include <stdio.h>

int main(void)
{
    int  n = 1, count = 1;
    double  x, sum, term;
    printf("Input x : ");
    scanf("%lf", &x);
    sum = x;
    term = x;                                     // 累加项赋初值

    do {
        term = -term * x * x / ((n + 1) * (n + 2));   // 计算累加项
        sum = sum + term;                             // 累加
        n = n + 2;
        count++;
    } while (fabs(term) >= 1e-5);

    printf("sin(x) = %f, count = %d\n", sum, count);
    return 0;
```

```
}
```

程序的运行结果如下：

```
    Input x : 3↙                          (输入弧度值)
    sin(x) = 0.141120, count = 9
```

4.13　打印所有的"水仙花数"。所谓"水仙花数"，是指一个三位数，其各位数字的立方和等于该数本身。例如，153 是"水仙花数"，因为 $153 = 1^3 + 5^3 + 3^3$。

【参考答案1】　首先确定水仙花数 n 可能存在的范围，因为 n 是一个三位数，所以范围确定为 n 从 100 变化到 999，分离出 n 的百位 i、十位 j、个位 k 后，只要判断 n 是否等于 i*i*i+j*j*j+k*k*k 即可知道 n 是否是水仙花数。分离各位数字的方法可参考主教材的例 4-2。

```c
#include  <stdio.h>

int main(void)
{
    int  i, j, k, n;
    printf("result is : ");

    for (n = 100; n < 1000; n++)
    {
        i = n / 100;                        // 分离出百位
        j = (n - i * 100) / 10;             // 分离出十位
        k = n % 10;                         // 分离出个位
        if (i * 100 + j * 10 + k == i * i * i + j * j * j + k * k * k)
        {
            printf("%d\t ", n);             // 输出结果
        }
    }
    printf("\n");
    return 0;
}
```

【参考答案2】

```c
#include  <stdio.h>

int main(void)
{
    printf("result is : ");
    for (int i = 1; i <= 9; i++)
    {
        for (int j = 1; j <= 9; j++)
        {
            for (int k = 0; k <= 9; k++)
            {
                if (i * i * i + j * j * j + k* k * k == 100 * i + 10 * j + k)
                {
                    printf("%d\t", 100* i + 10* j + k);
                }
            }
        }
    }
```

```
    }
    printf("\n");
    return 0;
}
```

程序的运行结果如下：

```
    result is : 153  370  371  407
```

4.14 韩信点兵。韩信有一队兵，他想知道有多少人，便让士兵排队报数。按从 1 至 5 报数，最末一个士兵报的数为 1；按从 1 至 6 报数，最末一个士兵报的数为 5；按从 1 至 7 报数，最末一个士兵报的数为 4；最后再按从 1 至 11 报数，最末一个士兵报的数为 10。你知道韩信至少有多少兵吗？

【参考答案 1】 设兵数为 x，按题意 x 应满足关系式：x%5 ==1 && x%6==5 &&x %7==4 && x%11 == 10，采用穷举法对 x 从 1 开始试验，可得到韩信至少有多少兵。

```
#include  <stdio.h>

int main(void)
{
    int  x = 1;
    int  find = 0;                              // 设置找到标志为假

    while (!find)
    {
        if (x % 5 == 1 && x % 6 == 5 && x % 7 == 4 && x % 11 == 10)
        {
            printf("x = %d\n", x);
            find = 1;
        }
        x++;
    }

    return 0;
}
```

【参考答案 2】

```
#include  <stdio.h>
int main(void)
{
    int  x = 1;

    while (1)
    {
        if (x % 5 == 1 && x % 6 == 5 && x % 7 == 4 && x % 11 == 10)
        {
            printf("x = %d\n", x);
            break;
        }
        x++;
    }
```

```
        return 0;
    }
```

【参考答案 3】

```
#include <stdio.h>
int main(void)
{
    int  x = 0, find = 0;
    do {
        x++;
        find = x % 5 == 1 && x % 6 == 5 && x % 7 == 4 && x % 11 == 10;
    } while (!find);
    printf("x = %d\n", x);
    return 0;
}
```

【参考答案 4】

```
#include <stdio.h>
int main(void)
{
    int  x = 0;
    do {
        x++;
    } while (!(x % 5 == 1 && x % 6 == 5 && x % 7 == 4 && x % 11 == 10));
    printf("x = %d\n", x);
    return 0;
}
```

程序的运行结果如下:

```
    x = 2111
```

4.15　爱因斯坦数学题。爱因斯坦曾出过这样一道数学题: 有一条长阶梯, 若每步跨 2 阶, 则最后剩下 1 阶; 若每步跨 3 阶, 则最后剩下 2 阶; 若每步跨 5 阶, 则最后剩下 4 阶; 若每步跨 6 阶, 则最后剩下 5 阶; 只有每步跨 7 阶, 最后才正好 1 阶不剩。请问, 这条阶梯共有多少阶?

【参考答案 1】　设阶梯数为 x, 按题意阶梯数应满足关系式: x%2 == 1 && x%3 == 2 && x%5 == 4 && x%6 == 5 && x%7 == 0, 采用穷举法, 对 x 从 1 开始试验, 直到找到满足上述关系式的 x, 即阶梯数。

```
#include <stdio.h>
int main(void)
{
    int  x = 1, find = 0;
    while (!find)
    {
```

```
        if (x % 2 == 1 && x % 3 == 2 && x % 5 == 4 && x% 6 == 5 && x % 7 == 0)
        {
            printf("x = %d\n", x);
            find = 1;
        }
        x++;
    }
    return 0;
}
```

【参考答案 2】

```
#include  <stdio.h>
int main(void)
{
    int  x = 1;
    while (1)
    {
        if (x % 2 == 1 && x % 3 == 2 && x % 5 == 4 && x % 6 == 5 && x % 7 == 0)
        {
            printf("x = %d\n", x);
            break;
        }
        x++;
    }
    return 0;
}
```

【参考答案 3】

```
#include  <stdio.h>
int main(void)
{
    int  x = 0, find = 0;
    do {
        x++;
        find = x % 2 == 1 && x % 3 == 2 && x % 5 == 4 && x % 6 == 5 && x % 7 == 0;
    } while (!find);
    printf("x = %d\n", x);
    return 0;
}
```

【参考答案 4】

```
#include  <stdio.h>
int main(void)
{
    int  x = 0;
```

```
    do {
        x++;
    } while (!(x % 2 == 1 && x % 3 == 2 && x % 5 == 4 && x % 6 == 5 && x % 7 == 0));
    printf("x = %d\n", x);
    return 0;
}
```

程序的运行结果如下：

```
    x = 119
```

4.16 三色球问题。若一个口袋中放有 12 个球，其中有 3 个红色的、3 个白色的、6 个黑色的，从中任取 8 个球，则共有多少种不同的颜色搭配？

【参考答案】 设任取的红、白、黑球个数分别为 i、j、k，依题意，红、白、黑球个数的取值范围分别为 0<=i<=3，0<=j<=3，0<=k<=6。只要满足 i+j+k=8，则 i、j、k 的组合即所求。

```
#include  <stdio.h>
int main(void)
{
    for (int i = 0; i <= 3; i++)
    {
        for (int j = 0; j <= 3; j++)
        {
            for (int k = 0; k <= 6; k++)
            {
                if (i + j + k == 8)
                {
                    printf("i = %d, j = %d, k = %d\n", i, j, k);
                }
            }
        }
    }
    return 0;
}
```

程序的运行结果如下：

```
    i = 0, j = 2, k = 6
    i = 0, j = 3, k = 5
    i = 1, j = 1, k = 6
    i = 1, j = 2, k = 5
    i = 1, j = 3, k = 4
    i = 2, j = 0, k = 6
    i = 2, j = 1, k = 5
    i = 2, j = 2, k = 4
    i = 2, j = 3, k = 3
    i = 3, j = 0, k = 5
    i = 3, j = 1, k = 4
    i = 3, j = 2, k = 3
    i = 3, j = 3, k = 2
```

4.17 鸡兔同笼，共有 98 个头，386 只脚，编程求鸡、兔各多少只。

【参考答案】 设鸡数为 x，兔数为 y，据题意有 x+y = 98，2x+4y = 386。采用穷举法，x 从 1 变化到 97，y 取 98-x，若 x、y 同时满足条件 2x+4y = 386，则输出 x、y 的值。

```
#include <stdio.h>
int main(void)
{
    int  x, y;

    for (x = 1; x <= 97; x++)
    {
        y = 98 - x;
        if (2 * x + 4 * y == 386)
        {
            printf("x = %d, y = %d", x, y);
        }
    }
    return 0;
}
```

程序的运行结果如下：
```
x = 3, y = 95
```

4.18 我国古代的《张丘建算经》中有这样一道著名的百鸡问题："鸡翁一，值钱五；鸡母一，值钱三；鸡雏三，值钱一。百钱买百鸡，问鸡翁、母、雏各几何？"其意为：公鸡每只 5 元，母鸡每只 3 元，小鸡 3 只 1 元。用 100 元买 100 只鸡，那么公鸡、母鸡和小鸡各能买多少只？

【参考答案】 设公鸡、母鸡、小鸡数分别为 x、y、z，依题意列出方程组 x+y+z = 100，5x+3y+z/3 = 100，采用穷举法求解，因 100 元买公鸡最多可买 20 只，买母鸡最多可买 33 只，所以，x 从 0 变化到 20，y 从 0 变化到 33，则 z = 100-x-y，只要判断第 2 个条件是否满足即可。注意：程序中的 z/3.0 不能写成 z/3，因为 z/3 是整数除法运算，以 z=75 为例，75/3 的结果与 76/3 和 77/3 的结果一样，因此这样将导致输出结果中多出几组不合理的解。

```
#include <stdio.h>
int main(void)
{
    int  x, y, z;

    for (x = 0; x <= 20; x++)
    {
        for (y = 0; y <= 33; y++)
        {
            z = 100 - x - y;
            if (5 * x + 3 * y + z / 3.0 == 100)
            {
                printf("x = %d, y = %d, z = %d\n", x, y, z);
            }
        }
    }
```

```
        return 0;
    }
```

程序的运行结果如下：

```
    x = 0, y = 25, z = 75
    x = 4, y = 18, z = 78
    x = 8, y = 11, z = 81
    x = 12, y = 4, z = 84
```

4.19 用 1 元 5 角钱人民币兑换 5 分、2 分和 1 分的硬币（每一种都要有）共 100 枚，问共有几种兑换方案？每种方案各换多少枚？

【参考答案】设 5 分、2 分和 1 分的硬币各换 x、y、z 枚，依题意有 x+y+z=100, 5x+2y+z=150。由于每一种硬币都要有，故 5 分硬币最多可换 29 枚，2 分硬币最多可换 72 枚，1 分硬币可换 100-x-y 枚，x、y、z 只需满足第 2 个方程即可，对每组满足条件的 x、y、z 值用计数器计数即可得到兑换方案的数目。

```c
#include <stdio.h>
int main(void)
{
    int x, y, z, count = 0;
    for (x = 1; x <= 29; x++)
    {
        for (y = 1; y <= 72; y++)
        {
            z = 100 - x - y;
            if (5 * x + 2 * y + z == 150)
            {
                count++;
                printf("%d, %d, %d\n", x, y, z);
            }
        }
    }
    printf("count = %d\n", count);
    return 0;
}
```

程序的运行结果如下：

```
    1, 46, 53
    2, 42, 56
    3, 38, 59
    4, 34, 62
    5, 30, 65
    6, 26, 68
    7, 22, 71
    8, 18, 74
    9, 14, 77
    10, 10, 80
    11, 6, 83
    12, 2, 86
```

```
count = 12
```

1.5 习题 5 及参考答案

5.1 多项选择。

（1）下列关于调试的说法中，正确的是_____。

A）可以一条语句一条语句地执行

B）调试过程中如果修改了源代码，不需要重新编译就能继续运行

C）可以随时查看变量值

D）可以跟踪进入用户自己编写的函数内部

（2）下面所列举的函数名正确且具有良好风格的是_____。

A）abcde()　　　　　　　B）GetNumber()　　　　C）change_directory()

D）gotofirstline()　　　　E）Find@()　　　　　　　F）2_power()

【参考答案】　（1）ACD　　　　　（2）BC

5.2 程序填空。

（1）如下函数是求阶乘的递归函数，请将程序补充完整。

```
long Fact(int n)
{
    if (n < 0)
    {
        return 0;
    }
    if (n == 1 || n == 0)
    {
        _____①_____;
    }
    else
    {
        _____②_____;
    }
}
```

【参考答案】　① return　1　　　　② return n*Facto(n-1)

（2）Y()是实现 n 层嵌套平方根计算的函数，其公式如下，请将程序补充完整。

$$y(x) = \sqrt{x + \cdots + \sqrt{x + \sqrt{x}}}$$

```
double Y(double x, int n)
{
    if (n == 0)
    {
        return 0;
    }
    else
    {
        return (square(x + _____①_____));
```

```
        }
    }
```

【参考答案】 ① Y(x, n-1)

（3）函数 Sum(int n)是用递归方法计算 $\sum_{i=1}^{n} i$ 的值，请补充程序中缺少的内容。

```
int Sum(int n)
{
    if (n <= 0)
    {
        printf("data error\n");
    }
    if (n == 1)
    {
        _____①_____;
    }
    else
    {
        return _____②_____;
    }
}
```

【参考答案】 ① return 1 ② n+Sum(n-1)

5.3 设计一个函数，用来判断一个整数是否为素数。

提示：只能被 1 和其本身整除的数为素数。负数、0 和 1 都不是素数。

【参考答案 1】

```
#include <math.h>
#include <stdio.h>

int IsPrimeNumber(int number);
int main(void)
{
    int  n, ret;
    printf("Input n : ");
    scanf("%d", &n);
    ret = IsPrimeNumber(n);
    if (ret != 0)
    {
        printf("%d is a prime number\n", n);
    }
    else
    {
        printf("%d is not a prime number\n", n);
    }
    return 0;
}
// 函数功能: 判断 number 是否是素数, 函数返回非 0 值, 表示是素数, 否则不是素数
int IsPrimeNumber(int number)
```

```
{
    if (number <= 1)
    {
        return 0;                           // 负数、0 和 1 都不是素数
    }
    for (int i = 2; i <= sqrt(number); i++)
    {
        if (number % i == 0)                // 被整除，不是素数
            return 0;
    }
    return 1;
}
```

【参考答案 2】 函数 IsPrimeNumber( )还可以用如下方法编程。

```
int IsPrimeNumber(int number)
{
    int  flag = 1;                          // 标志变量置为真，假设是素数
    if (number <= 1)
    {
        flag = 0;                           // 负数、0 和 1 都不是素数
    }
    for (int i = 2; i <= sqrt(number); i++)
    {
        if (number%i == 0)                  // 被整除，不是素数
        {
            flag = 0;
        }
    }
    return flag;
}
```

程序的三次测试结果如下：
①   Input n : 4↙
    4 is not a prime number
②   Input n : 7↙
    7 is a prime number
③   Input n : 1↙
    1 is not a prime number

5.4   编程计算组合数 $p = \mathrm{C}_m^k = \dfrac{m!}{k!(m-k)!}$ 的值。

【参考答案】 此公式中用到三次阶乘，所以可把计算阶乘设计为一个函数。因为负数没有阶乘，所以函数的参数应采用无符号类型。阶乘的值都非常大，所以用无符号长整型作为返回值。p 的运算结果可能是浮点数，所以 p 定义为 double 类型。注意，0 的阶乘为 1。

```
#include  <stdio.h>
unsigned long Factorial(unsigned int number);
int main(void)
{
```

```c
    int  m, k;
    double  p;
    do {
        printf("Please input m, k (m >= k > 0) : ");
        scanf("%d, %d", &m, &k);
    } while (m < k || m < 0 || k < 0) ;
    p = (double)Factorial(m) / (Factorial(k) * Factorial(m - k));
    printf("p = %.0f\n", p);
    return 0;
}
// 函数功能：计算无符号整型数 number 的阶乘
unsigned long Factorial(unsigned int number)
{
    unsigned long  i, result = 1;
    for (i = 2; i <= number; i++)
    {
        result *= i;
    }

    return result;
}
```

程序的三次测试结果如下：

① 　　Please input m, k (m >= k> 0) : 3,2↙
　　　p=3

② 　　Please input m, k (m >= k> 0) : 2,3↙
　　　Please input m, k (m >= k> 0) : 3,3↙
　　　p=1

③ 　　Please input m, k (m >= k> 0) : -2,-4↙
　　　Please input m, k (m >= k> 0) : 4,2↙
　　　p=6

5.5 设计一个函数 MinCommonMultiple( )，计算两个正整数的最小公倍数。

【参考答案】 对于 a 和 b 两个正整数，a 和 b 的公倍数可以从 a 的倍数中寻找 b 的倍数（或者从 b 的倍数中寻找 a 的倍数），b×a 一定是 a 和 b 的公倍数，所以寻找 a 和 b 的最小公倍数的范围不会超过 b×a。因此，计算 a 和 b 的最小公倍数的方法为：在 a，2×a，3×a，…，b×a 中，从前往后依次判断是否能被 b 整除，第一个能被 b 整除的数就是 a 和 b 的最小公倍数。

```c
#include  <stdio.h>
int MinCommonMultiple(int a, int b);
int main(void)
{
    int  a, b, x;
    printf("Input a, b : ");
    scanf("%d,%d", &a, &b);
    x = MinCommonMultiple(a, b);

    if (x != -1)
    {
```

```
        printf("MinCommonMultiple = %d\n", x);
    }
    else
    {
        printf("Input error!\n");
    }

    return 0;
}
// 函数功能: 计算两个正整数的最小公倍数, -1 表示没有最小公倍数
int MinCommonMultiple(int a, int b)
{
    if (a <= 0 || b <= 0)
    {
        return -1;                          // 保证输入的参数为正整数
    }
    for (int i = 1; i < b; i++)
    {
        if ((i * a) % b == 0)
            return i * a;
    }

    return b * a;
}
```

程序的两次测试结果如下:

① 　Input a, b : 16, 24↙
　　MinCommonMultiple = 48
② 　Input a, b : -16, 24↙
　　Input error!

5.6　设计一个函数 MaxCommonFactor( )，利用欧几里得算法（也称为辗转相除法）计算两个正整数的最大公约数。

【参考答案】　欧几里得算法是计算两个数最大公约数的传统算法。假设有两个整数 m 和 n，对其进行辗转相除运算，直到余数为 0 为止，最后非 0 的余数就是最大公约数。用 f 表示计算最大公约数函数，那么 m 和 n 最大公约数的求解过程可表示为 $f(m, n) = f(n, m\%n)$。例如，15 和 50 的最大公约数的求解过程可表示为 $f(15, 50) = f(50, 15) = f(15, 5) = f(5, 0) = 5$。

```
#include  <stdio.h>
int MaxCommonFactor(int a, int b);
int main(void)
{
    int  a, b, x;
    printf("Input a, b : ");
    scanf("%d, %d", &a, &b);
    x = MaxCommonFactor(a, b);

    if (x != -1)
    {
        printf("MaxCommonFactor = %d\n", x);
    }
```

```
    else
    {
        printf("Input error!\n");
    }
    return 0;
}
// 函数功能：计算两个正整数的最大公约数，-1 表示没有最大公约数
int MaxCommonFactor(int a, int b)
{
    int  r;
    if (a <= 0 || b <= 0)
    {
        return -1;                          // 保证输入的参数为正整数
    }
    do {
        r = a % b;
        a = b;
        b = r;
    } while (r != 0);

    return  a;
}
```

程序的两次测试结果如下：

①   Input a, b : 16, 24↙
     MaxCommonFactor = 8

②   Input a, b : -16, 24↙
     Input error!

5.7 《九章算术》是中国古代的数学专著，值得我们后人为之骄傲和自豪的是，作为一部世界数学名著，《九章算术》早在隋唐时期即已传入朝鲜、日本。它已被译成日、俄、德、法等多种文字版本。《九章算术》系统地总结了战国、秦、汉时期的数学成就，是当时世界上最简练有效的应用数学，它的出现标志中国古代数学形成了完整的体系。"更相减损法"就是《九章算术》中记载的一种求最大公约数的方法，其主要思想是从大数中减去小数，辗转相减，减到余数和减数相等，即得等数。具体体现为如下三个性质。

性质 1：当 $a>b$ 时，计算 a 与 b 的公约数等价于计算 $a-b$ 与 b 的公约数。

性质 2：当 $a<b$ 时，计算 a 与 b 的公约数等价于计算 $b-a$ 与 b 的公约数。

性质 3：当 $a=b$ 时，a 与 b 的公约数等于 a 或 b。

请根据上述三个性质编程计算两个正整数的最大公约数。

【参考答案】 对于 a 和 b 两个数，当 a>b 时，若 a 中含有与 b 相同的公约数，则 a 中去掉 b 后剩余的部分 a-b 中也应该含有与 b 相同的公约数，对 a-b 和 b 计算公约数相当于对 a 和 b 计算公约数。反复使用最大公约数的三个性质，直到 a 和 b 相等，这时 a 或 b 就是它们的最大公约数。

```
#include  <stdio.h>

int MaxCommonFactor(int a, int b);
```

```
int main(void)
{
    int  a, b, x;
    printf("Input a, b : ");
    scanf("%d, %d", &a, &b);
    x = MaxCommonFactor(a, b);

    if (x != -1)
    {
        printf("MaxCommonFactor = %d\n", x);
    }
    else
    {
        printf("Input error!\n");
    }
    return 0;
}
// 函数功能：计算两个正整数的最大公约数，函数返回最大公约数；-1 表示没有最大公约数
int MaxCommonFactor(int a, int b)
{
    if (a <= 0 || b <= 0)
    {
        return -1;                        // 保证输入的参数为正整数
    }

    while (a != b)
    {
        if (a > b)
        {
            a = a - b;
        }
        else if (b > a)
        {
            b = b - a;
        }
    }
    return a;
}
```

程序的两次测试结果如下：

① 　　Input a, b : 16,24↙
　　　MaxCommonFactor = 8
② 　　Input a, b : -16,24↙
　　　Input error!

5.8　用下面给定的代码调用，实现函数 int CommonFactors(int a, int b)，计算 a 和 b 的所有公约数。第一次调用，返回最大公约数；以后只要再使用相同参数调用，每次返回下一个小一些的公约数；无公约数时，返回-1。

```
int main(void)
{
```

```
   int  sub;

   while ((sub = CommonFactors(100, 50)) > 0)
   {
       static int  counter = 1;
       printf("Common factor %d is %d\n", counter++, sub);
   }
   return 0;
}
```

【参考答案】 只要用户这次输入的参数与上次的不同，就重新开始计算。算法采用穷举法，用静态变量实现。

```
#include  <stdio.h>
int CommonFactors(int a, int b);
int main(void)
{
   int  sub;

   while ((sub = CommonFactors(100, 50)) > 0)
   {
       static int  counter = 1;
       printf("Common factor %d is %d\n", counter++, sub);
   }
    return 0;
}
// 函数功能：  指明计算哪两个数的公约数
int CommonFactors(int a, int b)
{
   static int  num1 = -1;
   static int  num2 = -1;
   static int  curFactor;

   if (a < 0 || b < 0)
   {
       return -1;
   }
   if (num1 != a || num2 != b)                // 使用了新的参数
   {
       num1 = a;
       num2 = b;
       curFactor = a > b ? b : a;             // curFactor 置为两个数中较小的那个
   }
   // 因为从大到小求公约数，所以从 a、b 的最小值开始查找公约数，直到全部找到为止
   while (curFactor > 0)
   {
       if (a % curFactor == 0 && b % curFactor == 0)
       {
           return curFactor--;                // 若不减 1，则下次还会测试这个数
       }
       curFactor--;
```

```
    }
    return -1;
}
```

程序的运行结果如下：

```
Common factor 1 is 50
Common factor 2 is 25
Common factor 3 is 10
Common factor 4 is 5
Common factor 5 is 2
Common factor 6 is 1
```

1.6 习题 6 及参考答案

6.1 单项选择。

（1）以下能将外部一维数组 a（含有 10 个元素）正确初始化为 0 的语句是_____。

A）int a[10] = (0,0,0,0,0);   B）int a[10] = {};

C）int a[10] = {0};   D）int a[10] = {10*1};

（2）以下能对外部二维数组 a 进行正确初始化的语句是_____。

A）int a[2][] = {{1,0,1},{5,2,3}};   B）int a[][3] = {{1,2,1},{5,2,3}};

C）int a[2][4] = {{1,2,1},{5,2},{6}};   D）int a[][3] = {{1,0,2},{},{2,3}};

（3）若二维数组 a 有 m 列，则在 a[i][j] 之前的元素个数为_____。

A）j*m+i   B）i*m+j   C）i*m+j-1   D）i*m+j+1

（4）已知有语句 "static int a[3][4];"，则数组 a 中各元素_____。

A）可在程序运行阶段得到初值 0   B）可在程序编译阶段得到初值 0

C）不能得到确定的初值   D）可在程序的编译或运行阶段得到初值 0

（5）判断字符串 s1 是否大于字符串 s2，应当使用_____。

A）if (s1 > s2)   B）if (strcmp(s1, s2))

C）if (strcmp(s2, s1) > 0)   D）if (strcmp(s1, s2) > 0)

（6）若用数组名作为函数调用时的实参，则实际上传递给形参的是_____。

A）数组的首地址   B）数组的第一个元素值

C）数组中全部元素的值   D）数组元素的个数

（7）在函数调用时，以下说法中正确的是_____。

A）在 C 语言中，实参与其对应的形参各占独立的存储单元

B）在 C 语言中，实参与其对应的形参共占同一个存储单元

C）在 C 语言中，只有当实参与其对应的形参同名时，才共占同一个存储单元

D）在 C 语言中，形参是虚拟的，不占存储单元

（8）C 语言中形参的默认存储类别是_____。

A）自动（auto）   B）静态（static）

C）寄存器（register）   D）外部（extern）

（9）C 语言规定，当简单变量作为实参时，它与对应形参之间数据的传递方式为_____。

A）地址传递　　　　　　　　　　　　　B）单向值传递

C）由实参传给形参，再由形参传回给实参　　D）由用户指定传递方式

（10）下列说法中正确的是_____。

A）用数组名作为函数参数时，修改形参数组元素值会导致实参数组元素值的修改

B）在声明函数的二维数组形参时，通常不指定数组的大小，而用其他形参来指定数组的大小

C）在声明函数的二维数组形参时，可省略数组第二维的长度，但不能省略数组第一维的长度

D）用数组名作为函数参数时，是将数组中所有元素的值赋值给形参

（11）下列说法中错误的是_____。

A）C语言中的二维数组在内存中是按列存储的

B）在C语言中，数组的下标都是从0开始的

C）在C语言中，不带下标的数组名代表数组的首地址

D）C89规定，不能使用变量定义数组的大小，但是在访问数组元素时在下标中可以使用变量或表达式

（12）下列说法中错误的是_____。

A）字符数组可以存放字符串

B）字符数组中的字符串可以进行整体输入/输出

C）可以在赋值语句中通过赋值运算符"="对字符数组进行整体赋值

D）指向字符数组中第一个字符的地址就是指向字符数组中字符串的地址

【参考答案】　（1）C　　　　（2）B　　　　（3）B　　　　（4）B　　　　（5）D
　　　　　　　（6）A　　　　（7）A　　　　（8）A　　　　（9）B　　　　（10）A
　　　　　　　（11）A　　　（12）C

6.2　阅读程序，按要求在空白处填写适当的表达式或语句，使程序完整并符合题目要求。

（1）如下函数的功能是删除字符串 s 中所出现的与变量 c 相同的字符。

```
void  Squeeze(char s[], char c)
{
    int  i, j;
    for (i = j = 0; ____①____ ; i++)
    {
        if (s[i] != c)
        {
            ____②____;
            j++;
        }
    }
    s[j] = '\0';
}
```

【参考答案】　①　s[i] != '\0'　　　　　②　s[j] = s[i]

（2）下面的函数 MyStrcmp( )实现函数 strcmp( )的功能，比较两个字符串 s 和 t，然后将两个字符串中第一个不相同字符的 ASCII 值之差作为函数值返回。

```
int MyStrcmp(char s[], char t[])
{
    int  i;
    for (i = 0; s[i] == t[i]; i++)
    {
        if (s[i] == ____①____)
        {
            return 0;
        }
    }
    return (____②____);
}
```

【参考答案】 ① '\0'   ② s[i] - t[i]

6.3 输入 5×5 阶的矩阵，编程计算：（1）两条对角线上各元素之和；（2）两条对角线上行、列下标均为偶数的各元素之积。

提示：对满足

$$i = j \text{ 或 } i + j = 4$$

的元素求和；对同时满足

$$i = j \text{ 或 } i + j = 4$$
$$i \bmod 2 = 0$$
$$j \bmod 2 = 0$$

的元素求积。

【参考答案】

```
#include  <stdio.h>
#define      ARR_SIZE     10
int main(void)
{
    int  a[ARR_SIZE][ARR_SIZE], n, sum = 0;
    long  product = 1;
    printf("Input n : ");
    scanf("%d", &n) ;
    printf("Input %d * %d matrix : \n", n, n);
    for (int i = 0; i < n; i++)
    {
        for (int j = 0; j < n; j++)
        {
            scanf("%d", &a[i][j]);
        }
    }
    for (int i = 0; i < n; i++)
    {
        for (int j = 0; j < n; j++)
        {
            if (i == j || i + j == n - 1)
```

```
        {
            sum += a[i][j]
        }
        if ((i == j || i + j == n - 1) && i % 2 == 0 && j % 2 == 0)
        {
            product *= a[i][j];
        }
    }
}
printf("sum = %d\nproduct = %ld\n", sum, product);
return 0;
}
```

程序的运行结果如下：

```
Input n : 5↙
Input 5 * 5 matrix :
1  2  3  4  5↙
2  3  4  5  6↙
3  4  5  6  7↙
4  5  6  7  8↙
5  6  7  8  9↙
sum = 45
product = 1125
```

6.4　编程打印如下形式的杨辉三角形。

$$
\begin{array}{cccccc}
1 & & & & & \\
1 & 1 & & & & \\
1 & 2 & 1 & & & \\
1 & 3 & 3 & 1 & & \\
1 & 4 & 6 & 4 & 1 & \\
1 & 5 & 10 & 10 & 5 & 1
\end{array}
$$

【算法思路】　用二维数组存放杨辉三角形中的数据，这些数据的特点是：第 0 列全为 1，对角线上的元素全为 1，其余的左下角元素 $a_{ij} = a_{i-1,j-1} + a_{i-1,j}$，用数组作为函数参数编程实现计算，并打印这些元素的值。

【参考答案 1】

```
#include <stdio.h>
#define      ARR_SIZE      11

void YHTriangle(int a[][ARR_SIZE], int n);
void PrintYHTriangle(int a[][ARR_SIZE], int n);
int main(void)
{
    int a[ARR_SIZE][ARR_SIZE], n;

    printf("Input n (n <= 10) : ");
    scanf("%d", &n);                      // 根据要求输入杨辉三角形的行数
    YHTriangle(a, n);
    PrintYHTriangle(a, n);
```

```
    return 0;
}
// 函数功能：计算 n 行杨辉三角形中各元素数值
void YHTriangle(int a[][ARR_SIZE], int n)
{
    for (int i = 1; i <= n; i++)
    {
        a[i][1] = 1;
        a[i][i] = 1;
    }
    for (int i = 3; i <= n; i++)
    {
        for (int j = 2; j <= i-1; j++)
        {
            a[i][j] = a[i-1][j-1] + a[i-1][j];
        }
    }
}
// 函数功能：输出 n 行杨辉三角形
void PrintYHTriangle(int a[][ARR_SIZE], int n)
{
    for (int i = 1; i <= n; i++)
    {
        for (int j = 1; j <= i; j++)
        {
            printf("%4d", a[i][j]);
        }
        printf("\n");
    }
}
```

【参考答案 2】 参考答案 1 中的函数 YHTriangle( )还可以用以下方法编写。

```
void YHTriangle(int a[][ARR_SIZE], int n)
{
    for (int i = 1; i <= n; i++)
    {
        for (int j = 1; j <= i; j++)
        {
            if (j == 1 || i == j)
            {
                a[i][j] = 1;
            }
            else
            {
                a[i][j] = a[i - 1][j - 1] + a[i - 1][j];
            }
        }
    }
}
```

程序的运行结果如下：

```
Input n (n <= 10) : 6↙
     1
     1    1
     1    2    1
     1    3    3    1
     1    4    6    4    1
     1    5   10   10    5    1
```

6.5　用二维数组作为函数参数，用公式 $c_{ij}=a_{ij}+b_{ij}$ 计算 $m \times n$ 阶矩阵 A 和 $m \times n$ 阶矩阵 B 之和，a_{ij} 为矩阵 A 的元素，b_{ij} 为矩阵 B 的元素，c_{ij} 为矩阵 C 的元素（$i=1, 2, \cdots, m$；$j=1, 2, \cdots, n$）。

【参考答案】

```c
#include <stdio.h>
#define    ROW       2
#define    COL       3
// 函数功能：输入矩阵元素，存于数组 a 中
void InputMatrix(int a[ROW][COL])
{
    for (int i = 0; i < ROW; i++)
    {
        for (int j = 0; j < COL; j++)
        {
            scanf("%d", &a[i][j]);
        }
    }
}
// 函数功能：计算矩阵 a 与 b 之和，即计算矩阵 a、b 对应元素之和，结果存于数组 c 中
void AddMatrix(int a[ROW][COL], int b[ROW][COL], int c[ROW][COL])
{
    for (int i = 0; i < ROW; i++)
    {
        for (int j = 0; j < COL; j++)
        {
            c[i][j] = a[i][j] + b[i][j];
        }
    }
}
// 函数功能：输出矩阵 a 中的元素
void PrintMatrix(int a[ROW][COL])
{
    for (int i = 0; i < ROW; i++)
    {
        for (int j = 0; j < COL; j++)
        {
            printf("%6d", a[i][j]);
        }
        printf("\n");
    }
}
```

```
int main(void)
{
    int  a[ROW][COL], b[ROW][COL], c[ROW][COL];

    printf("Input 2 * 3 matrix a : \n");
    InputMatrix(a);
    printf("Input 2 * 3 matrix b : \n");
    InputMatrix(b);
    AddMatrix(a, b, c);
    printf("Results : \n");
    PrintMatrix(c);
    return 0;
}
```

程序的运行结果如下：

```
Input 2 * 3 matrix a :
1  2  3
4  5  6
Input 2 * 3 matrix b :
7  8  9
10  11  12
Results :
8  10  12
14  16  18
```

*6.6 利用公式

$$c_{ij} = \sum_{k=1}^{n} (a_{ik} \times b_{kj})$$

计算矩阵 A 和矩阵 B 之积，a_{ij} 为 $m \times n$ 阶矩阵 A 的元素（$i=1, 2, \cdots, m$; $j=1, 2, \cdots, n$），b_{ij} 为 $n \times m$ 阶矩阵 B 的元素（$i=1, 2, \cdots, n$; $j=1, 2, \cdots, m$），c_{ij} 为 $m \times m$ 阶矩阵 C 的元素（$i=1, 2, \cdots, m$; $j=1, 2, \cdots, m$）。

【参考答案】用二维数组元素作为函数参数编程实现矩阵相乘。在 i 和 j 的双重循环中，设置 k 的循环，进行累加求和运算 c[i][j]=c[i][j]+term，累加项为 term=a[i][j]*b[i][j]。注意，c[i][j]要在 k 循环体外的前面赋初值 0。

```
#include  <stdio.h>
#define      ROW      2
#define      COL      3
// 函数功能：计算矩阵 a 与 b 之积，结果存于数组 c 中
void  MultiplyMatrix(int a[ROW][COL], int b[COL][ROW], int c[ROW][ROW])
{
    for (int i = 0; i < ROW; i++)
    {
        for (int j = 0; j < ROW; j++)
        {
            c[i][j] = 0;                          // 一定在这里将 c[i][j]初始化为 0 值
            for (int k = 0; k < COL; k++)
            {
                c[i][j] = c[i][j] + a[i][k] * b[k][j];
```

```
            }
        }
    }
}
// 函数功能：输出矩阵 a 中的元素
void  PrintMatrix(int a[ROW][ROW])
{
    for (int i = 0; i < ROW; i++)
    {
        for (int j = 0; j < ROW; j++)
        {
            printf("%6d", a[i][j]);
        }
        printf("\n");
    }
}
int main(void)
{
    int  a[ROW][COL], b[COL][ROW], c[ROW][ROW];
    printf("Input 2 * 3 matrix a : \n");

    for (int i = 0; i < ROW ;i++)
    {
        for (int j = 0; j < COL; j++)
        {
            scanf("%d", &a[i][j]);
        }
    }
    printf("Input 3 * 2 matrix b : \n");

    for (int i = 0; i < COL; i++)
    {
        for (int j = 0; j < ROW; j++)
        {
            scanf("%d", &b[i][j] );
        }
    }

    MultiplyMatrix(a, b, c);
    printf("Results : \n");
    PrintMatrix(c);
    return 0;
}
```

程序的运行结果如下：

```
    Input 2 * 3 matrix a :
    1   2   3↙
    4   5   6↙
    Input 3 * 2 matrix b :
    7  8↙
    9  0↙
    1  2↙
```

Results:
```
28    14
79    44
```

6.7 输入一行字符，统计其中的英文字符、数字字符、空格及其他字符的个数。

【参考答案】

```c
#include  <stdio.h>
#include  <string.h>
#define        ARR_SIZE        80
int main(void)
{
    char  str[ARR_SIZE];
    int  letter = 0, digit = 0, space = 0, others = 0;
    printf("Please input a string : ");
    gets(str);

    for (int i = 0; str[i] != '\0'; i++)
    {
        if (str[i] >= 'a' && str[i] <= 'z' || str[i] >= 'A' && str[i] <= 'Z')
        {
            letter++;                            // 统计英文字符个数
        }
        else if (str[i] >= '0' && str[i] <= '9')
        {
            digit++;                             // 统计数字字符个数
        }
        else if (str[i] == ' ')
        {
            space++;                             // 统计空格数
        }
        else
        {
            others++;                            // 统计其他字符的个数
        }
    }

    printf("English character :%d\n", letter);
    printf("digit character : %d\n", digit);
    printf("space:  %d\n", space);
    printf("other character : %d\n", others);
    return 0;
}
```

程序的运行结果如下：
```
Please input a string : *****c language.***** ↙
English character : 9
digit character : 0
space : 1
other character : 11
```

6.8 编写一个函数 Inverse( )，实现将字符数组中的字符串逆序存放的功能。

提示： 有两种方法。① 用数组 a 存放逆序存放前的数组元素，用数组 b 存放逆序存放后的数组元素。② 用一个数组实现逆序存放。借助于一个中间变量 temp，将数组中首尾对称位置的元素互换。i 指向数组首部的元素，从 0 依次加 1 变化；j 指向数组尾部的元素，从 n-1 依次减 1 变化；当变化到 i>j 时结束元素互换操作。

【参考答案 1】 利用两个数组实现字符串的逆序存放。用数组 a 存放逆序存放前的数组元素，用数组 b 存放逆序存放后的数组元素。

```c
#include  <stdio.h>
#include  <string.h>
#define        ARR_SIZE        80

void Inverse(char str[], char ptr[]);
int main(void)
{
    char  a[ARR_SIZE], b[ARR_SIZE];

    printf("Please enter a string : ");
    gets(a);
    Inverse(a, b);
    printf("The inversed string is : ");
    puts(b);
    return 0;
}
// 函数功能：将字符数组 str 中的字符串逆序存放，结果存于数组 ptr 中
void Inverse(char str[], char ptr[])
{
    int  i = 0, j;
    j = strlen(str) - 1;

    while (str[i] != '\0')
    {
        ptr[j] = str[i];
        i++;
        j--;
    }
    ptr[i] = '\0';
}
```

【参考答案 2】 利用一个数组实现字符串的逆序存放。借助一个中间变量 temp，将数组中首尾对称位置的元素互换。i 指向数组首部的元素，从 0 依次加 1 变化；j 指向数组尾部的元素，从 n-1 依次减 1 变化；当变化到 i 大于 j 时，结束元素互换操作。

```c
#include  <string.h>
#include  <stdio.h>
#define        ARR_SIZE        80

void Inverse(char str[]);
int main(void)
{
    char  a[ARR_SIZE] ;
```

```
    printf("Please enter a string : ");
    gets(a);
    Inverse(a);
    printf("The inversed string is : ");
    puts(a);
}
// 函数功能：实现将字符数组中的字符串逆序存放
void Inverse(char str[])
{
    int   len, i, j;
    char  temp;
    len = strlen(str);

    for (i = 0, j = len-1; i < j; i++, j--)
    {
        temp = str[i];
        str[i] = str[j];
        str[j] = temp;
    }
}
```

程序的运行结果如下：

```
    Please enter a string: ABCDEFGHI ✓
    The inversed string is: IHGFEDCBA
```

6.9 不用函数 strcat( )，编程实现字符串连接函数 strcat( )的功能，将字符串 srcStr 连接到字符串 dstStr 的尾部。

【参考答案】 用 i 和 j 分别作为字符数组 srcStr 和字符数组 dstStr 的下标，先将 i 和 j 同时初始化为 0，然后移动 i 使其位于字符串 dstStr 的尾部，即字符串结束标志处，再将字符数组 srcStr 中的字符依次复制到字符数组 dstStr 中。

```
#include  <stdio.h>
#include  <string.h>
#define      ARR_SIZE      80
void MyStrcat(char dstStr[], char srcStr[]);
int main(void)
{
    char  s[ARR_SIZE], t[ARR_SIZE];

    printf("Please enter source string : ");
    gets(s);
    printf("Please enter destination string : ");
    gets(t);
    MyStrcat(t,s);
    printf("The concatenate string is : ");
    puts(t);
    return 0;
}
// 函数功能：将字符串 srcStr 连接到字符串 dstStr 后面
void MyStrcat(char dstStr[], char srcStr[])
```

```
{
    unsigned int  i, j;
    i = strlen(dstStr);                              // 将下标移动到目的字符串末尾

    for (j = 0; j <= strlen(srcStr); j++, i++)       // 将源字符串的结束状态也复制过去
    {
        dstStr[i] = srcStr[j];
    }
}
```

函数 MyStrcat( )的第二种实现方法。

```
void MyStrcat(char dstStr[], char srcStr[])
{
    int  i = 0, j;                                   // 数组下标初始化为 0
    while (dstStr[i] != '\0')                        // 将下标移动到目的字符串末尾
    {
        i++;
    }
    for (j = 0; srcStr[j] != '\0'; j++, i++)
    {
        dstStr[i] = srcStr[j];
    }
    dstStr[i] = '\0';                                // 在字符串 dstStr 的末尾添加一个字符串结束标志
}
```

程序的运行结果如下：

```
Please enter source string : Hello ↙
Please enter destination string : China! ↙
The concatenate string is : Hello China!
```

1.7 习题 7 及参考答案

7.1 单项选择。

（1）下列对字符串的定义中，错误的是_____。

A）char   str[7] = "FORTRAN";   B）char   str[] = "FORTRAN";

C）char   *str = "FORTRAN";   D）char   str[] = {'F','O','R','T','R','A','N',0};

（2）设有语句 "int   array[3][4];"，则在如下几种引用下标为 i 和 j 的数组元素的方法中，不正确的是_____。

A）array[i][j]   B）*(*(array + i) + j)

C）*(array[i] + j)   D）*(array + i*4 + j)

（3）声明语句 "int   (*p)();" 的含义是_____。

A）p 是一个指向一维数组的指针变量

B）p 是指针变量，指向一个整型数据

C）p 是一个指向函数的指针，该函数的返回值是一个整型

D）以上都不对

（4）声明语句"int　*f();"的含义是_____。

A）f是一个用于指向整型数据的指针变量　　B）f是一个用于指向一维数组的行指针

C）f是一个用于指向函数的指针变量　　　　D）f是一个返回值为指针型的函数名

（5）有声明语句"int　*p[10];"，以下说法中错误的是_____。

A）p是数组名　　　　　　　　　　　　　　B）p是一个指针数组

C）p中每个元素都是一个指针变量　　　　　D）p++是合法的操作

【参考答案】　（1）A　　　　　（2）D　　　　　（3）C　　　　　（4）D　　　　　（5）D

7.2　阅读程序，按要求在空白处填写适当的表达式或语句，使程序完整并符合题目要求。

（1）如下函数实现函数 strlen() 的功能，即计算指针 p 所指向的字符串中的实际字符个数。

```
unsigned int MyStrlen(char *p)
{
    unsigned int  len;
    len = 0;
    for (; *p != ___①___; p++)
    {
        len___②___;
    }
    return ___③___;
}
```

【参考答案】　① '\0'　　　　② ++　　　　③ len

（2）如下函数也实现函数 strlen() 的功能，但计算方法与（1）有所不同。

```
unsigned int MyStrlen(char s[])
{
    char  *p = s;
    while (*p != ___①___)
    {
        p++;
    }
    return ___②___;
}
```

提示： 移动指针 p 使其指向字符串结束标志，此时指针 p 与字符串首地址之间的差值即为字符串中的实际字符个数。

【参考答案】　① '\0'　　　　② (p-s)

（3）如下函数实现函数 strcmp() 的功能，即比较两个字符串的大小，将两个字符串中第一个出现的不相同字符的 ASCII 值之差作为比较的结果返回。返回值大于 0，表示第一个字符串大于第二个字符串；返回值小于 0，表示第一个字符串小于第二个字符串；当两个字符串完全一样时，返回值为 0。

```
int MyStrcmp(char *p1, char *p2)
{
    for ( ; *p1 == *p2; p1++, p2++)
    {
        if (*p1 == '\0')
```

```
        {
            return ____①____;
        }
    }
    return ____②____;
}
```

【参考答案】　①　0　　　　②　(*p1-*p2)

（4）如下函数用于计算两个整数之和，并通过指针形参 z 得到 x 和 y 相加后的结果。

```
void Add(int x, int y, ____①____ z)
{
    ____②____ = x + y;
}
```

【参考答案】　①　int　*　　②　*z

7.3　参考例 7-2，用指针变量作为函数参数实现两数交换函数，利用该函数交换数组 a 和数组 b 中的对应元素值。

【参考答案】

```
#include <stdio.h>
#define      ARRAY_SIZE    10

void Swap(int *x, int *y);
void Exchange(int a[], int b[], int n);
void InputArray(int a[], int n);
void PrintArray(int a[], int n);

int main(void)
{
    int  a[ARRAY_SIZE], b[ARRAY_SIZE], n;

    printf("Input array lenth n <= 10 : ");
    scanf("%d", &n);
    printf("Input array a : ");
    InputArray(a, n);
    printf("Input array b : ");
    InputArray(b, n);
    Exchange(a,b,n);
    printf("After swap : ");
    printf("Array a : ");
    PrintArray(a, n);
    printf("Array b : ");
    PrintArray(b, n);
    return 0;
}

void Swap(int *x, int *y)                // 交换两个整型数据
{
    int  temp = *x;
    *x = *y;
    *y = temp;
```

```
}
void Exchange(int a[], int b[], int n)              // 交换两个数组元素的值
{
    for (int i = 0; i < n; i++)
    {
        Swap(&a[i], &b[i]);                         // 交换两个整型数据
    }
}

void InputArray(int a[], int n)                     // 输入数组元素
{
    for (int i = 0; i < n; i++)
    {
        scanf("%d", &a[i]);
    }
}
void PrintArray(int a[], int n)                     // 输出数组元素
{
    for (int i = 0; i < n; i++)
    {
        printf("%d ", a[i]);
    }
    printf("\n");
}
```

程序的运行结果如下：

```
Input array length n <= 10 : 5↙
Input array a : 1 3 5 7 9↙
Input array b : 2 4 6 8 10↙
After swap :
Array a : 2 4 6 8 10
Array b : 1 3 5 7 9
```

7.4　参考例 7-3，从键盘任意输入 10 个整数，用指针变量作为函数参数编程计算最大值和最小值，并返回它们所在数组中的位置。

【参考答案 1】

```
#include <stdio.h>

int FindMax(int num[], int n, int *pMaxPos);
int FindMin(int num[], int n, int *pMinPos);

int main(void)
{
    int  num[10], maxValue, maxPos, minValue, minPos;
    printf("Input 10 numbers : ");
    for (int i = 0; i < 10; i++)
    {
        scanf("%d", &num[i]);                       // 输入 10 个数
    }
    maxValue = FindMax(num, 10, &maxPos);           // 找到最大值及其下标
```

```
        minValue = FindMin(num, 10, &minPos);              // 找到最小值及其下标
        printf("Max = %d, Position = %d, Min = %d, Position = %d\n", maxValue, maxPos, minValue, minPos);
        return 0;
    }
    // 函数功能：求有 n 个元素的整型数组 num 中的最大值及其下标，返回最大值
    int FindMax(int num[], int n, int *pMaxPos)
    {
        int  max = num[0];                                 // 假设 num[0]为最大值
        *pMaxPos = 0;                                       // 假设最大值在数组中的下标为 0

        for (int i = 1; i < n; i++)
        {
            if (num[i] > max)
            {
                max = num[i];
                *pMaxPos = i;                               // pMaxPos 指向最大值数组元素的下标
            }
        }
        return max ;
    }
    // 函数功能：求有 n 个元素的整型数组 num 中的最小值及其下标，返回最小值
    int FindMin(int num[], int n, int *pMinPos)
    {
        int  min = num[0];                                 // 假设 num[0]为最小
        *pMinPos = 0;                                       // 假设最小值在数组中的下标为 0

        for (int i = 1; i < 10; i++)
        {
            if (num[i] < min)
            {
                min = num[i];
                *pMinPos = i;                               // pMinPos 指向最小值数组元素的下标
            }
        }
        return min;
    }
```

【参考答案 2】

```
#include  <stdio.h>
void FindMax(int num[], int n, int *pMax, int *pMaxPos);
void FindMin(int num[], int n, int *pMin, int *pMinPos);

int main(void)
{
    int  num[10], maxValue, maxPos, minValue, minPos;
    printf("Input 10 numbers : ");

    for (int i = 0; i < 10; i++)
    {
        scanf("%d", &num[i]);                              // 输入 10 个数
    }
```

```
    FindMax(num, 10, &maxValue, &maxPos);              // 找到最大值及其所在下标
    FindMin(num, 10, &minValue, &minPos);              // 找到最小值及其所在下标
    printf("Max = %d, Position = %d, Min = %d, Position = %d\n", maxValue, maxPos, minValue, minPos);
    return 0;
}
// 函数功能: 求有 n 个元素的整型数组 num 中的最大值及其下标
void FindMax(int num[], int n, int *pMax, int *pMaxPos)
{
    *pMax = num[0];                                    // 假设 num[0]为最大
    *pMaxPos = 0;                                      // 假设最大值在数组中的下标为 0

    for (int i = 1; i < n; i++)
    {
        if (num[i] > *pMax)
        {
            *pMax = num[i];                            // pMax 指向最大值数组元素
            *pMaxPos = i;                              // pMaxPos 指向最大值数组元素的位置
        }
    }
}
// 函数功能: 求有 n 个元素的整型数组 num 中的最小值及其所在下标位置
void FindMin(int num[], int n, int *pMin, int *pMinPos)
{
    *pMin = num[0];                                    // 假设 num[0]为最小
    *pMinPos = 0;                                      // 假设最小值在数组中的下标为 0

    for (int i = 1; i < 10; i++)
    {
        if (num[i] < *pMin)
        {
            *pMin = num[i];                            // pMin 指向最小值数组元素
            *pMinPos = i;                              // pMinPos 指向最小值数组元素的下标
        }
    }
}
```

程序的运行结果如下:

```
    Input 10 numbers : 1 2 3 45 67 8 9 12 7 8↙
    Max = 67, Position = 4, Min = 1, Position = 0
```

7.5 参考例 7-5 和习题 6.9,不使用函数 strcat( ),用字符指针变量作为函数参数编程实现字符串连接函数 strcat( )的功能,将字符串 srcStr 连接到字符串 dstStr 的尾部。

【参考答案】

```
#include  <stdio.h>

int main(void)
{
    char   s[80];                                      // 源字符串
    char   t[80];                                      // 待连接字符串

    printf("Please enter the source string : ");
    gets(s);
```

```
        printf("Please enter the other string : ");
        gets(t);                                    // 输入字符串
        MyStrcat(s, t);                             // 将字符数组 t 中的字符串连接到 s 的尾部
        printf("The concat is : ");
        puts(s);                                    // 输出连接后的字符串 s
        return 0;
}
void MyStrcat(char *dstStr, char *srcStr)    // 用字符指针作为函数参数
{
        while (*dstStr != '\0')
        {
            dstStr++;
        }
        while (*srcStr != '\0')                     // 若 srcStr 所指字符不是字符串结束标志
        {
            *dstStr = * srcStr;                     // 将 srcStr 所指字符复制到 dstStr 所指的存储单元中
            srcStr++;                               // 使 srcStr 指向下一个字符
            dstStr++;                               // 使 dstStr 指向下一个存储单元
        }
        *dstStr = '\0';                             // 在字符串 dstStr 的末尾添加一个字符串结束标志
}
```

程序的运行结果如下：

```
    Please enter the source string : abcd↙
    Please enter the other string : efgh↙
    The concat is : abcdefgh
```

7.6 从键盘输入一个字符串，编程将其字符顺序颠倒后重新存放，并输出这个字符串。

【算法思路】 定义两个指针分别指向字符串的两端，同时向前和向后边移动边交换。

【参考答案 1】

```
#include  <stdio.h>
#include  <string.h>
void Inverse(char *pStr);
int main(void)
{
        char  str[80];
        printf("Input a string : ");
        gets(str);                                  // 输入字符串
        Inverse(str);                               // 将存于 str 数组中的字符串逆序存放
        printf("The inversed string is : ");
        puts(str);                                  // 输出字符串
        return 0;
}
// 函数功能：实现字符串逆序存放
void Inverse(char *pStr)
{
        char  temp;
        char  *pStart;                              // 指针变量 pStart 指向字符串的第一个字符
```

```
        char  *pEnd;                              // 指针变量 pEnd 指向字符串的最后一个字符
        int  len = strlen(pStr);                   // 计算字符串长度

        for (pStart = pStr, pEnd = pStr+len-1; pStart < pEnd; pStart++, pEnd--)
        {
            temp = *pStart;
            *pStart = *pEnd;
            *pEnd = temp;
        }
    }
```

【参考答案2】 参考答案 1 程序中的函数 Inverse( )还可以用如下方法编写。

```
void Inverse(char *pStr)
{
    int  len = 0;
    char  temp;
    char  *pStart = pStr;                          // 指针变量 pStart 指向字符串的第一个字符
    char  *pEnd;                                   // 指针变量 pEnd 指向字符串的最后一个字符
    for (; *pStart != '\0'; pStart++)
    {
        len++;                                     // 求出字符串长度
    }

    for (pStart = pStr, pEnd = pStr+len-1; pStart < pEnd; pStart++, pEnd--)
    {
        temp = *pStart;
        *pStart = *pEnd;
        *pEnd = temp;
    }
}
```

程序的运行结果如下：

```
    Input a string : abcdef↙
    The inversed string is : fedcba
```

*7.7 编程判断输入的一串字符是否为"回文"。所谓"回文"，是指顺读和倒读都一样的字符串，如"level"和"ABCCBA"都是回文。

【算法思想】 由题意可知，回文就是一个对称的字符串，利用这一特点可采用如下算法：

① 设置两个指针 pStart 和 pEnd，让 pStart 指向字符串首部，让 pEnd 指向字符串尾部。

② 利用循环从字符串两边对指针所指字符进行比较，当对应的两个字符相等且两个指针未超越对方时，使指针 pStart 向前移动一个字符位置（加 1），使指针 pEnd 向后移动一个字符位置（减 1），一旦发现对应的两个字符不等（表示不可能是回文）或两个指针已互相超越（表示是回文），则立即停止循环。

③ 根据退出循环时两指针的位置，判断字符串是否为回文。

【参考答案】

```
#include  <stdio.h>
#include  <string.h>

int  main(void)
```

```
{
    char  str[80], *pStart, *pEnd;

    printf("Input string : ");
    gets(str);

    int  len = strlen(str);
    pStart = str;
    pEnd = str + len - 1;

    while ((*pStart == *pEnd) && (pStart < pEnd))
    {
        pStart++;
        pEnd--;
    }
    if (pStart < pEnd)
    {
        printf("No!\n");
    }
    else
    {
        printf("Yes!\n");
    }
    return 0;
}
```

程序的两次测试结果如下：

①   Input string : abccba↙
    Yes!

②   Input string : abccbd↙
    No!

*7.8   参考例 7-10，用指针变量作为函数参数编程计算任意 $m \times n$ 阶矩阵的转置矩阵。

【参考答案 1】 用指向一维数组的指针变量即二维数组的行指针作函数参数。

```
#include  <stdio.h>
#define    ROW    3
#define    COL    4
void Transpose(int (*a)[COL], int (*at)[ROW], int row, int col);
void InputMatrix(int (*s)[COL], int row, int col);
void PrintMatrix(int (*s)[ROW], int row, int col);

int main(void)
{
    int  s[ROW][COL];                  // s 代表原矩阵
    int  st[COL][ROW];                 // st 代表转置后的矩阵

    printf("Please enter matrix : \n");
    InputMatrix(s, ROW, COL);          // 输入原矩阵，s 指向矩阵 s 的第 0 行，是行指针
    Transpose(s, st, ROW, COL);        // 对矩阵 s 进行转置，结果存入 st
    printf("The transposed matrix is : \n");
    PrintMatrix(st, COL, ROW);         // 输出转置矩阵，*st 指向 st 的第 0 行，是行指针
    return 0;
```

```
}
// 函数功能：对任意 row 行 col 列的矩阵 a 转置，转置后的矩阵为 at
void Transpose(int (*a)[COL], int (*at)[ROW], int row, int col)
{
    for (int i = 0; i < row; i++)
    {
        for (int j = 0; j < col; j++)
        {
            *(*(at + j) + i) = *(*(a + i) + j);
        }
    }
}

void InputMatrix(int (*s)[COL], int row, int col)       // 输入矩阵元素
{
    for (int i = 0; i < row; i++)
    {
        for (int j = 0; j < col; j++)
        {
            scanf("%d", *(s + i) + j);                  // 这里*(s+i)+j 等价于&s[i][j]
        }
    }
}

void PrintMatrix(int (*s)[ROW], int row, int col)       // 输入矩阵元素
{
    for (int i = 0; i < row; i++)
    {
        for (int j = 0; j < col; j++)
        {
            printf("%d\t", *(*(s + i) + j));            // 这里*(*(s+i)+j)等价于s[i][j]
        }
        printf("\n");
    }
}
```

【参考答案 2】 用指向整型数组元素的指针变量即二维数组的列指针作函数参数。

```
#include  <stdio.h>
#define     ROW     3
#define     COL     4

void Transpose(int *a, int *at, int row, int col);
void InputMatrix(int *s, int row, int col);
void PrintMatrix(int *s, int row, int col);

int main(void)
{
    int s[ROW][COL];                        // s 代表原矩阵
    int st[COL][ROW];                       // st 代表转置后的矩阵

    printf("Please enter matrix : \n");
    InputMatrix(*s, ROW, COL);              // 输入原矩阵，*s 指向矩阵 s 的 0 行 0 列，是列指针
```

```
    Transpose(*s, *st, ROW, COL);              // 对矩阵 s 进行转置，结果存放入 st
    printf("The transposed matrix is : \n");
    PrintMatrix(*st, COL, ROW);                // 输出转置矩阵，*st 指向 st 的 0 行 0 列，是列指针
    return 0;
}
// 函数功能：对任意 row 行 col 列的矩阵 a 转置，转置后的矩阵为 at
void Transpose(int *a, int *at, int row, int col)
{
    for (int i = 0; i < row; i++)
    {
        for (int j = 0; j < col; j++)
        {
            *(at + j * row + i) = *(a + i * col + j);
        }
    }
}

void InputMatrix(int *s, int row, int col)        // 输入矩阵元素
{
    for (int i = 0; i < row; i++)
    {
        for (int j = 0; j < col; j++)
        {
            scanf("%d", s + i * col + j);          // 这里 s+i*col+j 等价于&s[i][j]
        }
    }
}

void PrintMatrix(int *s, int row, int col)        // 输入矩阵元素
{
    for (int i = 0; i < row; i++)
    {
        for (int j = 0; j < col; j++)
        {
            printf("%d\t", *(s + i * col + j));    // 这里*(s+i*col+j)等价于 s[i][j]
        }
        printf("\n");
    }
}
```

程序的运行结果如下：
```
    Please enter matrix :
    1 2 3 4↙
    1 2 3 4↙
    1 2 3 4↙
    The transposed matrix is :
    1              11
    2              2    2
    3              3    3
    4              4    4
```

*7.9 用指针数组编程实现：从键盘任意输入一个数字表示月份值 n，程序输出该月份的英文表示。若 n 不在 1~12 之间，则输出 "Illegal month"。

【参考答案】 定义一个指针数组存放月份的英文表示，然后输出相应月份。

```
#include <stdio.h>
int main(void)
{
    int  n;
    char *monthName[] = {"Illegal month", "January", "February", "March", "April",
                          "May", "June", "July", "August", "September", "October",
                          "November", "December"};
    printf("Input month number : ");
    scanf("%d", &n);                                       // 输入月份

    if ((n <= 12) && (n >= 1))
    {
        printf("month %d is %s\n", n, monthName[n]);       // 输出相应月份
    }
    else
    {
        printf("%s\n", monthName[0]);                      // 输出错误
    }
    return 0;
}
```

程序的三次测试结果如下：

①   Input month number : 5↙
    month 5 is May

②   Input month number : 12↙
    month 12 is December

③   Input month number : 13↙
    Illegal month

7.10 假设口袋中有若干红、黄、蓝、白、黑 5 种颜色的球，每次从口袋中取出 3 个球，编程输出得到 3 种不同颜色的球的所有可能取法。

【参考答案】 用三重循环模拟取球过程，但每次取出的球如果与前面的球颜色相同就抛弃。

```
#include <stdio.h>

int main(void)
{
    char *bColor[] = {"RED", "YELLOW", "BLUE", "WHITE", "BLACK"};
    int  m = 0;
    for (int i = 0; i < 5; i++)
    {
        for (int j = i + 1; j < 5; j++)
        {
            for (int k = j + 1; k < 5; k++)
            {
                m++;
```

```
            printf("%d : %s, %s, %s\n", m, bColor[i], bColor[j], bColor[k]);
        }
    }
}
return 0;
}
```

程序的运行结果如下：

    1 : RED, YELLOW, BLUE
    2 : RED, YELLOW, WHITE
    3 : RED, YELLOW, BLACK
    4 : RED,BLUE, WHITE
    5 : RED, BLUE, BLACK
    6 : RED, WHITE, BLACK
    7 : YELLOW, BLUE, WHITE
    8 : YELLOW, BLUE, BLACK
    9 : YELLOW, WHITE, BLACK
    10 : BLUE, WHITE, BLACK

1.8 习题 8 及参考答案

8.1 单项选择。

（1）下列说法中正确的是_____。

A）关键字 typedef 是定义一种新的数据类型

B）只能在相同类型的结构体变量之间进行赋值

C）可以使用==和!=来判定两个结构体相等或不等

D）结构体类型所占内存的字节数是所有成员占内存字节数的总和

（2）若有以下结构体定义，则选择_____赋值是正确的。

```
struct position
{
    int  x;
    int  y;
} vs;
```

A）position.x = 10   B）position.vs.x = 10

C）struct position va; va.x = 10   D）struct position va = {10};

（3）已知学生记录可描述为

```
struct student
{
    int  no;
    char  name[20];
    char  gender;
    struct
    {
        int  year;
```

```
        int   month;
        int   day;
    } birth;
} s;
```

设变量 s 中的"生日"是 1984 年 11 月 11 日，下列对"生日"的正确赋值方式是_____。

A）year = 1984;   month = 11;   day = 11;

B）birth.year = 1984;   birth.month = 11;   birth.day = 11;

C）s.year = 1984;   s.month = 11;   s.day = 11;

D）s.birth.year = 1984;   s.birth.month = 11;   s.birth.day = 11;

【参考答案】 （1）B   （2）C   （3）D

8.2 一万小时定律是作家格拉德威尔在《异类》一书中指出的定律："人们眼中的天才之所以卓越非凡，并非天资超人一等，而是付出了持续不断的努力。一万小时的锤炼是任何人从平凡变成世界级大师的必要条件"。他将此称为"一万小时定律"。它给我们的启示就是，要想成为某个领域的专家，至少需要 10000 小时，按比例计算就是：如果每天工作 8 个小时，一周工作 5 天，那么成为一个领域的专家至少需要 5 年。假设某人从 2000 年 1 月 1 日起开始工作 5 天，然后休息 2 天。请编写一个程序，计算这个人在以后的某一天中是在工作还是在休息。

【算法思想】 以 7 天为一个周期，每个周期中都是前五天工作后两天休息，所以只要计算出从 2000 年 1 月 1 日开始到输入的某年某月某日之间的总天数，将这个总天数对 7 求余，余数为 1、2、3、4、5 就说明是在工作，余数为 6 和 0 就说明是在休息。

【参考答案1】

```
#include <stdio.h>
#include <stdlib.h>

int WorkORrest(int year, int month, int day);
int IsLeapYear(int y);
int IsLegalDate(int year, int month, int day);

int main(void)
{
    int  year, month, day, n, ret;

    printf("Input year, month, day : ");
    n = scanf("%d, %d, %d", &year, &month, &day);

    while (n != 3 || !IsLegalDate(year, month, day))
    {
        while (getchar() != '\n') ;
        printf("Input year, month, day : ");
        n = scanf("%d, %d, %d", &year, &month, &day);
    }
    ret = WorkORrest(year, month, day);
    if (ret == 1)
    {
        printf("He is working.\n");
```

```
    }
    else
    {
        printf("He is having a rest.\n");
    }
    return 0;
}
// 函数功能：判断 year 年 month 月 day 日是工作还是休息
// 函数参数：year、month、day 分别代表年、月、日
// 函数返回值：返回 1，表示工作；返回-1，表示休息
int WorkORrest(int year, int month, int day)
{
    int  sum = 0;

    for (int i = 2000; i < year; ++i)
    {
        if (IsLeapYear(i))
        {
            sum = sum + 366;                    // 闰年有 366 天
        }
        else
        {
            sum = sum + 365;                    // 平年有 365 天
        }
    }

    for (int i = 1; i < month; ++i)
    {
        switch (i)
        {
            case 1:
            case 3:
            case 5:
            case 7:
            case 8:
            case 10:
            case 12:    sum = sum + 31;
                        break;
            case 2:     if (IsLeapYear(year))
                        {
                            sum = sum + 29;      // 闰年的 2 月有 29 天
                        }
                        else
                        {
                            sum = sum + 28;      // 平年的 2 月有 28 天
                        }
                        break;
            case 4:
            case 6:
            case 9:
            case 11:    sum = sum + 30;
```

```
                    break;
                }
        }
        sum = sum + day;
        sum = sum % 7;                          // 以 7 天为一个周期，根据余数判断是在工作还是在休息

        if (sum == 0 || sum == 6)
        {
            return -1;
        }
        else
        {
            return 1;
        }
    }
// 函数功能：判断 y 是否是闰年，若是，则返回 1，否则返回 0
int IsLeapYear(int y)
{
    return ((y % 4 == 0 && y % 100 != 0) || (y % 400 == 0)) ? 1 : 0;
}
// 函数功能：判断日期 year、month、day 是否合法，若合法，则返回 1，否则返回 0
int IsLegalDate(int year, int month, int day)
{
    int  dayofmonth[2][12]= {{31,28,31,30,31,30,31,31,30,31,30,31},
                             {31,29,31,30,31,30,31,31,30,31,30,31}};

    if (year < 1 || month < 1 || month > 12 || day < 1)
    {
        return 0;
    }
    int  leap = IsLeapYear(year) ? 1 : 0;
    return day > dayofmonth[leap][month - 1] ? 0 : 1;
}
```

【参考答案 2】

```
#include  <stdio.h>
#include  <stdlib.h>

int WorkORrest(int year, int month, int day);
int IsLeapYear(int y);
int IsLegalDate(int year, int month, int day);

int main(void)
{
    int  year, month, day, ret;
    printf("Input year, month, day : ");
    n = scanf("%d, %d, %d", &year, &month, &day);

    while (int n != 3 || !IsLegalDate(year, month, day))
    {
        while (getchar() != '\n') ;
        printf("Input year, month, day : ");
```

```
        n = scanf("%d, %d, %d", &year, &month, &day);
    }

    ret = WorkORrest(year, month, day);
    if (ret == 1)
    {
        printf("He is working.\n");
    }
    else
    {
        printf("He is having a rest.\n");
    }
    return 0;
}
// 函数功能：判断 year 年 month 月 day 日是工作还是休息
// 函数参数：year、month、day 分别代表年、月、日
// 函数返回值：返回 1，表示工作；返回 -1，表示休息
int WorkORrest(int year, int month, int day)
{
    int  sum = 0;
    int  dayofmonth[2][12] = {{31,28,31,30,31,30,31,31,30,31,30,31},
                              {31,29,31,30,31,30,31,31,30,31,30,31}};

    for (int i = 2000; i < year; ++i)
    {
        if (IsLeapYear(i))
        {
            sum = sum + 366;
        }
        else
        {
            sum = sum + 365;
        }
    }

    leap = IsLeapYear(year) ? 1 : 0;

    for (int i = 1; i < month; ++i)
    {
        sum = sum + dayofmonth[leap][i - 1];
    }

    sum = sum + day;
    sum = sum % 7;
    return sum == 0 || sum == 6 ? -1 : 1;
}
// 函数功能：判断 y 是否是闰年，若是，则返回 1，否则返回 0
int IsLeapYear(int y)
{
    if ((y % 4 == 0 && y % 100 != 0) || (y % 400 == 0))
    {
        return 1;
```

```
        }
        else
        {
            return 0;
        }
    }
    // 函数功能: 判断日期 year、month、day 是否合法, 若合法, 则返回 1, 否则返回 0
    int IsLegalDate(int year, int month, int day)
    {
        int  leap;
        int  dayofmonth[2][12] = {{31,28,31,30,31,30,31,31,30,31,30,31},
                                  {31,29,31,30,31,30,31,31,30,31,30,31}};
        if (year < 1 || month < 1 || month > 12 || day < 1)
        {
            return 0;
        }

        int  leap = IsLeapYear(year) ? 1 : 0;
        return day > dayofmonth[leap][month - 1] ? 0 : 1;
    }
```

【参考答案 3】

```
    #include  <stdio.h>
    #include  <stdlib.h>

    int WorkORrest(int year, int month, int day);
    int IsLeapYear(int y);
    int IsLegalDate(int year, int month, int day);

    int main(void)
    {
        int  year, month, day, n;
        do {
            printf("Input year, month, day : ");
            n = scanf("%d, %d, %d", &year, &month, &day);
            if (n != 3)
            {
                while (getchar() != '\n')  ;
            }
        } while (n != 3 || !IsLegalDate(year, month, day));
        if (WorkORrest(year, month, day) == 1)
        {
            printf("He is working.\n");
        }
        else
        {
            printf("He is having a rest.\n");
        }
        return 0;
    }
```

```
// 函数功能: 判断 year 年 month 月 day 日是工作还是休息
// 函数参数: year、month、day 分别代表年、月、日
// 函数返回值: 返回 1, 表示工作; 返回 -1, 表示休息
int WorkORrest(int year, int month, int day)
{
    int  sum = 0;
    int  dayofmonth[2][12] = {{31,28,31,30,31,30,31,31,30,31,30,31},
                              {31,29,31,30,31,30,31,31,30,31,30,31}};

    for (int i = 2000; i < year; ++i)
    {
        sum = sum + (IsLeapYear(i) ? 366 : 365);
    }

    int  leap = IsLeapYear(year) ? 1 : 0;
    for (int i = 1; i < month; ++i)
    {
        sum = sum + dayofmonth[leap][i - 1];
    }
    sum = sum + day;
    sum = sum % 7;
    return sum == 0 || sum == 6 ? -1 : 1;
}
// 函数功能: 判断 y 是否是闰年, 若是, 则返回 1, 否则返回 0
int IsLeapYear(int y)
{
    return ((y % 4 == 0 && y % 100 != 0) || (y % 400 == 0)) ? 1 : 0;
}
// 函数功能: 判断日期 year、month、day 是否合法, 若合法, 则返回 1, 否则返回 0
int IsLegalDate(int year, int month, int day)
{
    int  dayofmonth[2][12] = {{31,28,31,30,31,30,31,31,30,31,30,31},
                              {31,29,31,30,31,30,31,31,30,31,30,31}};

    if (year < 1 || month < 1 || month > 12 || day < 1)
    {
        return 0;
    }

    int  leap = IsLeapYear(year) ? 1 : 0;
    return day > dayofmonth[leap][month - 1] ? 0 : 1;
}
```

【参考答案 4】

```
#include <stdio.h>
#include <stdlib.h>

struct date
{
    int  year;
    int  month;
    int  day;
```

```
};
int WorkORrest(struct date d);
int IsLeapYear(int y);
int IsLegalDate(struct date d);

int main(void)
{
    struct date  today;
    int  n;
    do {
        printf("Input year, month, day : ");
        n = scanf("%d, %d, %d", &today.year, &today.month, &today.day);
        if (n != 3)
        {
            while (getchar() != '\n')  ;
        }
    } while (n != 3 || !IsLegalDate(today));

    if (WorkORrest(today) == 1)
    {
        printf("He is working.\n");
    }
    else
    {
        printf("He is having a rest.\n");
    }

    return 0;
}
// 函数功能：判断 year 年 month 月 day 日是工作还是休息
// 函数参数：结构体 d 的三个成员 year、month、day 分别代表年、月、日
// 函数返回值：返回 1，表示工作；返回 -1，表示休息
int WorkORrest(struct date d)
{
    int  sum = 0;
    int dayofmonth[2][12] = {{31,28,31,30,31,30,31,31,30,31,30,31},
                             {31,29,31,30,31,30,31,31,30,31,30,31}};

    for (int i = 2000; i < d.year; ++i)
    {
        sum = sum + (IsLeapYear(i) ? 366 : 365);
    }

    int  leap = IsLeapYear(d.year) ? 1 : 0;
    for (i = 1; i < d.month; ++i)
    {
        sum = sum + dayofmonth[leap][i - 1];
    }

    sum = sum + d.day;
    sum = sum % 7;                      // 以 7 天为一个周期，看余数是几，决定是在工作还是在休息
    return sum == 0 || sum == 6 ? -1 : 1;
```

```
    }
    // 函数功能：判断 y 是否是闰年，若是，则返回 1，否则返回 0
    int IsLeapYear(int y)
    {
        return ((y % 4 == 0 && y % 100 != 0) || (y % 400 == 0)) ? 1 : 0;
    }
    // 函数功能：判断日期 d 是否合法，若合法，则返回 1，否则返回 0
    int IsLegalDate(struct date d)
    {
        int  dayofmonth[2][12] = {{31,28,31,30,31,30,31,31,30,31,30,31},
                                  {31,29,31,30,31,30,31,31,30,31,30,31}};
        if (d.year < 1 || d.month < 1 || d.month > 12 || d.day < 1)
        {
            return 0;
        }
        int  leap = IsLeapYear(d.year) ? 1 : 0;
        return d.day > dayofmonth[leap][d.month - 1] ? 0 : 1;
    }
```

程序测试结果：

①   Input year, month, day : 2021,6,29↙
    He is working.

②   Input year, month, day : 2021,7,1↙
    He is having a rest.

8.3　逆波兰表达式求值问题。在通常的表达式中，二元运算符总是置于与之相关的两个运算对象之间（如 a＋b），这种表示法也称为中缀表示。波兰逻辑学家 J.Lukasiewicz 于 1929 年提出了另一种表示表达式的方法，按此方法，每个运算符都置于其运算对象之后（如 ab＋），故称为后缀表示。后缀表达式也称为逆波兰表达式。例如，逆波兰表达式 a b c＋d＊＋对应的中缀表达式为 a+(b+c)*d。请编写一个程序，计算逆波兰表达式的值。

【参考答案】　计算逆波兰表达式的值，需要使用"栈"这种数据结构。逆波兰表达式的优势在于只用"入栈"和"出栈"两种简单操作就可以搞定任何普通表达式的运算。其计算方法为：如果当前字符为变量或者数字，就将其压栈；如果当前字符是运算符，就将栈顶两个元素弹出作相应运算，再将运算结果入栈。当表达式扫描完毕，栈里的结果就是逆波兰表达式的计算结果。

使用 scanf( )函数和%s 格式循环读入逆波兰表达式时，因为 scanf( )函数遇到空格就结束字符串的读入，因此不需对表达式中的运算对象和运算符进行切分。而使用 gets( )函数循环读入逆波兰表达式时，因为 gets( )函数可以读入带空格的字符串，所以在计算表达式的值之前还需要对表达式中的运算对象和运算符进行切分。要求无论利用 scanf( )函数还是 gets( )函数循环读入表达式，都可以按 Ctrl+Z 组合键结束表达式的输入。

参考程序如下：

```
#include <stdio.h>
#include <string.h>
#include <ctype.h>
#include <stdlib.h>
```

```c
#define     INT     1
#define     FLT     2
#define     N       20
struct data
{
    int  type;
    union
    {
        int  ival;
        double  dval;
    } dat;                                  // 数据的值
};

void Push(struct data stack[], int *sp, struct data *data);
struct data Pop(struct data stack[], int *sp);
struct data OpInt(int d1, int d2, int op);
struct data OpFloat(double d1, double d2, int op);
struct data OpData(struct data *d1, struct data *d2, int op);

int main(void)
{
    char  word[N];
    struct data  stack[N];
    struct data  d1, d2, d3;
    int  sp = 0;

    printf("Input a reverse Polish expression : \n");

    while (scanf("%s", word) == 1)                  // 按 Ctrl+Z 组合键结束循环
    {
        if (isdigit(word[0]))                       // 首字符是数字就入栈
        {
            if (strchr(word, '.') == NULL)
            {
                d1.type = INT;
                d1.dat.ival = atoi(word);
            }
            else
            {
                d1.type = FLT;
                d1.dat.dval = atof(word);
            }
            Push(stack, &sp, &d1);                  // 入栈
            continue;                               // 继续读下一个
        }
        d2 = Pop(stack, &sp);
        d1 = Pop(stack, &sp);
        d3 = OpData(&d1, &d2, word[0]);
        Push(stack, &sp, &d3);
    }

    d1 = Pop(stack, &sp);
```

```c
    if (d1.type == INT)
    {
        printf("result = %d\n", d1.dat.ival);
    }
    else
    {
        printf("result = %.3f\n", d1.dat.dval);
    }
    return 0;
}
// 函数功能：将 data 压入堆栈 stack，sp 为压栈后的栈顶指针
void Push(struct data stack[], int *sp, struct data *data)
{
    memcpy(&stack[(*sp)++], data, sizeof(struct data));
}
// 函数功能：返回从堆栈 stack 栈顶弹出的数据，sp 为弹栈后的栈顶指针
struct data Pop(struct data stack[], int *sp)
{
    *sp = *sp - 1;                              // (*sp)--;
    return stack[*sp];
}
// 函数功能：对 int 型的 d1 和 d2 执行 op 运算，函数返回运算的结果
struct data OpInt(int d1, int d2, int op)
{
    struct data  res;
    switch (op)
    {
        case '+':  res.dat.ival = d1 + d2;    break;
        case '-':  res.dat.ival = d1 - d2;    break;
        case '*':  res.dat.ival = d1 * d2;    break;
        case '/':  res.dat.ival = d1 / d2;    break;
    }
    res.type = INT;
    return res;
}
// 函数功能：对 double 型的 d1 和 d2 执行 op 运算，函数返回运算的结果
struct data OpFloat(double d1, double d2, int op)
{
    struct data  res;
    switch (op)
    {
        case '+':  res.dat.dval = d1 + d2;    break;
        case '-':  res.dat.dval = d1 - d2;    break;
        case '*':  res.dat.dval = d1 * d2;    break;
        case '/':  res.dat.dval = d1 / d2;    break;
    }
    res.type = FLT;
    return res;
```

```
    }
// 函数功能：根据 d1 和 d2 的类型对其执行 op 运算，函数返回运算的结果
struct data OpData(struct data *d1, struct data *d2, int op)
{
    double  dv1, dv2;
    struct data  res;

    if (d1->type == d2->type)
    {
        if (d1->type == INT)
        {
            res = OpInt(d1->dat.ival, d2->dat.ival, op);
        }
        else
        {
            res = OpFloat(d1->dat.dval, d2->dat.dval, op);
        }
    }
    else
    {
        dv1 = (d1->type == INT) ? d1->dat.ival : d1->dat.dval;
        dv2 = (d2->type == INT) ? d2->dat.ival : d2->dat.dval;
        res = OpFloat(dv1, dv2, op);
    }
    return res;
}
```

程序测试结果：

①
```
    Input a reverse Polish expression :
    3.5 2.5 1 + 2 * +↙
    ^Z↙
    result = 10.500
```
②
```
    Input a reverse Polish expression :
    5 6 + 4 *↙
    ^Z↙
    result = 44
```

8.4　循环报数问题。有 n 个人围成一圈，顺序编号。从第一个人开始从 1 到 m 报数，凡报 m 的人退出圈子。请编程计算最后留下的那个人的初始编号是什么？

【算法思想】　采用筛法。对参与报数的 n 个人用 $1\sim n$ 进行编号，编号存放到大小为 n 的一维数组中，假设每隔 m 人有一人退出圈子，即报到 m 的倍数的人需要退出圈子，并将其编号标记为 0，每次循环记录剩余的人数，当数组中只剩下一个有效编号时，该编号的人就是最后的幸存者。这个过程需要进行 $n-1$ 次，因此也可以在每次报数时，记录下退出圈子的人数，当退出圈子的人数达到 $n-1$ 人时，最后剩下的编号不为 0 的人就是最后的幸存者。

【参考答案 1】　用递推法实现：

```
#include <stdio.h>

int Joseph(int n, int m, int s);
```

```c
int main(void)
{
    int  n, m, ret;
    do {
        printf("Input n, m (n > m) : ");
        ret = scanf("%d, %d", &n, &m);
        if (ret != 2)
        {
            while (getchar() != '\n')  ;
        }
    } while (n <= m || n <= 0 || m <= 0 || ret != 2);
    printf("%d is left\n", Joseph(n, m, 1));
    return 0;
}
// 函数功能: 递推法求解约瑟夫问题, 由当前轮中幸存者的编号推出前一轮中该幸存者的编号
// 函数参数: n 表示当前轮中剩余人数, 每隔 m 人有一人退出圈子, s 为当前轮中幸存者编号
// 函数返回值: 幸存者在第 1 轮中的编号
int Joseph(int n, int m, int s)
{
    for (int i = 2; i <= n; ++i)
    {
        s = (s + m - 1) % i + 1;
    }
    return s;
}
```

【参考答案 2】 用递归法实现:

```c
#include <stdio.h>

int Joseph(int n, int m, int i);

int main(void)
{
    int  n, m, ret;
    do {
        printf("Input n, m (n > m) : ");
        ret = scanf("%d, %d", &n, &m);
        if (ret != 2)
        {
            while (getchar() != '\n')  ;
        }
    } while (n <= m || n <= 0 || m <= 0 || ret != 2);
    printf("%d is left\n", Joseph(n, m, n));
    return 0;
}
// 函数功能: 递推法求解约瑟夫问题, 由当前轮中幸存者的编号推出前一轮中该幸存者的编号
// 函数参数: n 表示当前轮中剩余人数, 每隔 m 人有一人退出圈子, i 为当前轮中幸存者的编号
// 函数返回值: 幸存者在第 1 轮中的编号
int Joseph(int n, int m, int i)
{
```

```
        if (i == 1)
        {
            return  (m - 1) % n + 1;
        }
        else
        {
            return (Joseph(n - 1, m, i - 1) + m - 1) % n + 1;
        }
    }
```

【参考程序 3】 用筛法实现:

```
#include  <stdio.h>
#define      N   100

int Joseph(int n, int m, int k);

int main(void)
{
    int  m, n, ret;
    do {
        printf("Input n, m (n > m) : ");
        ret = scanf("%d, %d", &n, &m);
        if (ret != 2)
        {
            while (getchar() != '\n')  ;
        }
    } while (n <= m || n <= 0 || m <= 0 || ret != 2);

    printf("%d is left\n", Joseph(n, m, 0));            // 输出最后一个人的编号
    return 0;
}
// 函数功能: 用整型数组求解约瑟夫问题
// 函数参数: n 为当前轮中剩余人数, 每隔 m 人有一人退出圈子, k 为最后剩余的人数
// 函数返回值: 最后一个人在第 1 轮中的编号
int Joseph(int n, int m, int k)
{
    int  a[N], b[N];
    int  j = 0;
    for (int i = 0; i < n; ++i)
    {
        a[i] = i + 1;                    // 按从 1 到 n 的顺序给每个人编号
        b[i] = 0;                        // 第 i+1 个退出圈子的人的编号初始化为 0, 表示未退出圈子
    }
    while (b[n - 1] == 0)
    {
        for (int i = 0; i < n; ++i)
        {
            if (a[i] != 0)               // 所有幸存者每报一个数, 就将计数器 j 加一次 1
            {
                ++j;
```

```
        }
        if (j == m)                   // 如果报数报到 m
        {
            b[k++] = i + 1;           // 将退出圈子的人的编号记录到 b 数组中
            a[i] = 0;                 // 将退出圈子的人的编号标记为 0
            j = 0;                    // 重新开始计数
        }
    }
}
return b[n-1];                        // 返回最后一个人的编号
}
```

【参考答案4】 用筛法和数组实现：

```
#include <stdio.h>
#define      N   101

int Joseph(int n, int m);

int main(void)
{
    int  n, m, ret;

    do {
        printf("Input n, m (n > m) : ");
        ret = scanf("%d, %d", &n, &m);
        if (ret != 2)
        {
            while(getchar() != '\n')  ;
        }
    } while (n <= m || n <= 0 || m <= 0 || ret != 2);

    printf("%d is left\n", Joseph(n, m));
    return 0;
}
// 函数功能：用整型数组求解约瑟夫问题
// 函数参数：n 为参与报数的总人数，每隔 m 人有一人退出圈子
// 函数返回值：返回最后一个人的编号
int Joseph(int n, int m)
{
    int  i, c = 0, counter = 0, a[N];

    for (i = 1; i <= n; ++i)          // 按从 1 到 n 的顺序给每个人编号
    {
        a[i] = i;
    }
    do {
        for (i = 1; i <= n; ++i)
        {
            if (a[i] != 0)
            {
                c++;                  // 元素不为 0，则 c 加 1，记录报数的人数
                if (c % m == 0)       // c 除以 m 的余数为 0，说明此位置为第 m 个报数的人
```

```
            {
                a[i] = 0;               // 将退出圈子的人的编号标记为 0
                counter++;              // 记录退出的人数
            }
        }
    }
} while (counter != n - 1);              // 当退出圈子人数达到 n-1 时结束循环，否则继续循环
for (i = 1; i <= n; ++i)
{
    if (a[i] != 0)
    {
        return i;
    }
}
return 0;
}
```

【参考程序 5】 用筛法和数组实现：

```
#include  <stdio.h>
#define       N    101

int Joseph(int n, int m);

int main(void)
{
    int  n, m, ret;

    do {
        printf("Input n, m (n > m) : ");
        ret = scanf("%d, %d", &n, &m);
        if (ret != 2)
        {
            while (getchar() != '\n')  ;
        }
    } while (n <= m || n <= 0 || m <= 0 || ret != 2);

    printf("%d is left\n", Joseph(n, m));
    return 0;
}
// 函数功能: 用整型数组求解约瑟夫问题
// 函数参数: n 为参与报数的总人数，每隔 m 人有一人退出圈子
// 函数返回值: 返回后一个人的编号
int Joseph(int n, int m)
{
    int  i, c = 0, counter = 0, a[N];

    for (i = 1; i <= n; ++i)            // 按从 1 到 n 的顺序给每个人编号
    {
        a[i] = i;
    }
    do {
        for (counter = 0, i = 1; i <= n; ++i)
```

```
        {
            if (a[i] != 0)
            {
                c++;                        // 元素不为 0，则 c 加 1，记录报数的人数
                counter++;                  // 记录剩余的人数
            }
            if (c % m == 0)                 // c 除以 m 的余数为 0，说明此位置为第 m 个报数的人
            {
                a[i] = 0;                   // 将退出圈子的人的编号标记为 0
            }
        }
    } while (counter != 1);                 // 当只剩下一人时结束循环，否则继续循环

    for (i = 1; i <= n; ++i)
    {
        if (a[i] != 0)
        {
            return i;
        }
    }
    return 0;
}
```

【参考答案6】 用筛法和数组实现的静态循环链表：

```
#include <stdio.h>
#define      N    101

typedef struct person
{
    int  number;                           // 自己的编号
    int  nextp;                            // 下一个人的编号
} LINK;                                     // 用数组实现的静态循环链表

void CreatQueue(LINK link[], int n);
int Joseph(LINK link[], int n, int m);

int main(void)
{
    int  n, m, last, ret;
    LINK  link[N + 1];

    do {
        printf("Input n, m (n > m) : ");
        ret = scanf("%d, %d", &n, &m);
        if(ret != 2)
        {
            while(getchar() != '\n')  ;
        }
    } while (n <= m || n <= 0 || m <= 0 || ret != 2);

    CreatQueue(link, n);
    last = Joseph(link, n, m);
    printf("%d is left\n", last);
```

```c
        return 0;
}
// 函数功能：用结构体数组求解约瑟夫问题
// 函数参数：结构体数组 link 保存剩余的报数人的编号，n 为参与报数的总人数每隔 m 人有一人退出圈子
// 函数返回值：最后一个人的编号
int Joseph(LINK link[], int n, int m)
{
    int  h = n, i, j, last;

    for (j = 1; j < n; ++j)
    {
        i = 0;
        while (i != m)
        {
            h = link[h].nextp;
            if (link[h].number != 0)
            {
                ++i;
            }
        }
        link[h].number = 0;
    }

    for (i = 1; i <= n; ++i)
    {
        if (link[i].number != 0)
        {
            last = link[i].number;
        }
    }

    return last;
}
// 函数功能：创建循环报数的队列
void CreatQueue(LINK link[], int n)
{
    for (int i = 1; i <= n; ++i)
    {
        if (i == n)
        {
            link[i].nextp = 1;
        }
        else
        {
            link[i].nextp = i + 1;
        }
        link[i].number = i;
    }
}
```

【参考答案 7】 用筛法和动态循环链表实现：

```c
#include <stdio.h>
#include <stdlib.h>

typedef struct person
{
    int  num;
    struct person  *next;
} LINK;

LINK *Create(int n);
int NumberOff(LINK *head, int n, int m);
void DeleteMemory(LINK *head);

int main(void)
{
    LINK  *head;
    int  m, n, last, ret;
    do {
        printf("Input n, m (n > m) : ");
        ret = scanf("%d, %d", &n, &m);
        if (ret != 2)
        {
            while(getchar() != '\n')  ;
        }
    } while (n <= m || n <= 0 || m <= 0 || ret != 2);

    head = Create(n);
    last = NumberOff(head, n, m);
    printf("%d is left\n", last);
    DeleteMemory(head, n);
    return 0;
}
// 函数功能：用单向循环链表求解鲁智深吃馒头问题
// 函数参数：指针 head 指向的链表保存剩余的报数人的编号，n 为参与报数的总人数，每隔 m 人有一人退出圈子
// 函数返回值：最后一个人的编号
int NumberOff(LINK *head, int n, int m)
{
    LINK  *p1 = head, *p2 = p1;

    if (n == 1 || m == 1)
    {
        return n;
    }
    for (int i = 1; i < n; ++i)          // 将 n-1 个节点删掉
    {
        for (int j = 1; j < m-1; ++j)
        {
            p1 = p1->next;
        }
        p2 = p1;                         // p2 指向第 m 个节点的前驱节点
        p1 = p1->next;                   // p1 指向待删除的节点
        p1 = p1->next;                   // p1 指向待删除节点的后继节点
```

```
        p2->next = p1;                      // 让 p1 成为 p2 的后继节点, 即循环删掉第 m 个节点
    }
    return p1->num;
}
// 函数功能: 创建报数的单向循环链表
LINK *Create(int n)
{
    LINK  *p1, *p2, *head = NULL;

    p2 = p1 = (LINK*)malloc(sizeof(LINK));
    if (p1 == NULL)
    {
        printf("No enough memory to allocate!\n");
        exit(0);
    }

    for (int i = 1; i <= n; ++i)
    {
        if (i == 1)                         // 若为头节点
        {
            head = p1;                      // 头节点指向新建节点
        }
        else                                // 若为中间节点
        {
            p2->next = p1;                  // 表尾节点指向新建节点
        }
        p1->num = i;
        p2 = p1;
        p1 = (LINK*)malloc(sizeof(LINK));   // 新建节点
        if (p1 == NULL)
        {
            printf("No enough memory to allocate!\n");
            DeleteMemory(head);
            exit(0);
        }
    }

    free(p1);
    p2->next = head;                        // 构成循环链表
    return head;
}
// 函数功能: 释放 head 指向的链表中所有节点占用的内存
void DeleteMemory(LINK *head)
{
    LINK  *p = head, *pr = NULL;

    while (p != NULL)
    {
        pr = p;
        p = p->next;
        free(pr);
    }
}
```

```c
#include  <stdio.h>
#define        N    150

typedef struct queue
{
    int  number[N+1];                           // 编号
    int  size;                                  // 队列长度
    int  head;                                  // 队首
    int  tail;                                  // 队尾
} QUEUE;

void InitQueue(QUEUE *q, int n);
int EmptyQueue(const QUEUE *q);
int FullQueue(const QUEUE *q);
int DeQueue(QUEUE *q, int *e);
int EnQueue(QUEUE *q, int e);
int NumberOff(QUEUE *q, int n, int m);

int main(void)
{
    int  m, n, last;
    QUEUE  q;

    printf("Input n, m (n > m) : ");
    scanf("%d, %d", &n, &m);
    InitQueue(&q, n);
    last = NumberOff(&q, n, m);
    printf("%d is left\n", last);
    return 0;
}
// 函数功能: 初始化循环队列
void InitQueue(QUEUE *q, int n)
{
    q->size = n + 1;
    q->head = q->tail = 0;
}
// 函数功能: 判断循环队列是否为空
int EmptyQueue(const QUEUE *q)
{
    if (q->head == q->tail)
    {
        return 1;                               // 队列为空
    }
    else
    {
        return 0;
    }
}
// 函数功能: 判断循环队列是否队满
int FullQueue(const QUEUE *q)
```

```
{
    if ((q->tail + 1) % q->size == q->head)
    {
        return 1;                               // 队满
    }
    else
    {
        return 0;
    }
}
// 函数功能: 循环队列进队
int EnQueue(QUEUE *q, int e)
{
    if (FullQueue(q))
    {
        return 0;                               // 队满
    }

    q->number[q->tail] = e;
    q->tail = (q->tail + 1) % q->size;          // 先移动指针, 后放数据
    return 1;
}
// 函数功能: 循环队列出队, 即删除队首元素
int DeQueue(QUEUE *q, int *e)
{
    if (EmptyQueue(q))
    {
        return 0;
    }

    *e = q->number[q->head];
    q->head = (q->head + 1) % q->size;          // 先移动指针, 后放数据
    return 1;
}
// 函数功能: 循环报数
int NumberOff(QUEUE *q, int n, int m)
{
    int  i, j, e, num[N];
    for (i = 0; i < n; i++)                      // 将所有人进行编号并排队
    {
        num[i] = i + 1;                         // 将所有人按顺序进行编号
        EnQueue(q, num[i]);                     // 将每个人都入队
    }
    // 排查报数为 m 的人
    i = j = 0;
    while (!EmptyQueue(q))
    {
        i++;
        DeQueue(q, &e);                         // 出队并返回出队人的编号
        if (i == m)                             // 报数为 m 的人不再入队
        {
```

```
        num[j] = e;                            // 将第 j+1 出队人的编号记录到数据 num 中
        i = 0;
        j++;                                   //出队人数计数
    }
    else                                       // 没有报数为 m 的人还需要入队
    {
        EnQueue(q, e);                         // 编号为 e 的人入队
    }
    }
    return num[n-1];                           // 返回第 n 个出队人的编号
}
```

【参考答案9】 用链式存储的循环队列实现：

```c
#include  <stdio.h>
#include  <stdlib.h>
#define       N    200
typedef struct QueueNode
{
    int  num;
    struct QueueNode *next;
} QueueNode;

typedef struct Queue
{
    QueueNode  *head;
    QueueNode  *tail;
} QUEUE;

QUEUE *InitQueue(void)
{
    QUEUE  *q = (QUEUE *)malloc(sizeof(QUEUE));
    if (q == NULL)                             // 内存分配失败
    {
        printf("No enough memory to allocate!\n");
        exit(0);
    }
    q->head = q->tail = NULL;
    return q;
}
// 函数功能：释放所有节点的内存
void DeleteMemory(QUEUE *q)
{
    QueueNode *p;
    while (q->head != q->tail)
    {
        p = q->head;
        q->head = q->head->next;
        free(p);
    }
```

```c
        free(q->head);
}
// 函数功能：循环队列入队
void EnQueue(QUEUE *q, int e)
{
    QueueNode *p = (QueueNode *)malloc(sizeof(QueueNode));
    if (p == NULL)                                  // 若内存分配失败
    {
        printf("No enough memory to allocate!\n");
        DeleteMemory(q);
        exit(0);
    }

    p->num = e;
    if (q->head == NULL)                            // 若为空队列
    {
        q->head = p;
        q->tail = p;
    }
    else
    {
        q->tail->next = p;
        q->tail = p;
    }

    p->next = q->head;                              // 构造循环队列
}
// 函数功能：循环队列出队，即删除队首元素
void DeQueue(QUEUE *q, int *e)
{
    QueueNode *p = q->head;
    if (q->head == NULL)                            // 若为空队列
    {
        return;
    }

    *e = q->head->num;
    if (q->head == q->tail)                         // 若队列中只剩一个节点
    {
        free(p);
        return;
    }

    q->head = q->head->next;
    q->tail->next = q->head;
    free(p);
}
// 函数功能：循环报数
int NumberOff(QUEUE *q, int n, int m)
{
```

```
    int  i, j, e;
    for (i = 0; i < n; i++)
    {
        EnQueue(q, i+1);                              // 将所有人都编号入队
    }
    i = j = 0;
    while (q->head != q->tail)                        // 排查报数为 m 的人
    {
        i++;                                          // 报数计数器计数
        if (i == m)
        {
            DeQueue(q, &e);                           // 队首元素 e 出队
            i = 0;                                    // 报数计数器重新开始计数
            j++;                                      // 出队数组下标
        }
        else
        {
            q->head = q->head->next;
            q->tail = q->tail->next;
        }
    }
    return q->head->num;                              // 返回最后一个人的编号
}
int main(void)
{
    int  m, n, last;
    printf("Input n, m(n > m) : ");
    scanf("%d, %d", &n, &m);
    QUEUE *q = InitQueue();
    last = NumberOff(q, n, m);
    printf("%d is left\n", last);
}
```

程序运行结果如下：

```
    Input n, m (n > m) : 41,3↙
    31 is left
```

8.5 链表排序问题。先输入原始链表的结点编号顺序，按 Ctrl+Z 组合键或输入非数字表示输入结束，然后编程输出链表按结点值升序排列后的结点顺序。

【参考答案1】

```
#include  <stdio.h>
#include  <stdlib.h>

struct node
{
    int  num;
    struct node  *next;
};
```

```c
struct node *CreatLink(void);

void OutputLink(struct node *head);
struct node *SelectSort(struct node *head);

int main(void)
{
    struct node  *head;

    head = CreatLink();
    printf("原始表: \n");
    OutputLink(head);
    head = SelectSort(head);
    printf("排序表: \n");
    OutputLink(head);
    return 0;
}
// 函数功能: 创建链表
struct node *CreatLink(void)
{
    int  temp;
    struct node  *head = NULL;
    struct node  *p1, *p2;

    printf("请输入链表（非数表示结束）: \n结点值: ");
    while (scanf("%d", &temp) == 1)
    {
        p1 = (struct node *)malloc(sizeof(struct node));
        (head == NULL) ? (head = p1) : (p2->next = p1);
        p1->num = temp;
        printf("结点值: ");
        p2 = p1;
    }
    p2->next = NULL;
    return head;
}
// 函数功能: 输出链表
void OutputLink(struct node *head)
{
    struct node  *p1;

    for (p1 = head; p1 != NULL; p1 = p1->next)
    {
        printf("%4d", p1->num);
    }
    printf("\n");
}
// 函数功能: 返回选择法排序后链表的头结点
struct node *SelectSort(struct node *head)
{
    struct node  *first;                    // 排列后有序链的表头指针
    struct node  *tail;                     // 排列后有序链的表尾指针
```

```c
    struct node  *p_min;                         // 保留键值更小的节点的前驱节点的指针
    struct node  *min;                           // 存储最小节点
    struct node  *p;                             // 当前比较的节点
    first = NULL;

    while (head != NULL)                         // 在链表中找键值最小的节点
    {   // 采用选择法排序，循环遍历链表中的节点，找出此时最小的节点
        for (p = head, min = head; p->next != NULL; p = p->next)
        {
            if (p->next->num < min->num)         // 找到一个比当前 min 小的节点
            {
                p_min = p;                       // 保存找到节点的前驱节点: 显然 p->next 的前驱节点是 p
                min = p->next;                   // 保存键值更小的节点
            }
        }
        // 把刚找到的最小节点放入有序链表
        if (first == NULL)                       // 如果有序链表目前还是一个空链表
        {
            first = min;                         // 第一次找到键值最小的节点
            tail = min;                          // 注意: 尾指针让它指向最后的一个节点
        }
        else                                     // 有序链表中已经有节点
        {
            tail->next = min;                    // 把找到的最小节点放最后，让尾指针的 next 指向它
            tail = min;                          // 尾指针也要指向它
        }
        // 根据相应的条件判断，让 min 离开原来的链表
        if (min == head)                         // 如果找到的最小节点就是第一个节点
        {
            head = head->next;                   // 让 head 指向原 head->next 即第二个节点
        }
        else                                     // 如果找到的最小节点不是第一个节点
        {
            p_min->next = min->next;             // 前次最小节点的 next 指向当前 min 的 next
        }
    }
    if (first != NULL)                           // 循环结束得到有序链表 first
    {
        tail->next = NULL;                       // 单向链表的最后一个节点的 next 应该指向 NULL
    }
    head = first;
    return head;
}
```

【参考答案 2】

```c
#include <stdio.h>
#include <stdlib.h>

struct node
{
    int  num;
```

```
        struct node  *next;
};

struct node *CreatLink(void);
void OutputLink(struct node *head);
struct node *BubbleSort(struct node *head);

int main(void)
{
    struct node  *head;

    head = CreatLink();
    printf("原始表：\n");
    OutputLink(head);
    head = BubbleSort(head);
    printf("排序表：\n");
    OutputLink(head);
    return 0;
}
// 函数功能：创建链表
struct node *CreatLink(void)
{
    int  temp;
    struct node  *head = NULL;
    struct node  *p1, *p2;

    printf("请输入链表（非数表示结束）：\n 结点值：");
    while (scanf("%d", &temp) == 1)
    {
        p1 = (struct node *)malloc(sizeof(struct node));
        (head == NULL) ? (head = p1) : (p2->next = p1);
        p1->num = temp;
        printf("结点值：");
        p2 = p1;
    }
    p2->next = NULL;
    return head;
}
// 函数功能：输出链表
void OutputLink(struct node *head)
{
    struct node  *p1;

    for (p1 = head; p1 != NULL; p1 = p1->next)
    {
        printf("%4d", p1->num);
    }
    printf("\n");
}


// 函数功能：返回排序后链表的头结点
struct node *BubbleSort(struct node *head)
```

```
{
    struct node  *endpt;                    // 用于控制循环比较的指针变量
    struct node  *p;                        // 临时指针变量
    struct node  *p1;
    struct node  *p2;
    // 因为首节点无前驱不能交换地址，所以为便于比较，增加一个节点放在首节点前面
    p1 = (struct node *)malloc(sizeof(struct node));
    p1->next = head;
    head = p1;                          // 让 head 指向 p1 节点，排序完成后，再把 p1 节点的内存释放掉
    // 记录每次最后一次节点下沉的位置，这样不必每次都从头到尾扫描，只需扫描到记录点
    for (endpt = NULL; endpt != head; endpt = p)
    {
        for (p = p1 = head; p1->next->next != endpt; p1 = p1->next)
        {
            // 若前面节点键值比后面节点键值大，则交换
            if (p1->next->num > p1->next->next->num)
            {    // 交换相邻两节点的顺序
                p2 = p1->next->next;
                p1->next->next = p2->next;
                p2->next = p1->next;
                p1->next = p2;
                p = p1->next->next;
            }
        }
    }
    p1 = head;                      // 把 p1 的信息去掉
    head = head->next;              // 让 head 指向排序后的第一个节点
    free(p1);                       // 释放 p1 指向的内存
    p1 = NULL;                      // p1 置为 NULL，保证不产生"野指针"，即地址不确定的指针变量
    return head;
}
```

程序运行结果如下：

　　请输入链表（非数表示结束）：
　　结点值：5↙
　　结点值：4↙
　　结点值：3↙
　　结点值：2↙
　　结点值：1↙
　　结点值：^z↙
　　原始表：
　　　5　4　3　2　1
　　排序表：
　　　1　2　3　4　5

1.9 习题 9 及参考答案

9.1 已知文件的前若干字符与文件类型的对应关系如下：

前若干字符	文件类型
MZ	EXE
Rar!	RAR
PK	ZIP
%PDF	PDF
BM	BMP
GIF	GIF
RIFF	AVI 或 WAV 等
MThd	MID

有些软件通过改变文件的扩展名隐藏文件的真实类型。例如，有些游戏的音乐和动画其实就是标准的 MID 和 AVI 文件，只要把扩展名改回来，就能直接播放。现在编写一个程序，使它从一个配置文件中获得字符串与文件类型的对应表，然后判断用户指定的文件的真实类型。

【参考答案】

```c
#include <io.h>
#include <stdio.h>
#include <fcntl.h>
#include <stdlib.h>
#include <string.h>
/* 配置文件名。格式为
 * 3
 * MZ
 * EXE
 * Rar!
 * RAR
 * RIFF
 * AVI or WAV etc.
 * 第一行的数字表示类型数。其他行的偶数行是特征，奇数行是类型名
 */
#define      CONFIG_FILENAME    "truetype.ini"
#define      CHARARCTER_LEN     10
#define      NAME_LEN           22

typedef struct
{
    char  character[CHARARCTER_LEN];
    char  name[NAME_LEN];
} FILETYPE;

int  typeCount;                         // 类型总数
FILETYPE*  typeTable = NULL;            // 类型表
int MakeTypeTable(void);
void FreeTypeTable(void);
int TrueType(const char* filename);
const char* TypeName(int type);
void TrimNewLineChar(char* str);

int main(int argc, char *argv[])
{
```

```c
    if (argc < 2)
    {
        printf("You must specify one filename at least.\n");
        return 1;
    }

    if (!MakeTypeTable())
    {
        printf("Error on config file.\n");
        return 2;
    }

    for (int i = 1; i < argc; i++)                      // 逐一判断所有参数
    {
        int  type = TrueType(argv[i]);
        if (type == -1 )
        {
            perror(argv[i]);
        }
        else if (type == -2)
        {
            printf("Unknown type.\n");
        }
        else
        {
            printf("File %s's true type is : %s\n", argv[i], TypeName(type));
        }
    }
    FreeTypeTable();
    return 0;
}
// 函数功能：从 CONFIG_FILENAME 读入文件特征类型对应表，函数返回非 0 值表示成功，否则失败
int MakeTypeTable(void)
{
    FILE*  fp = NULL;
    int  rval = 1, i;
    fp = fopen(CONFIG_FILENAME, "r");

    if (fp == NULL)
    {
        goto ERROR;
    }
    if (fscanf(fp, "%d\n", &typeCount) != 1)        // 读类型数及其结尾的'\n'
    {
        goto ERROR;
    }
    // 申请表空间
    FreeTypeTable();                                // 如果已经建立过类型表，要先删除
    typeTable = (FILETYPE*)malloc( typeCount * sizeof(FILETYPE));

    if (typeTable == NULL)
```

```
        {
            goto ERROR;
        }
        memset(typeTable, 0, typeCount * sizeof(FILETYPE));
        for (i = 0; i < typeCount; i++)                    // 读表
        {
            char* pRtn;
            pRtn = fgets(typeTable[i].character, CHARARCTER_LEN, fp);   // 读特征
            if (pRtn == NULL)
            {
                goto ERROR;
            }
            TrimNewLineChar(typeTable[i].character);
            pRtn = fgets(typeTable[i].name, NAME_LEN, fp);             // 读类型名
            if (pRtn == NULL)
            {
                goto ERROR;
            }
            TrimNewLineChar(typeTable[i].name);
        }

        rval = 1;                                          // 成功
        goto EXIT;                                         // 转出口处理
ERROR:  rval = 0;    FreeTypeTable();
EXIT:   if (fp != NULL)    fclose(fp);
        return rval;
    }
    // 函数功能：判断打开文件名 filename 的类型
    // 函数返回值：类型 ID，从 0 开始计数，-1 表示文件操作出错，-2 表示无法得到真实类型
    int TrueType(const char* filename)
    {
        int  fh = -1, rval;
        int  rtn, i;
        char  buf[NAME_LEN];
        fh = open(filename, O_RDONLY | O_BINARY);

        if (fh == -1)
        {
            goto ERROR;
        }
        rtn = read(fh, buf, NAME_LEN);
        if (rtn == -1)
        {
            goto ERROR;
        }
        // 开始比较
        rval = -2;

        for (i = 0; i < typeCount; i++)
        {    // 比较 typeTable[i].character 和 buf 中等长的字符串
            int cmp = strncmp(typeTable[i].character, buf, strlen(typeTable[i].character));
```

```
            if (cmp == 0)
            {
                rval = i;
                break;
            }
        }
        goto EXIT;
ERROR:  rval = -1;
EXIT:   if (fh != -1)    close(fh);
        return rval;
    }
    // 函数功能：返回类型 ID 对应的类型名
    const char* TypeName(int type)
    {
        if (type < 0 || type > typeCount-1 )
        {
            return "Unknown";
        }
        else
        {
            return typeTable[type].name;
        }
    }
    // 函数功能：释放类型表空间
    void FreeTypeTable(void)
    {
        if (typeTable != NULL)
        {
            free(typeTable);
        }

        typeTable = NULL;
    }
    // 函数功能：去掉字符串 str 最后的 '\n'
    void TrimNewLineChar(char* str)
    {
        char*  pRtn = strrchr(str, '\n');

        if (pRtn != NULL)
        {
            *pRtn = '\0';
        }
    }
```

此程序利用高级文件操作函数按行读方式处理配置文件，利用基本文件操作按字节读方式读取被判断的文件。可以说这两种文件处理方法，各得其所。

只要对此程序稍加修改，就可将其包装成一个判断文件真实类型的模块。可以用任意文本编辑器编辑文件 truetype.ini 来扩充数据，支持更多类型的判断，而程序不需要修改。

9.2　统计单词数。请编写一个程序，从一个文本文件中读入一篇英语诗歌（假设每句诗的字符数不超过 200），然后统计并输出其中的单词数。

【参考答案】 由于单词之间一定是以空格分隔的，因此新单词出现的基本特征是：当前被检验字符不是空格，而前一被检验字符是空格。根据该特征可以判断是否有新单词出现了。

```c
#include <stdio.h>
#include <stdlib.h>
int CountWords(char str[]);
#define      N    200

int main(void)
{
    FILE  *fp;
    int   counter = 0;
    char  str[N];

    if ((fp = fopen("poem.txt", "r")) == NULL)          // 以读方式打开文本文件
    {
        printf("Failure to open demo.txt!\n");
        exit(0);
    }
    while (!feof(fp))                                    // 从文件中读取字符直到文件末尾
    {
        fgets(str, N, fp);                              // 从 fp 所指的文件中读出字符串，最多读 N-1 个字符
        counter = counter + CountWords(str);
    }
    printf("Numbers of words = %d\n", counter);
    fclose(fp);
    return 0;
}
// 函数功能：返回字符串 str 中的单词数
int CountWords(char str[])
{
    int  num = (str[0] != ' ') ? 1 : 0;

    for (int i = 1; str[i] != '\0'; ++i)
    {
        if (str[i] != ' ' && str[i-1] == ' ')
        {
            num++;
        }
    }
    return num;
}
```

程序运行结果如下（注意读入不同的文件，运行结果可能有所不同）：

```
Numbers of words = 48
```

9.3 编程计算每个学生的 4 门课程的平均分，将学生的各科成绩及平均分输出到文件 student.txt 中，再从文件中读出数据并显示到屏幕上。

【参考答案】

```c
#include <stdio.h>
```

```c
#include <stdlib.h>
#define      N    30
typedef struct date
{
    int  year;
    int  month;
    int  day;
} DATE;

typedef struct student
{
    long  studentID;                        // 学号
    char  studentName[10];                  // 姓名
    char  studentGender;                    // 性别
    DATE  birthday;                         // 出生日期
    int  score[4];                          // 4 门课程的成绩
    float aver;                             // 平均分
} STUDENT;

void InputScore(STUDENT stu[], int n, int m);
void AverScore(STUDENT stu[], int n, int m);
void WritetoFile(STUDENT stu[], int n, int m);

int main(void)
{
    STUDENT  stu[N];
    int  n;

    printf("How many student?");
    scanf("%d", &n);
    InputScore(stu, n, 4);
    AverScore(stu, n, 4);
    WritetoFile(stu, n, 4);
    return 0;
}
// 从键盘输入 n 个学生的学号、姓名、性别、出生日期以及 m 门课程的成绩，存入结构体数组 stu
void InputScore(STUDENT stu[], int n, int m)
{
    for (int i = 0; i < n; i++)
    {
        printf("Input record %d : \n", i+1);
        scanf("%ld", &stu[i].studentID);
        scanf("%s", stu[i].studentName);
        scanf(" %c", &stu[i].studentGender);    // %c 前有一个空格
        scanf("%d", &stu[i].birthday.year);
        scanf("%d", &stu[i].birthday.month);
        scanf("%d", &stu[i].birthday.day);
        for (int j = 0; j < m; j++)
        {
            scanf("%d", &stu[i].score[j]);
        }
```

```c
    }
}
// 计算 n 个学生的 m 门课程的平均分，存入数组 stu 的成员 aver
void AverScore(STUDENT stu[], int n, int m)
{
    for (int i = 0; i < n; i++)
    {
        int  sum = 0;
        for (int j = 0; j < m; j++)
        {
            sum = sum + stu[i].score[j];
        }
        stu[i].aver = (float)sum / m;
    }
}
// 输出 n 个学生的学号、姓名、性别、出生日期以及 m 门课程的成绩并存入文件 score.txt
void WritetoFile(STUDENT stu[], int n, int m)
{
    FILE  *fp;

    if ((fp = fopen("score.txt", "w")) == NULL)        // 以写方式打开文本文件
    {
        printf("Failure to open score.txt!\n");
        exit(0);
    }

    fprintf(fp, "%d\t%d\n", n, m);                     // 将学生人数和课程门数写入文件
    for (int i = 0; i < n; i++)
    {
        fprintf(fp, "%10ld%8s%3c%6d/%02d/%02d",
                stu[i].studentID,
                stu[i].studentName,
                stu[i].studentSex,
                stu[i].birthday.year,
                stu[i].birthday.month,
                stu[i].birthday.day);
        for (int j = 0; j < m; j++)
        {
            fprintf(fp, "%4d", stu[i].score[j]);
        }
        fprintf(fp, "%6.1f\n", stu[i].aver);
    }

    fclose(fp);
}
```

程序运行结果如下：

```
    How many student? 4 ↙
    Input record 1 :
    100310121  王国庆  M  1991 5 19  72  83  90  82 ↙
    Input record 2 :
    100310122  李田野  M  1992 8 20  88  92  78  78 ↙
```

```
Input record 3 :
100310123   刘诗云   F   1991 9 19   98   72   89   66 ↙
Input record 4 :
100310124   张雨晴   F   1992 3 22   87   95   78   90 ↙
```

用记事本打开文本文件 score.txt 查看写入的文件内容如下：

```
4        4
100310121   王国庆   M   1991/05/19   72   83   90   82   81.8
100310122   李田野   M   1992/08/20   88   92   78   78   84.0
100310123   刘诗云   F   1991/09/19   98   72   89   66   81.3
100310124   张雨晴   F   1992/03/22   87   95   78   90   87.5
```

9.4 请编写一个幸运抽奖程序，从文件中读取抽奖者的名字和手机号信息，从键盘输入奖品数量 n，然后循环向屏幕输出抽奖者的信息，按任意键后清屏，并停止循环输出，仅输出一位中奖者信息，从抽奖者中随机抽取 n 个幸运中奖者后结束程序的运行，要求已抽中的中奖者不能重复抽奖。

【参考答案】 检测是否有键盘输入请用函数 kbhit( )，该函数在用户有键盘输入时返回 1（真），否则返回 0（假），按任意键暂停可用 getchar( )，通过或 system("pause")定义一个标志变量来记录每位参与抽奖者是否已经中奖。

```c
#include  <stdio.h>
#include  <string.h>
#include  <conio.h>
#include  <stdlib.h>
#define      STUDENT_NO    120
#define      STR_SIZE      20

typedef struct
{
    char  students[STR_SIZE];
    short  flag;
} STU;

int main(void)
{
    int  i, j, k, count, total;
    STU  s[STUDENT_NO];
    // 利用 Windows 操作系统的 system()函数发出一个 DOS 命令
    system("title 抽奖程序");                        // 设置标题
    system("color 70");                            // 改变控制台背景色为浅灰色，前景色为黑色
    FILE  *fp = fopen("student.txt", "r");

    if (NULL == fp)
    {
        printf("can not open the student file\n");
        return 1;
    }
    i = 0;
    while (fgets(s[i].students, STR_SIZE, fp))
    {
        i++;
```

```
        }
        fclose(fp);
        count = i;
        printf("总计%d 名学生\n", count);

        do {
            printf("请输入小于等于学生人数的奖品数量: ");
            scanf("%d", &total);
        } while (total > count);

        printf("抽奖马上开始啦…");
        system("pause");                            // 冻结屏幕

        for (k = 0; k < count; k++)
        {
            s[k].flag = 0;                          // 标记都没有被抽过
        }

        i = 0;
        j = 0;

        while (j != total)
        {
            k = i % count;
            if (kbhit() && s[k].flag == 0)          // 当有按键且第 k 个人也没有被抽过时
            {
                j++;
                system("cls");                      // 清屏
                printf("哇塞! 你好幸运啊! \n%d : %s", j, s[k].students);
                s[k].flag = 1;                      // 标记其已经被抽过
                system("pause");  // getchar();      // 等待用户按任意键, 以回车符结束输入
            }
            else
            {
                printf("%s", s[k].students);
            }
            i++;
        }

        printf("哈哈, 奖品抽完啦^-^\n");
        system("pause");
        return 0;
    }
```

程序运行结果略。

9.5 餐饮服务质量调查。学校为了提高服务质量, 特邀请 *n* 个学生对校园餐厅的饮食和服务质量进行评分, 分数划分为 10 个等级（1 表示最低分, 10 表示最高分）, 请编写一个程序, 按如下格式统计餐饮服务质量调查结果, 同时计算评分的平均数（Mean）、中位数（Median）和众数（Mode）, 将所有统计结果写入文件保存。

Grade	Count	Histogram
1	5	*****
2	10	**********

先输入学生人数 n（假设 n 最多不超过 40），然后输出评分的统计结果。要求计算众数时不考虑两个或两个以上的评分出现次数相同的情况。

【算法思路】 中位数指的是排列在数组中间的数。如果原始数据的个数是偶数，那么中位数等于中间那两个元素的算术平均值。计算中位数时，首先要调用排序函数对数组按升序进行排序，然后取出排序后数组中间位置的元素，就得到了中位数。如果数组元素的个数是偶数，那么中位数等于数组中间那两个元素的算术平均值。众数就是多个评分中出现次数最多的那个数。计算众数时，首先要统计不同评分出现的次数，然后找出出现次数最多的那个评分，这个评分就是众数。

【参考答案】

```c
#include <stdio.h>
#define      M    40
#define      N    11
void InputData(int answer[], int n);
void Count(int answer[], int n, int count[]);
int Mean(int answer[], int n);
int Median(int answer[], int n);
int Mode(int answer[], int n);
void DataSort(int a[], int n);
int WriteFile(char fileName[], int feedback[], int n);

int main(void)
{
    int  n, feedback[M];

    do {
        printf("Input n : ");
        scanf("%d", &n);
    } while (n <= 0 || n > 40);
    InputData(feedback, n);
    WriteFile("investigation.txt", feedback, n);
    return 0;
}
// 函数功能：输入 n 个学生的评级
void InputData(int answer[], int n)
{
    for (int i = 0; i < n; ++i)
    {
        scanf("%d", &answer[i]);
        if (answer[i] < 1 || answer[i] > 10)
        {
            printf("Input error!\n");
            i--;
        }
    }
}
```

· 91 ·

```
// 函数功能：统计每个评分等级的人数
void Count(int answer[], int n, int count[])
{
    for (int i = 0; i < N; ++i)
    {
        count[i] = 0;
    }

    for (i = 0; i < n; ++i)
    {
        switch (answer[i])
        {
            case 1:  count[1]++;   break;
            case 2:  count[2]++;   break;
            case 3:  count[3]++;   break;
            case 4:  count[4]++;   break;
            case 5:  count[5]++;   break;
            case 6:  count[6]++;   break;
            case 7:  count[7]++;   break;
            case 8:  count[8]++;   break;
            case 9:  count[9]++;   break;
            case 10: count[10]++;  break;
        }
    }
}
// 函数功能：若 n>0，则返回 n 个数的平均数，否则返回-1
int Mean(int answer[], int n)
{
    int  sum = 0;

    for (int i = 0; i < n; ++i)
    {
        sum += answer[i];
    }
    return  n > 0 ? sum / n : -1;
}
// 函数功能：返回 n 个数的中位数
int Median(int answer[], int n)
{
    DataSort(answer, n);

    if (n % 2 == 0)
    {
        return (answer[n / 2] + answer[n / 2 - 1]) / 2;
    }
    else
    {
        return answer[n / 2];
    }
}
// 函数功能：返回 n 个数的众数
```

```
int Mode(int answer[], int n)
{
    int  grade, max = 0, modeValue = 0, count[N + 1] = {0};

    for (int i = 0; i < n; ++i)
    {
        count[answer[i]]++;                    // 统计每个等级的出现次数
    }
    // 统计出现次数的最大值
    for (grade = 1; grade <= N; grade++)
    {
        if (count[grade] > max)
        {
            max = count[grade];                // 记录出现次数的最大值
            modeValue = grade;                 // 记录出现次数最多的等级
        }
    }
    return modeValue;
}
// 函数功能：按选择法对数组 a 中的 n 个元素进行排序
void DataSort(int a[], int n)
{
    int  temp;

    for (int i = 0; i < n - 1; ++i)
    {
        int  k = i;
        for (int j = i + 1; j < n; ++j)
        {
            if (a[j] > a[k])
            {
                k = j;
            }
        }
        if (k != i)
        {
            temp = a[k];
            a[k] = a[i];
            a[i] = temp;
        }
    }
}
// 函数功能：将统计结果存入文件 fileName
int WriteFile(char fileName[], int feedback[], int n)
{
    int  grade, count[N] = {0};
    FILE  *fp = fopen(fileName, "w");

    if (NULL == fp)
    {
        printf("can not open file %s\n", fileName);
```

```
        return 0;
    }
    Count(feedback, n, count);
    fprintf(fp, "Feedback\tCount\tHistogram\n");

    for (grade = 1; grade <= N - 1; grade++)
    {
        fprintf(fp, "%8d\t%5d\t", grade, count[grade]);
        for (int i = 0; i < count[grade]; ++i)
        {
            fprintf(fp, "%c",'*');
        }
        fprintf(fp, "\n");
    }
    fprintf(fp, "Mean value = %d\n", Mean(feedback, n));
    fprintf(fp, "Median value = %d\n", Median(feedback, n));
    fprintf(fp, "Mode value = %d\n", Mode(feedback, n));
    fclose(fp);
    return 1;
}
```

程序运行结果如下：

```
    Input n : 40↙
    10 9 10 8 7 6 5 10 9 8↙
     8 9 7 6 10 9 8 8 7 7↙
     6 6 8 8 9 9 10 8 7 7↙
     9 8 7 9 7 6 5 9 8 7↙
```

通过在当前源程序所在的当前目录查看 investigation.txt，可以看到写入文件的内容如下：

```
    Feedback Count    Histogram
    1        0
    2        0
    3        0
    4        0
    5        2        **
    6        5        *****
    7        9        *********
    8        10       **********
    9        9        *********
    10       5        *****
    Mean value = 7
    Median value = 8
    Mode value = 8
```

1.10 习题 10 及参考答案

10.1 请编写一个随机生成迷宫地图的程序，采用深度优先算法自动生成迷宫地图，然后在此地图上进行自动走迷宫。

【参考答案】利用深度优先算法随机生成迷宫地图的基本思路是：假设自己是一只地鼠，

要在这个自己所在的位置随机向周围的四个方向不停地挖路，直到任何一块区域再挖就会挖穿了为止。基于唯一道路的原则，我们向某个方向挖一块新的区域时，要先判断新区域是否有挖穿的可能，如果有可能挖穿，就需要立即停止，并换个方向再挖；在没有挖穿危险的情况下，采用递归方式继续挖。

参考程序如下：

```c
#include <stdio.h>
#include <stdlib.h>
#include <conio.h>
#include <windows.h>
#include <time.h>
#define      N          50
#define      M          50
#define      ROUTE      0
#define      WALL       1
#define      PLAYER     2

void InitMap(int a[][M], int n, int m);
void CreateMaze(int x, int y);
void ShowMap(int a[][M], int n, int m);
void Maze(int a[][M], int n, int m);
int Go(int x1, int y1, int x2, int y2);
int  flag = 0;                              // flag 用来标记是否路径全部走完
int  a[N][M];                              // 保存迷宫地图
int  n = 12;                              // 初始迷宫高度
int  m = 12;                              // 初始迷宫宽度

int main(void)
{
    printf("输入迷宫的高度、宽度:");
    scanf("%d,%d", &n, &m);
    InitMap(a, n, m);                     // 创建 n*m 大小的迷宫
    ShowMap(a, n, m);                     // 显示 n*m 大小的迷宫
    Maze(a, m, n);                        // 自动走迷宫
    return 0;
}
// 函数功能：创建一个初始的没有路的迷宫地图
void InitMap(int a[][M], int n, int m)
{
    srand((unsigned)time(NULL));
    for (int i = 0; i < n; i++)          // 创建 n*m 大小的没有路的初始迷宫地图
    {
        for (int j = 0; j < m; j++)
        {
            a[i][j] = WALL;
        }
    }
    CreateMaze(1, 1);                    // 利用深度优先算法生成有路的迷宫
}
// 函数功能：利用深度优先算法生成有路的迷宫
```

```
void CreateMaze(int x, int y)
{
    int  Rank = 0;                                          // 控制挖的距离
    a[x][y] = ROUTE;                                        // 设置一个起点开始挖路
    // 确保四个方向随机
    int  direction[4][2] = {{1, 0}, {-1, 0}, {0, 1}, {0, -1}};

    for (int i = 0; i < 4; i++)
    {
        int  r = rand() % 4;
        int  temp = direction[0][0];

        direction[0][0] = direction[r][0];
        direction[r][0] = temp;
        temp = direction[0][1];
        direction[0][1] = direction[r][1];
        direction[r][1] = temp;
    }
    // 向四个方向开挖
    for (int i = 0; i < 4; i++)
    {
        int  dx = x;
        int  dy = y;
        int  range = 1 + (Rank == 0 ? 0 : rand() % Rank);    // 控制挖的距离，由 Rank 来调整大小

        while (range > 0)
        {
            dx += direction[i][0];
            dy += direction[i][1];
            if (a[dx][dy] == ROUTE)                          // 排除掉回头路
            {
                break;
            }
            // 判断是否挖穿路径
            int  count = 0;
            for (int j = dx - 1; j < dx + 2; j++)
            {
                for (int k = dy - 1; k < dy + 2; k++)
                {
                    // abs(j - dx) + abs(k - dy) == 1，确保只判断九宫格的四个特定位置
                    if (abs(j - dx) + abs(k - dy) == 1 && a[j][k] == ROUTE)
                    {
                        count++;
                    }
                }
            }
            if (count > 1)
            {
                break;
            }
            // 确保不会挖穿时，前进
```

```
                --range;
                a[dx][dy] = ROUTE;
            }
            // 没有挖穿危险，以此为节点递归
            if (range <= 0)
            {
                CreateMaze(dx, dy);
            }
        }
    }
}
// 函数功能：显示迷宫地图
void ShowMap(int a[][M], int n, int m)
{
    printf("      简易版迷宫游戏\n");
    for (int i = 0; i < n; ++i)                         // 显示 n 行 m 列迷宫地图数据
    {
        for (int j = 0; j < m; ++j)
        {
            printf(" ");
            if (a[i][j] == ROUTE)
            {
                printf(" ");
            }
            else if (a[i][j] == WALL)
            {
                printf("*");
            }
            else if (a[i][j] == PLAYER)
            {
                printf("o");
            }
        }
        printf("\n");
    }
}

void Maze(int a[][M], int n, int m)
{
    int  x1, y1;                                        // 迷宫入口坐标
    int  x2, y2;                                        // 迷宫出口坐标
    int  right = 0;                                     // 入口和出口输入是否正确的标志变量

    do {
        right = 1;
        printf("输入迷宫入口和出口的纵坐标和横坐标 x1, y1, x2, y2 : ");
        scanf("%d, %d, %d, %d", &x1, &y1, &x2, &y2);
        if (a[x1][y1] == WALL)
        {
            printf("请重新设置起点! \n");
            right = 0;
        }
```

```c
        if (a[x2][y2] == WALL)
        {
            printf("请重新设置终点! \n");
            right = 0;
        }
    } while (!right);
    if (Go(x1, y1, x2, y2) == 0)                    // 设置了起始点为1,1
    {
        printf("没有路径! \n");
    }
    else
    {
        printf("恭喜走出迷宫! \n");
    }
}
// 函数功能: 利用深度优先搜索算法自动走迷宫
int Go(int x1, int y1, int x2, int y2)
{
    a[x1][y1] = PLAYER;
    system("cls");                                  // 清屏
    ShowMap(a, n, m);                               // 显示更新后的迷宫地图
    Sleep(200);                                     // 延时200ms

    if (x1 == x2 && y1 == y2)                        // 迷宫出口设置为10,10
    {
        flag = 1;
    }
    if (flag != 1 && a[x1][y1 - 1] == ROUTE)         // 判断向左是否有路
    {
        Go(x1, y1-1, x2, y2);
    }
    if (flag != 1 && a[x1][y1 + 1] == ROUTE)         // 判断向右是否有路
    {
        Go(x1, y1 + 1, x2, y2);
    }
    if (flag != 1 && a[x1 - 1][y1] == ROUTE)         // 判断向上是否有路
    {
        Go(x1 - 1, y1, x2, y2);
    }
    if (flag != 1 && a[x1 + 1][y1] == ROUTE)         // 判断向下是否有路
    {
        Go(x1 + 1, y1, x2, y2);
    }
    if (flag != 1)
    {
        a[x1][y1] = ROUTE;
    }
    return flag;
}
```

涉及随机函数，所以不同次运行会有不同的迷宫地图生成，下面给出两次的运行结果。

程序运行结果示例1：

```
输入迷宫的高度,宽度:12,12
        简易版迷宫游戏
  * * * * * * * * * * * *
  *           *         *
  * * * *   *     *   * *
  *     *   * *   *     *
  * *   *       * * *   *
  *       *   *         *
  *   *       *     *   *
  *   * *   *         * *
  *   *   *   *         *
  *       *       *   * *
  *   *       *   *   * *
  * * * * * * * * * * * *
输入迷宫入口和出口的纵坐标和横坐标x1,y1,x2,y2:1,1,10,10
```

```
           简易版迷宫游戏
  * * * * * * * * * * * *
  * o o o o     *       *
  * * * * o *       * * *
  *       * o * *   *   *
  * *   * o o o * * *   *
  *         * * o o *   *
  *   *       * o   *   *
  *       * *   * o *   *
  *   *     * * o o *   *
  *   *       * o   *   *
  *   *     *   o o o *
  * * * * * * * * * * * *
           恭喜走出迷宫！
```

程序运行结果示例2：

```
输入迷宫的高度,宽度:12,24
        简易版迷宫游戏
  * * * * * * * * * * * * * * * * * * * * * *
  *   *       *           * *         *   *
  *   * *     *   * * *       * *   *   *   *
  * *       *       *   * *   *       *   *
  *   * *   * * *     *   *   *     * *   *
  *   * *   *       *       *       * *   *
  * *   *   *   *     *   *   *         * *
  *   *   *   *   * * * *   *       *   *
  *   *   *   *   *       *     * * *   * *
  *   *     *   *       *   *       *   *
  *       *           *       *       *   *
  * * * * * * * * * * * * * * * * * * * * * *
输入迷宫入口和出口的纵坐标和横坐标x1,y1,x2,y2:1,1,10,22
```

简易版迷宫游戏

```
* * * * * * * * * * * * * * * * * * * *
* o *       *     o o o o o * * o o o o o *     *
* o o * *     * o * * o o o o * *     * o *     *
* * o o o *     o *   * *     *     * o o *     *
*   * * o o * o *         *   *   * o o * *     *
*     * * o * o o o *           * o o * *       *
* *   * o * o *   * *           * o o o *       *
*   * o o o * o * * * *   * *   * o o o * o o   *
*   * o * o *       * *   * *     * * * * o *   *
*   * o * * o   * o *   *   * *       * o o *   *
*     o o o o o *         *             o *     *
* * * * * * * * * * * * * * * * * * * * * *
```

恭喜走出迷宫！

10.2 请编写一个贪吃蛇游戏。游戏设计要求：

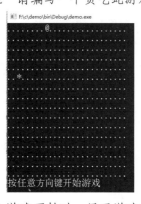

（1）游戏开始时，显示游戏窗口，窗口内的点用"·"表示，同时在窗口中显示贪吃蛇，蛇头用"@"表示，蛇身用"#"表示，游戏者按任意键开始游戏。

（2）用户使用键盘方向键↑↓←→来控制蛇在游戏窗口内上下左右移动。

（3）在没有用户按键操作情况下，蛇自己沿着当前方向移动。

（4）在蛇所在的窗口中随机显示贪吃蛇的食物，食物用"*"表示。

（5）实时更新显示蛇的长度和位置。

（6）当蛇的头部与食物在同一位置时，食物消失，蛇的长度增加一个字符"#"，即每吃到一个食物，蛇身长出一节。

（7）当蛇头到达窗口边界或蛇头即将进入身体的任意部分时，游戏结束。

【参考答案】

```c
#include <stdio.h>
#include <stdlib.h>
#include <conio.h>
#include <string.h>
#include <time.h>
#include <windows.h>

#define    H    16              // 游戏画面高度
#define    L    26              // 游戏画面宽度

const char Shead = '@';         // 蛇头
const char Sbody = '#';         // 蛇身
```

```c
const char  Sfood = '*';                             // 食物
const char  Snode = '.';                             // 游戏画面上的空白点
const int   dx[4] = {0, 0, -1, 1};                   // -1 和 1 对应上、下移动，距离为 1
const int   dy[4] = {-1, 1, 0, 0};                   // -1 和 1 对应左、右移动，距离为 1
char  GameMap[H][L];                                 // 游戏画面数组
int   sum = 1;                                       // 蛇身的长度
int   over = 0;                                      // 为 1 时程序结束

struct Snake
{
    int  x, y;                                       // 蛇的坐标位置
    int  now;                                        // 取值 0、1、2、3 分别对应左、右、上、下、移动
} Snake[H*L];

void Initial(void);
void CreateFood(void);
void Show(void);
void ShowGameMap(void);
void Button(void);
void Move(void);
void CheckBorder(void);
void CheckHead(int x, int y);

int main(void)
{
    Initial();
    Show();
    return 0;
}
// 函数功能：初始化
void Initial(void)
{
    int  hx, hy;

    memset(GameMap, '.', sizeof(GameMap));           // 初始化游戏画面数组为小圆点
    system("cls");
    srand(time(NULL));
    hx = rand() % H;                                 // 随机生成蛇头位置的 x 坐标
    hy = rand() % L;                                 // 随机生成蛇头位置的 y 坐标
    GameMap[hx][hy] = Shead;                         // 定位蛇头
    Snake[0].x = hx;                                 // 定位蛇头在画面上的垂直方向位置
    Snake[0].y = hy;                                 // 定位蛇头在画面上的水平方向位置
    Snake[0].now = -1;                               // 蛇不动
    CreateFood();                                    // 随机生成食物
    ShowGameMap();                                   // 显示游戏画面
    printf("按任意方向键开始游戏\n");
    getch();
    Button();
}
// 函数功能：在游戏画面的空白位置随机生成食物
void CreateFood(void)
{
```

```
    int  fx, fy;

    while (1)
    {
        fx = rand() % H;
        fy = rand() % L;
        if (GameMap[fx][fy] == '.')
        {
            GameMap[fx][fy] = Sfood;              // 在随机生成的坐标位置显示食物
            break;
        }
    }
}
// 函数功能：循环刷新游戏画面，直到游戏结束
void Show(void)
{
    while (1)
    {
        Sleep(500);
        Button();                                // 接收用户键盘输入，并执行相应的操作和数据更新
        Move();

        if (over)
        {
            printf("\n 游戏结束\n");
            getchar();
            break;
        }
        system("cls");
        ShowGameMap();
    }
}
// 函数功能：显示游戏画面
void ShowGameMap(void)
{
    for (int i = 0; i < H; i++)
    {
        for (int j = 0; j < L; j++)
        {
            printf("%c", GameMap[i][j]);
        }
        printf("\n");
    }
}
// 函数功能：检测键盘操作，接收用户键盘输入，并执行相应的操作和数据更新
void Button(void)
{
    int  key;

    if (kbhit() != 0)
    {
```

```
        while (kbhit() != 0)
        {
            key = getch();
        }
        switch (key)
        {
            case 75:                                   // 左方向键
                    Snake[0].now = 0;
                    break;
            case 77:                                   // 右方向键
                    Snake[0].now = 1;
                    break;
            case 72:                                   // 上方向键
                    Snake[0].now = 2;
                    break;
            case 80:                                   // 下方向键
                    Snake[0].now = 3;
                    break;
            default:
                    Snake[0].now = -1;
        }
    }
}
// 函数功能：若用户按了方向键，则移动蛇的位置，按其他键不移动
void Move(void)
{
    if(Snake[0].now == -1)
    {
        return;
    }

    int  x = Snake[0].x;
    int  y = Snake[0].y;
    GameMap[x][y] = '.';
    Snake[0].x = Snake[0].x + dx[Snake[0].now];
    Snake[0].y = Snake[0].y + dy[Snake[0].now];
    CheckBorder();                                 // 边界碰撞检测
    CheckHead(x, y);

    for (int i = 1; i < sum; i++)
    {
        if (i == 1)                                // 蛇尾恢复为背景
        {
            GameMap[Snake[i].x][Snake[i].y] = '.';
        }
        if (i == sum - 1)                          // 原来吃掉食物的位置变成蛇尾
        {
            Snake[i].x = x;
            Snake[i].y = y;
            Snake[i].now = Snake[0].now;
        }
```

```
        else                                    // 蛇身向前移动
        {
            Snake[i].x = Snake[i+1].x;
            Snake[i].y = Snake[i+1].y;
            Snake[i].now = Snake[i+1].now;
        }
        GameMap[Snake[i].x][Snake[i].y] = '#';
    }
}
// 函数功能：边界碰撞检测
void CheckBorder(void)
{
    if (Snake[0].x < 0 || Snake[0].x >= H || Snake[0].y < 0 || Snake[0].y >= L)
    {
        over = 1;                               // 碰到边界则游戏结束
    }
}
// 函数功能：检测蛇头是否能吃掉食物或碰到自身
void CheckHead(int x, int y)
{
    if (GameMap[Snake[0].x][Snake[0].y] == '.')     // 碰到空白则更新蛇头位置
    {
        GameMap[Snake[0].x][Snake[0].y] = '@';
    }
    else if (GameMap[Snake[0].x][Snake[0].y] == '*')    // 碰到食物则吃掉食物
    {
        GameMap[Snake[0].x][Snake[0].y] = '@';
        Snake[sum].x = x;
        Snake[sum].y = y;
        Snake[sum].now = Snake[0].now;
        GameMap[Snake[sum].x][Snake[sum].y] = '#';
        sum++;                                  // 蛇身变长
        CreateFood();                           // 产生新的食物
    }
    else                                        // 碰到自己则游戏结束
    {
        over = 1;
    }
}
```

第 2 章　上机实验

2.1　程序调试技术

"一次过"是编程的最高境界。

绝世高手面对窗口坐着，眺望着窗外的群山。房间很大，但除了他座下的沙发和远处角落里微微响着的一台主机，空无一物。他膝盖上平放着一块键盘，无线的，很旧。消瘦的手指在键盘上飞舞，敲击声连成一片，时高时低，时短时长，袅袅声声，甚为动听。

突然，"啪"的一声回车，高手停止了敲击。他伸了一个懒腰，把键盘挪到一旁，交叠了双腿，继续眺望远山。

"铃~~~~，铃~~~~，铃~~~~"，古朴的铃音打破沉寂。高手按下免提接听键，一个异常兴奋的声音在房间里响起：

"太厉害了！真是太厉害了！没想到这么快就能把程序搞定！我刚测试完你传过来的程序，没发现问题，已经上线使用了。等发现问题，我再联系你啊。"

"下次急用程序，再找我。"绝世高手挂断了电话。

这就是神一般存在的"一次过"。只编译、运行一次，程序即告通过，无须任何更改。古往今来，能修炼到如此境界的神人可能并不存在，但这是所有程序员都倾力而为之奋斗的终极目标。

缺乏经验、思考不够周全的菜鸟在编程时都会犯下无数大大小小的错误，并且随着程序"个头"的增长，错误也会越来越多、越来越奇怪。犯错不可怕，可怕的是不知道错在哪里，连改正的机会都没有。这样，通过调试（Debug）来查错、改错的技术就显得特别重要。同时，调试也是一种直观学习 C 语言的好方法。所以，调试技术是每个菜鸟最先要掌握的技术。现在我们就开始学习调试，但最终目标是不再需要调试。

2.1.1　调试的"七种武器"

如果把调试看成一种武功，堪比"独孤九剑"。两者的招式都不多，精妙之处在于实战中的变化。根据当时的情形，迅速思考对策，用最有效的招式向最薄弱的位置出击，便能一招制敌，百战百胜。

调试的"起手式"是用调试方式编译程序，并在调试状态下运行程序。用调试方式编译生成的目标代码，会比不用调试方式编译生成的程序略大，执行效率也略低。这是因为，在代码中要融入很多辅助调试的信息。因为在开发过程中总要调试，只有交付用户使用的程序才没有调试的必要，所以大多数编程环境的默认编译方式都是调试方式。只要执行环境的"开始调试"而不是"运行"命令，就可以在调试状态下运行程序了。此后，使用下面介绍的"七种武器"来解决程序中的种种问题。

1．麻醉剂——断点

断点（Breakpoint）好比手术麻醉剂，让飞快运行的程序突然间停止前进，以便由我们检查。一个程序可以设置很多断点，这丝毫不会影响程序的正常执行。当以调试状态运行程序时，每次运行到断点所在的代码行，程序就暂停，这时可以用下面介绍的"武器"控制和查看程序的状态。

2．时间机器——单步跟踪

单步跟踪（Tracker）是一台时间机器，可以让你控制时间，令其静止，抑或缓步前行、全速跳跃。当然，它控制的不是真正的时间，而是程序运行的时间。

当程序在断点处暂停时，就进入了单步跟踪状态。断点所在行的代码是下一行要被执行的代码，称为当前代码行。此时，程序的执行有 6 种选择。

① 单步执行（Step Over）：执行一行代码，然后暂停。

② 单步进入（Step Into）：执行一行代码。若此行有函数调用，则进入当前代码行所调用的函数内部，在该函数的第一行代码处暂停，也就是跟踪到函数内部；如果此行没有函数调用，其作用与单步执行等价。单步进入一般只能进入有源代码的函数，如用户自己编写的函数。有的编译器提供了库函数代码，可以跟踪到库函数里执行。如果库函数没有源代码，就不能跟踪进入了。此时，有的调试器会以汇编代码的方式单步执行函数，有的调试器则忽略函数调用。

③ 运行函数（Step Out）：继续运行程序，当遇到断点或返回函数调用者时暂停。

④ 继续运行（Continue）：继续运行程序，当遇到断点时暂停。

⑤ 运行到光标（Run to Cursor）：继续运行程序，当遇到断点或光标时暂停。

⑥ 停止调试（Stop）：程序运行终止，回到编辑状态。

单步跟踪是最基本的调试技术。在学习分支和循环时，利用这种方式，我们可以更直观地看到语句是如何控制程序流程的。例如，当程序运行发生死循环时，可以通过这种方法确定程序在什么位置发生的死循环。

注意，这里每次执行的单位是行，而不是语句。若一行中有多条语句，则将连续执行这些语句。因此，为了提高程序的可测试性（Testability），建议不要在一行内写多条语句。

3．手术刀——监视窗

当程序暂停时，除了可以控制它的执行，还可以通过监视窗（Watch）来查看和修改各变量的值。所以监视窗很像手术刀，用它剖开程序的表面——源代码，观察到决定程序成败的各种数据的真实面目，并且能一刀一刀地修改它们。

综合使用监视窗口和单步执行功能，是找出程序中隐蔽错误的最简单的方法，因为每运行一行可以看看程序究竟做了些什么，变量的值发生了怎样的变化，它们是否按设计者的意图在变化。若程序是按要求正常工作的，则这一行就算调试通过了，否则也就找到了错误所在。当程序的运行结果不正确时，采用这种方法显示出可能出错的局部和全局变量的值，可以有效地帮助我们检查究竟哪里的程序计算有误，如变量没有初始化。

4．显微镜——内存镜像

程序的所有代码和数据都保存在内存中。在内存镜像（Memory Dump）中，只需给出一个起始地址，就可以从该地址开始依次显示每个字节的模样，如同显微镜一样细致入微。它最大的作用是，可以清晰地看到不同变量在内存中的存放顺序，这对 C 语言编程是非常重要的。它直接告诉你，如果指针指错、数组下标越界，访问到的会是什么。在学习指针和数组时，如果我们能灵活运用此武器，可以对相关概念理解得更透彻。

5．病历——函数调用栈

如果程序在一个函数内的断点处暂停，通过监视，你可以发现传给函数的一个参数值有错。怎么知道这个错误来自哪里的函数调用呢？函数调用栈（Call Stack）里会列出一层层的函数调用过程，沿着它的指示寻找，就像查看病历一样能追根溯源，找到病根。学习函数和递归时，它也是一个很形象的教具。

6．防火墙——assert( )函数

assert()函数总给我们带来意外的惊喜。把所有断点取消，在调试状态下运行程序，此时与直接执行没什么两样，该出错还是出错，出错后依然不好定位。但是，如果在程序中的险要位置布置下足够的防火墙——assert()函数，那么当 assert()函数检查到有错误发生时，就相当于在 assert()函数的位置设置了一个断点，程序暂停执行。然后，从此位置向前看，各种武器都招呼上，很快就能排查出错误根源。可见，如果把错误比作大火，assert()函数就是一堵能防止火势蔓延的防火墙，只要放对了位置，就能保护我们的"财产"。

7．板砖——fprintf( )函数

导弹容易打偏，枪炮经常卡壳，刀剑总有钝时，还是路边顺手抄起的板砖最稳定可靠。板砖是石块的嫡传，是上古时代的猿人就已经会使用的武器。所以，原始的东西可能不先进，但是在很多极端情况下是仅有的有效工具。

fprintf()函数很原始，于是几乎所有号称先进的调试工具都不理睬它。但是，调试器不是任何时候都能发挥作用的。比如程序交付给了用户，用户自然不会用调试器运行它；就算用了，在发生错误时，用户也不会知道该怎么办。再如，多进程、多线程的程序，嵌入式环境运行的程序，长时间运行后才出问题的程序等，它们要么是调试器的能力不可及，要么就是人类没有耐心不停地盯着一行行的代码看。在这些情况下，最常用的手段就是把程序运行的关键数据的历史变化记录下来，通过分析历史数据来判断错误所在。历史数据习惯上被称为日志（Log）。在还没有调试器的年代，这是唯一的调试手段，但在今天仍然发挥着巨大作用。

fprintf()函数最简单的用法为

```
fprintf(stderr, "DEBUG: foo = %d", foo);
```

这样就能在标准错误输出中看到变量 foo 值的变化。稍微复杂一些，还要在输出中增加更多的数据，以及输出时间甚至函数调用的历史等一切对查找错误有帮助的信息。

标准错误输出的容纳能力有限，把它重定向到文件能更方便查看。可以用命令行进行重定向，也可以使用如下语句达到同样的效果：

```
freopen("FILENAME.TXT", "a", stderr);
```

以上抽象地介绍了调试技术。现在具体到 Code::Blocks 这种比较常用的 C/C++集成开发环境，来介绍如何调试 C 程序。

2.1.2 Code::Blocks 的使用和调试

Code::Blocks（以下简称 CB）是近年才出现并慢慢获得关注的 C/C++开发环境。其最大优势是遵循 GPL2 协议发布，是一款自由软件。这意味着，任何人不仅可以免费使用它，还可以免费获得它的源代码，以便按自己的需要修改。CB 在 Linux 和 Windows 上都能使用，支持多种编译器，可以通过大量的免费插件来扩展其功能等。

美中不足的是，CB 只是一个 IDE（集成开发环境），没有内置的编译器和调试器。但这也是它的优势，所以 CB 可以支持多种编译器。建议大家使用 GCC 编译器和 GDB 调试器。

GCC 全称是 GNU Compiler Collection，GDB 全称是 GNU Project Debugger，它们都是由自由软件基金会 GNU 维护的自由软件，可以免费使用。经过全世界无数自由软件开发者的千锤百炼，它们已经相当成熟和完善，获得了广泛的认可。绝大多数 Linux 和 UNIX 上的软件都是使用它们开发的。

GCC 在 Windows 下有一个特别的包装版，称为 MinGW。Code::Blocks 在 Windows 上使用的就是它。在官方下载页面可以下载到最新版。

1. CB 的使用

CB 的 template 功能可以方便地自动生成多种功能丰富的应用程序框架。这里只介绍标准 C 语言程序的开发。

单击图 2-1 所示界面中间的"Create a new project"，弹出如图 2-2 所示的对话框。双击"Console application"图标，进入下一个界面，如图 2-3 所示。这里只需要输入第一项"Project title"，选择好第二项"Folder to create project in"，后两项一般使用自动填充的内容就足够了。随后会出现选择编译器的界面，不要做任何修改，除非你很清楚你自己在改什么。接下来选择编程语言，即 C 语言，然后单击"Finish"按钮，项目建立完毕。

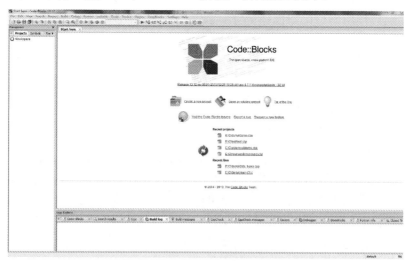

图 2-1　CB 的初始界面

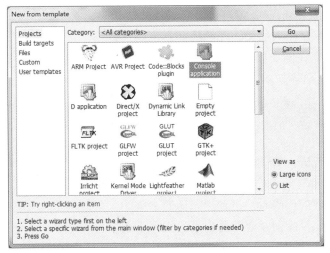

图 2-2　CB 中选择项目类型

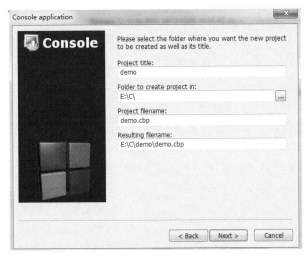

图 2-3　CB 中输入项目名称

图 2-4　CB 中建立的默认项目

双击图 2-4 中的"main.c",就可以打开默认的源代码,它是一个我们都很熟悉的"Hello world"程序。用此程序作为框架,开始编写自己的代码。

CB 的代码编辑器在同类软件中是很先进的,它是标准的 Windows 风格,光标的移动、插入、删除、复制和粘贴等基本操作方法都与普通的文本编辑程序一致,还有许多专门为编写代码而开发的功能,比如:

❖ 标识符和常量等加亮显示。

❖ 配套的括号加亮显示。

❖ 根据输入的代码,智能判断应该缩进还是反缩进。

❖ 用 AStyle 插件按照设定的风格自动调整代码。

❖ 输入调用函数的代码时,自动提示函数参数。

❖ 输入任意标识符的前 4 个字符自动补完余下的字符。

❖ 自动完成代码,如输入 switch、whileb 或 ifei 后按快捷键 Ctrl+J。

❖ 快捷键 Ctrl+B,定义书签;快捷键 Alt+PageUp 和 Alt+PageDown,在书签间移动光标。

❖ 按 F12 键折叠和打开代码块。

还有很多贴心的小功能有待你来发掘。CB 真正让编辑程序成为一种享受。

运行程序很简单,单击图 2-4 左上角所示的"Build and run"图标,或者按 F9 键,编译信息显示在界面下方的 Messages 窗口中。如果编译出错,窗口内会显示所有错误和警告发生的位置与内容,并统计个数。双击错误信息,光标立刻跳转到发生错误的代码处。

如果程序编译和链接都没有错误,程序将在一个新打开的 DOS 窗口中运行并显示结果。在程序运行结果的后面会显示一行程序的返回值和运行时间,还有一行提示信息"Press any key to continue."。这是 CB 自动加上的,并不是程序的输出。出现此提示时,说明程序已经运行完毕,按任意键关闭窗口。

2.调试

GDB 是一个功能异常强大的调试器,但它是一个纯命令行的程序,对初学者显得不够友好。CB 通过文本解析技术包装了 GDB,使我们可以通过可视的图形界面使用它。但 CB 的包装并不全面,没能百分之百发挥出 GDB 的能力,并且在一些极端情况下可能不能与 GDB 配合好,影响稳定性。相信这些会随着 CB 的成长逐渐改善。

我们将使用主教材 2.1.2 节中的例 2.1 程序演示调试的过程和操作方法。

在默认情况下,CB 的程序都采用调试方式进行编译。关闭调试的方法是在工具栏的"Build target"后选择"Release"命令。如果选择"Debug",就切换回调试方式,如图 2-5 所示。

图 2-5　在 CB 中关闭调试

无论用什么方式编译,按 F9 键都会直接运行程序,而不是在调试状态下运行。CB 进入调试状态的方式是按 F8 键,等程序执行到断点,就暂停执行了。

我们不妨在第一条可执行语句"i = 1;"上设置断点。把光标停在该行,按 F5 键,这行代码前会出现一个红色的大圆点,标志着你"打麻醉剂"成功,如图 2-6 所示。

图 2-6 中标注了断点所在。在图中鼠标指针指向的位置单击与按 F5 键完全等价,都是切换第 20 行的断点状态。也就是说,再按一次,断点就取消了,恢复正常。

按 F8 键,开始调试这个程序,程序刚运行就遇到断点,于是暂停,进入跟踪状态。停止

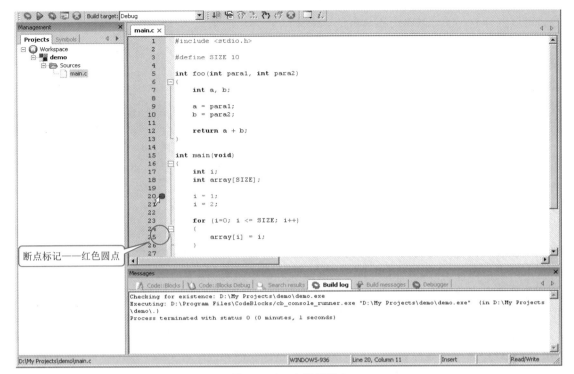

图 2-6　CB 中设置断点

在哪条语句，哪条语句前就会出现一个黄色的小箭头。现在当然停在"i = 1;"处，时间静止了，等待你的下一个指令，如图 2-7 所示。

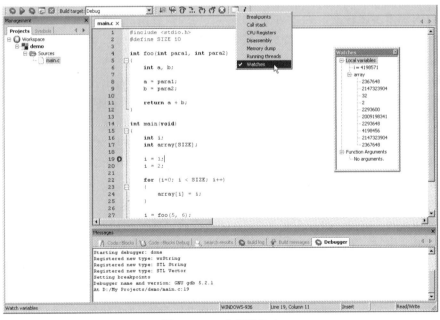

图 2-7　CB 在调试状态

　　记住，暂停的语句是下一条要执行的语句，也就是还没有被执行。那么现在 i 有值吗？会是多少？用手术刀剖开，在监视窗中看看便知。

　　CB 的监视窗称为 Watches，依次选择"Debug → Debugging windows→Watches"菜单命

令，可以打开它；也可以单击工具栏的 图标，在弹出的菜单中选择"Watches"命令。监视窗会自动显示当前函数下各局部变量和参数的值。在变量上单击右键，弹出如图 2-8 所示的快捷菜单。选择"Change value"命令，可以修改该变量的值；选择"Add watch"命令，可以在监视窗内添加新的表达式，监视它的值。

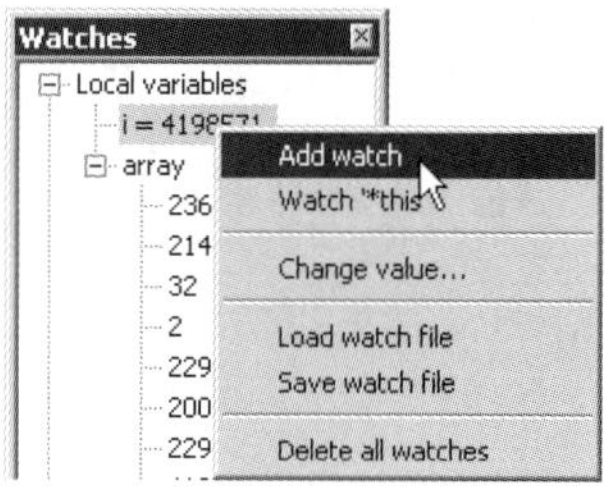

图 2-8　CB 中添加监视变量

　　i 的值为 4198571，这是一个垃圾数，也叫随机数。只要换个编译器/计算机就有可能得到不同的值。在本程序中，我们要给它一个确定的数，就是把 1 赋值给它。按 F7 键，开始单步执行。黄色箭头马上指向下一条语句"i = 2;"处，而"i = 1;"已经执行完毕，通过监视窗可以看到 i 的值确实变成 1 了。

　　继续按 F7 键，黄色箭头随之逐条下行，i 的值也随之而变。当进入循环时，可以清晰地看到黄色箭头循环往复地运动，i 和 array 元素的值也随着一次次的循环而变化。

　　本例中只执行 10 次循环，我们可以耐心等待循环结束，如果是成百上千近万超亿次循环，按这种单步方式一步步地走下去，直到循环的尽头，也许循环未尽，我们就已经烦死了。即使还有耐心，相信你按键的手也会被累得酸痛无比了。

　　此时如果想中止运行，单击图标 ，会立刻停止调试；如果想全速继续运行，按快捷键 Ctrl+F7，程序会一直运行到结束或再次遇到断点。

　　如果只是想完成这个循环，那么把光标挪到"i = foo(5, 6);"这一行，按 F4 键，传说中的"运行到光标"，唰地一声，黄色箭头就闪现到这里了，所有循环已然完成。此时再按 F7 键，i 的值变为 11，说明 foo( ) 函数返回了 11，黄色箭头停到"return 0;"处。

　　请稍等，先别忙着继续。你是否好奇 foo( ) 这个函数怎么返回 11 这个结果呢？按 F7 键是不进入函数内部单步跟踪的。为了对函数内部语句的执行情况进行跟踪，当黄色箭头停在调用它的语句时，请勿按 F7 键，改按快捷键 Shift+F，即单步进入，黄色箭头暂停在函数 foo( ) 内，如图 2-9 所示。

　　图 2-9 中的"Call stack"窗口就是"函数调用栈"，从中能看出是 main( ) 函数调用了 foo( ) 函数，两个参数是 5 和 6。在其中的任意一行单击右键，在弹出的快捷菜单中选择"Switch to this frame"命令，可把环境切换到函数的该次调用，进而查看该次调用时各变量和参数的值。不过函数调用栈一般不是自动出来的，要用打开 Watches 的方法"Call stack"才会出现。

　　现在按 F7 键、快捷键 Shift+F7 或 F4 键等，在 foo( ) 函数中慢慢调试。监视窗中已经显示了 para1 和 para2 两个参数，看看它们的值，直观体会函数参数是如何对应传递的。然后按 F7 键或快捷键 Shift+F7，一步步观察函数都做了什么，直到函数返回。如果不想逐条跟踪，按快捷键 Ctrl+Shift+F7，可以"运行出函数"，直接运行到函数的出口，再按 F7 键就回到调用者。

　　foo( ) 函数返回后，停在"return 0;"处。再向下执行，程序将正常退出。

　　还有一招"显微镜——内存镜像"更重要。想直观体会数组 array 元素的分布规律吗？想知道 array 和 i 在内存中是否相连及其前后顺序吗？暂停时，用打开 Watches 的方法打开"Memory dump"，弹出 Memory 窗口，在 Address 的后面输入"array"，然后按 Enter 键，从从 array 的首地址开始内存中的逐字节都展现了出来，如图 2-10 所示。

　　CB 提供的调试命令基本上就这些。不很丰富，但足够用。最大的遗憾是在 assert( ) 发生断言错时，只能中断程序，不能进入调试状态。

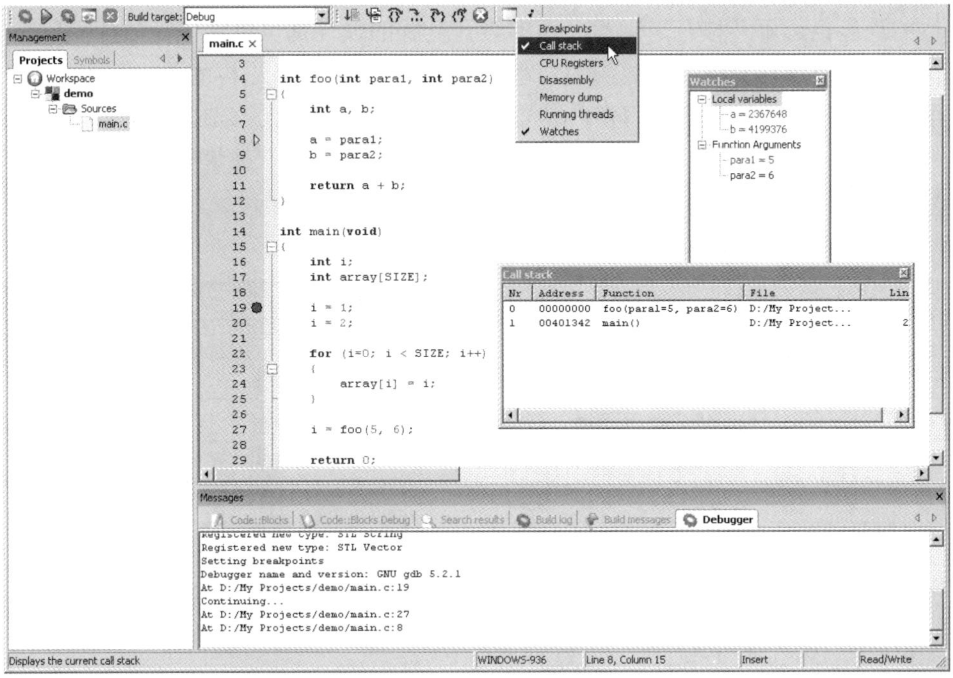

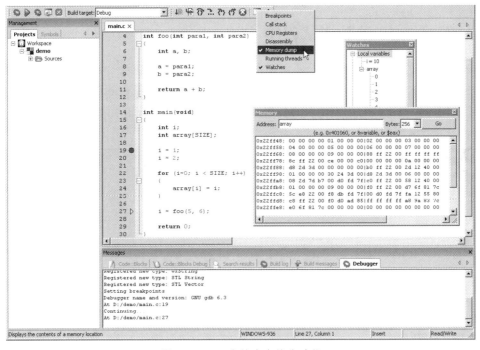

图 2-9　CB 中跟踪到函数内部

图 2-10　CB 中的内存镜像功能

2.1.3　集成开发环境操作总结

执行软件中的命令一般有三种途径：菜单、图标（也叫按钮）和快捷键。新手往往更爱菜单和图标，其实快捷键相对而言更重要，这也是本章前面主要介绍调试用各种快捷键的原因。

键盘的效率通常高于鼠标，因为可以双手完全配合，手不需要在鼠标和键盘间移动，鼠标指针定位的速度也远不及按几下键盘。很多设计良好的软件都可以实现无鼠标操作，导致有人在工作时干脆把鼠标变成一只翻倒的乌龟，仅在玩 CS、WOW 这样的游戏时才把它正过来。

使用键盘还是鼠标纯属个人习惯。这里为了方便读者，总结了 CB 常用调试命令，列于表 2-1 中。因为 CB 有很强的定制性，用户可根据自己的喜好改变快捷键和软件外观，所以这里给出的只是默认情况。

表 2-1　CB 常用调试命令表

功　能	Code::Blocks		
	菜　单	图　标	快捷键
运行程序	Build → Build and run		F9
开始调试	Debug → Start		F8
继续运行	Debug → Continue		Ctrl+F7
运行到光标	Debug → Run to cursor		F4
停止调试	Debug → Stop debugger		无
设置/取消断点	Debug → Toggle breakpoint	无	F5
单步进入	Debug → Step into		Shift+F7
单步执行	Debug → Next line		F7
运行出函数	Debug → Step out		Ctrl+Shift+F7

2.1.4　用 fprintf( )函数调试程序

fprintf( )函数的使用是不依赖于任何开发环境的，所以这里单独介绍它。由于 printf( )函数使程序的正常输出和调试信息混合在一起，所以一般不建议使用 printf( )函数调试程序。

【例 2-1】　修改主教材的例 2.1 的程序，演示如何利用 fprintf( )函数调试程序，其中标注颜色的语句为新添加的代码。

```c
#include <stdio.h>
#define     SIZE     10

int foo(int para1, int para2)
{
    int  a, b;

    fprintf(stderr,"DEBUG: Call foo() with %d and %d\n", para1, para2);
    a = para1;
    b = para2;
    return a + b;
}
int main(void)
{
    int  i;
    int  array[SIZE];

    for (i = 0; i < SIZE; i++)
    {
        fprintf(stderr, "DEBUG: i = %d\n", i);
        array[i] = i;
    }
```

```
        i = foo(5, 6);
        fprintf(stderr, "DEBUG: foo() returns %d\n", i);
        return 0;
    }
```

程序的运行结果如下：
```
        DEBUG: i = 0
        DEBUG: i = 1
        DEBUG: i = 2
        DEBUG: i = 3
        DEBUG: i = 4
        DEBUG: i = 5
        DEBUG: i = 6
        DEBUG: i = 7
        DEBUG: i = 8
        DEBUG: i = 9
        DEBUG: i = 10
        DEBUG: Call foo() with 5 and 6
        DEBUG: foo() returns 11
```

从这些信息便可知晓，程序都运行到过哪里，其状态是什么。明显，这样做会破坏程序的正常界面，不过这个问题很好解决。在程序入口处加一行代码：

```
    freopen("DEBUG.TXT", "a", stderr);
```

运行后，fprintf()函数不再向屏幕输出，不会破坏程序界面，而在当前目录下会生成debug.txt 文件，里面保存着所有调试信息。

2.1.5 Code::Blocks 常见编译错误和警告信息的英汉对照表

Code::Blocks 常见编译错误和警告信息的英汉对照表如表 2-2 所示。

2.1.6 鲲鹏平台下的 C 语言程序编写方法

1. 拥有一个鲲鹏架构的服务器

由于市场上鲲鹏架构比较新，面向个人售卖的机器很少，使得普通用户很难获得一个鲲鹏架构的服务器。用户可以通过申请"华为云服务器"，获得一个云服务器，并通过云服务器的设置，进而配置一个属于自己的鲲鹏架构的云服务器。

注册并申请一个华为云。首先，打开华为云官方网站，在网页的右上角单击"注册"，通过手机号码进行注册，即可获得注册账户。通过刚刚注册的华为账号登录华为云，在"产品"→"计算"下找到"弹性云服务器"，单击进行申请。在出现的如图 2-11 所示的页面中，单击"立即购买"，进入服务器配置，然后进行基础配置、网络配置、高级配置。

在基础配置中，计费模式应根据用户的实际使用频率进行选择。例如，短期内经常使用，可以选择"包年/包月"；若使用时间不连续但使用周期长，则推荐选择"按需分配"。在"区域"选项中，可以根据提示选择一个靠近用户使用所在地的服务器。在"CPU 架构"中选择"鲲鹏计算"，并根据需求选择相应的规格，如图 2-12 所示。

表 2-2　Code::Blocks 常见编译错误和警告信息的英汉对照表

常见编译错误的英文提示信息	中文含义	备　注
array size missing in 'xx'	数组'xx'缺少大小	通常是在定义数组的时候没有定义数组大小造成的
assignment of read-only variable 'xx'	对只读的内存空间进行赋值操作	
assignment of read-only location '*xx'	对只读的内存空间进行赋值操作	如果指针变量'xx'前面加上了类型限定符 const，试图修改其指向的内存，那么将产生这个错误
assignment from incompatible pointer type	不兼容的指针类型赋值	
assignment to expression with array type	用数组类给绘表达式赋值	可能是将数组名或常量字符串赋值给数组名引起的，字符串赋值应该使用函数 strcpy()，不能直接赋值
initialization from incompatible pointer type	不兼容的指针类型初始化	
conflicting types for 'xxx'	函数'xxx'的函数原型冲突	通常是由出函数声明与函数定义的参数或返回值类型不匹配而造成的，缺少函数原型、函数原型在函数调用之后或函数名拼写错误也可能引起此错误提示
case label not within a switch statement 或 break statement not within loop or switch 或'default' label not within a switch statement	case 或 break 或 default 没有在 switch 语句内	通常是出语言符号不匹配造成的
control reaches end of non-void function	函数存在无返回值的分支	对于有返回值的函数，如果一个分支中有 return 语句，确保所有退出函数调用的分支都有返回值
character constant too long for its type	字符常量太长	通常是出变量类型不匹配导致的，例如，将用于字符串的双引号错写成了中引号，将用 int 型指针变量指向 char 型数组等
invalid initializer	无效的初始化器	
overflow in implicit constant conversion	隐含的常量转换溢出	
division by zero	除数为 0	
duplicate case value	case 情况不唯一	switch 语句中的每个 case 必须有唯一的常量表达式值，否则导致此类错误发生
excess elements in char array initializer	字符数组初始化器中存在多余元素	可能是字符数组的初始化列表中的元素错将将中引号写成了双引号，也可能是一维数组的行列数示颐倒了
expected 'while' before 'xxx'	'xxx'前面缺少关键字 while	通常是由 do 后面而缺少 while 造成的
expected ';' before 'xxx'	'xxx'的前一行语句末尾缺少 "；"	通常是由前一行语句末尾漏掉了 "；" 造成的
expected ';' or '...' before 'xxx'	变量'xxx'前面缺少一个 "；"	通常是由前一行代码中 case 后而漏掉 "；" 造成的
expected expression before '%' token	'%'前面缺少表达式	类似的错误提示很多，按照的错误提示，检查缺少的语言成分即可
expected identifier or '(' before '{' token	'{'前面缺少标识或'(' token	通常是由前一行末尾多写了 "；" 造成的

· 116 ·

常见编译错误的英文提示信息	中文含义	备注
expected declaration or statement at end of input	在输入的末尾缺少必要的语句或声明	通常是花括号不匹配造成的
expected '=', ',', ';', 'asm' or '__attribute__' before '{' token		出现这些错误提示，有可能是函数原型后忘记了 ";" 造成的，或者 int main() 前面的全局变量缺少 ";"，或者 main 后面缺少 ";" 或 "()"
expected '{' at end of input control reaches end of non-void function old-style parameter declarations in prototyped function definition		
right-hand operand of comma expression has no effect		
expected ';' before ')' token	for 语句中缺少 ";"	通常是由 for 语句中末尾长表达式后的 ";" 被误写成 ","，导致的
expected expression before ')' token		
format '%d' expects argument of type 'int *', but argument 2 has type 'double' 或 format '%f' expects argument of type 'float *', but argument 2 has type 'int *'		通常是 scanf 格式字符不匹配或者 scanf 地址变量列表中的变量未加取地址运算符&引起的警告
'else' without a previous 'if'	else 之前没有能与之直接配对的 if	可能是前面邻近的 if 分支的语句漏掉了花括号或者前面的 if 后面多了 ";"，从而导致在 if 和 else 两个分支之间来少了其他语句
function returns address of local variable	返回了局部变量的地址	
field 'xxx' has incomplete type	成员具有不完整的类型	通常是由定义了本结构体类型时使用了本结构体类型未定义结构体成员名（域名）的类型导致的
implicit declaration of function 'xxx'	隐式的函数 xxx 声明	可能是没有包含函数 xxx 对应的头文件
invalid operands to binary % (have 'float' and 'long double')	二元运算符%出现了非法的操作数（如浮点型）	
initialization from incompatible pointer type	不兼容的指针类型初始化	通常是用不同基类型的变量地址作为指针初始化引起的警告。例如，用一个整型变量的地址初始化为一个浮点型的指针初始化
initialization makes pointer from integer without a cast	用未经强转的整型作为指针变量初始化	
incompatible types when initializing type 'float *' using type 'float'	用 float 对 float 型指针类型进行初始化引起不兼容的类型错误	指针初始化时，变量的前面忘记加&，通常会引起这个警告
incompatible types when returning type 'int *' but 'float' was expected	不兼容的类型错误，期望返回的类型是 float，但实际返回的类型是 int * 类型	
'xxx' is used uninitialized in this function	函数中的变量'xxx'未被初始化就使用了	
lvalue required as left operand of assignment 或='赋值号的左操作数必须是左值	赋值语句中的左操作数必须是左值	通常是由赋值运算符的左侧不是变量而是常量或表达式造成的
lvalue required as increment operand	自增运算符的操作数要左值	通常是由自增运算符的操作数不是变量而是常量或表达式造成的

常见编译译错的英文提示信息	中文含义	备 注
missing terminating " character	缺少终结符""	通常是由书写字符串时丢失双引号造成的
passing argument 1 of 'xxx' makes pointer from integer without a cast note: expected 'int *' but argument is of type 'int' assignment makes integer from pointer without a cast	用未经强转的整型值给至函数'xxx'的第一个实参传递值	通常是由实参没有加取地址&运算符&造成的
redeclaration of 'xxx' with no linkage	'xxx'被重定义	通常是出该标识符在不同位置被重复定义导致的
'xxx' redeclared as different kind of symbol	'xxx'被作为不同的标识符被重定义	通常是出函数的形参内义被定义为局部变量导致的
return type defaults to 'int'	函数的默认返回值类型为int	通常是由函数没有定义返回值类型造成的
stray '\357' in program	字符'\357'不存在	通常是由代码中出现了中文字符（如中文的标点符号）造成的
subscripted value is neither array nor pointer nor vector	下标值既不是数组，也不是指针，也不是向量	通常是由函数调用语句前把圆括号写错写为方括号造成的
size of array 'a' is too large	数组太大	定义的数组太大，超过了可用内存空间
结构太大	结构太大	通常是出定义结构类型时使用了本结构体类型来定义域名的类型所引起的
suggest parentheses around assignment used as truth value	建议在赋值达达式两边加圆括号，使其以真值方式使用	有可能是 if 后面的表达式中的比较相等关系运算符编错了一个=，使其变成了赋值运算符，而出现此警告
too few arguments to function 'xxx'	函数'xxx'的实参数太少	可能函数调用时少写了头参
too many arguments to function 'xxx'	函数'xxx'的实参数太多	可能函数调用时多写了实参
'xxx' undeclared (first use in this function)	标识符'xxx'没有定义（在函数中首次使用）	通常是由标识符的字母拼写错误使得已定义的标识符和实际使用的标识符不一致导致的，如数字 1 和小写字母 l 混清，字母大小写混清等
unused variable 'xx' 或 variable xx' set but not used	变量'xx'定义了但其值未被使用	说明变量'xx'是多余的，可以删去
undefined reference to 'xxx' ld returned 1 exit status	未定义的函数引用	通常是由函数名拼写错误、缺少函数定义或者未导入函数所需的库文件造成的

图 2-11　华为弹性云服务器购买

图 2-12　华为弹性云服务器配置：框架及规格选择

在公共镜像中选择操作系统的版本，如 CentOS 7.6 版本，如图 2-13 所示，然后单击"下一步"按钮。

图 2-13　华为弹性云服务器配置：镜像选择

在网络配置部分，网络及安全组按照默认可以不做修改。"公网带宽"有三种计费模式：

"按带宽计费""按流量计费""加入共享带宽"，如果在使用的时间内传输所用流量比较大，建议选择"按带宽计费"。这种方式是按照使用的时间累计进行计费的，对间歇使用云资源并经常运行耗流量的程序的用户计费友好。还可以选择"按流量计费"，不是按时间收费，而是按照使用的流量多少来进行计费，也是一种不错的计费模式。请根据自己的实际使用需求进行选择。带宽可以根据用户自身网络速度需求进行选择，费用会根据各自的选择而有所差异，具体描述如图 2-14 所示。完成设置后，单击"下一步"按钮，进入高级配置。

图 2-14　华为弹性云服务器配置：网络配置

如图 2-15 所示，在"登录凭证"可以选择"密码"。注意，用户名和密码会在后续再次使用（作为登录软件登录服务器的用户名和密码），所以务必记住此时设置的用户名和密码，以便后续使用。其他选项可以选择默认，完成其他设置。

最后，页面会显示用户选择的总体情况，确认整体系统的配置及费用，如图 2-16 所示。以上就完成了华为云的注册、弹性云服务器的设置和申请。

2．Linux 基本指令

鲲鹏架构目前适配的软件有几千种，常用的开源软件和基础软件大部分都支持。鲲鹏架构的操作系统可以在华为云上进行选择，通过前面的注册可以了解，我们选择的是 Linux 的 CentOS 版本。

CentOS（Community Enterprise Operating System，社区企业操作系统）版本是免费、开源且可以重新分发的开源操作系统，是 Linux 发行版之一。CentOS 来自 Red Hat Enterprise Linux，由按照开放源代码规定发布的源代码编译而成，常被安装在要求高度稳定的服务器中。这里通过华为云申请的鲲鹏架构的服务器选择了 CentOS 版本的操作系统。

图 2-15 华为弹性云服务器配置：高级配置

图 2-16 华为弹性云服务器配置：确认购买

在进行程序开发前，我们需要了解 Linux 系统的一些基本指令，以便后续在创建目录、创建文件、编辑文件和运行文件等操作时使用。

在 Linux 系统中，命令是区分大小写的。在命令行中使用 Tab 键来自动补齐命令。向上键或向下键可以用于翻查曾经执行过的历史命令，并再次执行。

1）浏览目录类指令

常见的浏览目录类指令如下。

① pwd 命令：显示用户当前所在目录。进入服务器后，用户需要了解当前所处在的目录，就要利用该命令获得当前所在的目录。例如，输入 pwd 命令，可以看到屏幕上返回了当前所在的目录 root。

```
[root@ecs-dfb5 ~]# pwd
/root
```

② cd 命令：在不同目录中切换。用户在登录系统后，默认存在于系统的初始目录 root 下。"cd 目录名"命令可以切换目录。例如，从当前的 root 目录进入其子目录 file1。

```
[root@ecs-dfb5 ~]# cd file1
[root@ecs-dfb5 file1]#
```

③ ls 命令：列出文件或目录信息，其语法格式为

```
ls [参数] [目录或文件]
```

其中，参数的选项如下。

❖ -a：显示所有文件，包括以"."开头的隐藏文件
❖ -A：显示指定目录下所有的子目录及文件，包括隐藏文件，但不显示"."和".."。
❖ -c：按文件的修改时间排序
❖ -C：分成多列显示各行
❖ -d：如果参数是目录，就只显示名称，不显示目录下面的各文件。
❖ -l：以长格形式显示文件的详细信息。

例如，分别显示 root 目录下的文件和所有文件（包含隐藏文件）：

```
[root@ecs-dfb5 ~]# ls
ascend_check  cmake-3.5.2.tar.gz  he.c  hello.c  Python-3.7.5  testC
[root@ecs-dfb5 ~]# ls -a
file1  .hello.c.swp  Python-3.7.5  testC  .history
```

2）浏览文件类命令

常见的浏览文件类命令如下。

① cat 命令：滚屏显示文件内容或将多个文件合并为一个。
② more 命令：分屏显示文件内容，还可根据相关参数指定每页显示的行数，其语法格式为

```
more [参数] 文件名
```

3）目录操作类命令

常见的目录操作类命令如下。

① mkdir 命令：创建一个目录。

```
[root@Server ~]# mkdir dir1                          // 在当前目录下创建子目录 dir1
```

② rmdir 命令：删除空目录。

```
[root@Server etc~] # rmdir dir1                      // 在当前目录下删除空子目录 dir1
```

4）文件操作类命令

常见的文件操作类命令如下。

① cp 命令：文件或目录的复制，其语法格式为

```
cp [参数] 源文件  目标文件
```

其中，参数的选项如下。

❖ -f：如果目标文件或目录存在，先删除它们再进行复制。

❖ -i：如果目标文件或目录存在，提示是否覆盖已有文件。

❖ -R：递归复制目录，包含目录下的各级子目录。

例如：

```
[root@Server ~ ]#cp /dir1/file1  /dir2
```

② mv 命令：文件或目录的移动或改名，其语法格式为

```
mv [参数] 源文件或目录 目标文件或目录
```

③ rm 命令：文件或目录的删除，其语法格式为

```
rm [参数]  文件名或目录名
```

其中，参数的选项如下。

❖ -i：删除文件或目录时提示用户。

❖ -f：删除文件或目录时不提示用户。

❖ -R：递归删除目录，包含目录下的文件和各级子目录。

例如：

```
# rm -iR dir        // 删除当前目录下的子目录 dir，并包含其下面的所有文件和子目录，提示用户确认
```

4）其他命令

常用的其他命令如下。

① uname 命令：显示系统信息，其语法格式为

```
# uname -a
```

② clear 命令：清除字符终端屏幕内容。

③ man 命令：列出命令的帮助助手，其语法格式为

```
# man ls
```

④ shutdown 命令：在指定时间关闭系统，其语法格式为

```
shutdown [参数]  时间 [警告信息]
```

其中，参数的选项如下。

❖ -r：系统关闭后重新启动。

❖ -h：关闭系统。

❖ 时间：now，表示立即；hh:mm，指定绝对时间；+m，表示 m 分钟后。

其他指令请查看相关文档。

3．Xshell 软件的安装和配置

通过购买的方式获得鲲鹏架构的华为云资源需要远程进行登录。登录的工具有 Xshell、PuTTY、SecureCRT 等，这里选用免费的 Xshell 软件来执行远程登录。下面介绍 Xshell 的功能和 Vim 编辑器的使用方法。

Xshell 软件可以在 NETSARANG 官网上下载，是开放给学校的教师、学生及员工免费下载的产品。注册者可以通过注册自己的邮箱，在邮箱中收到下载的链接，进行下载并安装软

件。Xshell 的下载界面如图 2-17 所示。登录鲲鹏服务器的步骤如下。

图 2-17　Xshell 下载

（1）打开 Xshell 软件，选择"文件→新建"菜单命令，建立新会话。

（2）在弹出的新建对话框（如图 2-18 所示）中输入服务器信息。"名称"可以根据自己的用途进行命名，如"鲲鹏测试"等；"主机"需要填写云服务器的公网 IP 地址，即华为云鲲鹏服务器的弹性公网 IP 地址（该信息在申请华为云服务器时已获得，登录华为云后可以查询服务器的公网 IP），其他信息默认即可。

图 2-18　Xshell 属性：连接

（3）单击"连接"下的"用户身份验证"，输入用户名和密码（在华为云服务器申请时设置好的用户名和密码），方法选择"Password"，如图 2-19 所示，然后单击"确定"按钮。

图 2-19 Xshell 属性：用户身份验证

（4）在会话管理器中双击刚建立的对话，按照提示，就可以进行云服务器的自动登录了。在指令窗口中可以看到如图 2-20 所示的画面，就证明已经顺利连接上了服务器。

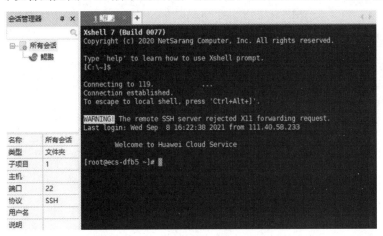

图 2-20 Xshell 登录后的欢迎界面

这样就可以在 Shell 中输入各种命令了。Shell 是允许用户输入命令的界面，作为用户与操作系统内核之间的接口，让用户与操作系统进行交互。另外，Shell 是一个命令解释器，Linux 操作系统中的所有可执行文件都可以作为 Shell 命令来执行。

由于鲲鹏服务器已经安装好了标准 C 开发环境，就不需要手动安装了。查看系统是否已经安装了 GCC 编译器及其版本信息的命令为

```
# gcc -v
```

编译器的版本信息如图 2-21 所示。

```
[root@ecs-dfb5 ~]# gcc -v
Using built-in specs.
COLLECT_GCC=gcc
COLLECT_LTO_WRAPPER=/usr/libexec/gcc/aarch64-redhat-linux/4.8.5/lto-wrapper
Target: aarch64-redhat-linux
Configured with: ../configure --prefix=/usr --mandir=/usr/share/man --infodir=/usr/share/info --w
ith-bugurl=http://bugzilla.redhat.com/bugzilla --enable-bootstrap --enable-shared --enable-thread
s=posix --enable-checking=release --with-system-zlib --enable-__cxa_atexit --disable-libunwind-ex
ceptions --enable-gnu-unique-object --enable-linker-build-id --with-linker-hash-style=gnu --enabl
e-languages=c,c++,objc,obj-c++,java,fortran,ada,lto --enable-plugin --enable-initfini-array --dis
able-libgcj --with-isl=/builddir/build/BUILD/gcc-4.8.5-20150702/obj-aarch64-redhat-linux/isl-inst
all --with-cloog=/builddir/build/BUILD/gcc-4.8.5-20150702/obj-aarch64-redhat-linux/cloog-install
--enable-gnu-indirect-function --build=aarch64-redhat-linux
Thread model: posix
gcc version 4.8.5 20150623 (Red Hat 4.8.5-39) (GCC)
[root@ecs-dfb5 ~]#
```

图 2-21　查看 GCC 编译器及版本信息

4．开始第一个运行在鲲鹏架构上的程序

通过 Linux 基本指令的学习，可以创建目录和文件，接下来在华为鲲鹏架构的云服务器上运行第一个"hello world"程序。

Vim 编辑器是 Linux 提供的编辑器，是一个文本编辑程序，没有菜单，只有命令，可以执行输出、删除、查找、替换、块操作等文本操作。用户可以根据自己的需要进行定制。Vim 有三种工作模式，分别为命令模式、插入模式、底行模式。例如，在新建的目录下输入

```
[root@ecs-dfb5 file1]# vim
```

就进入了如图 2-22 所示的界面，显示的是 Vim 的编辑环境。

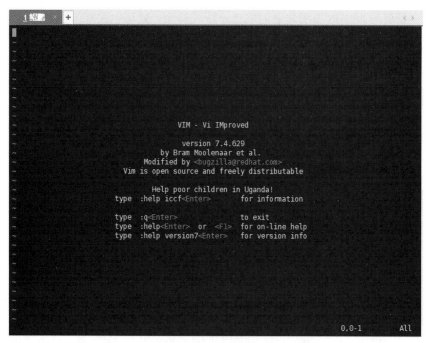

图 2-22　Vim 的编辑环境

若新建一个 hello.c 文件并进行代码编写，可以在系统提示符之后输入

```
# vim hello.c
```

进入 hello.c 文件的命令模式，此时 Vim 在等待编辑命令输入而不是文本输入。用户需要通过按键盘的 A、I、O 任意一个键进入编辑模式，屏幕的最后一行显示"-- INSERT --"字样。

进入编辑模式的命令如表 2-3 所示。

表 2-3　进入编辑模式的命令

类　型	命　令	说　明
在命令模式下进入编辑模式	i	从光标所在位置之前插入文本
	I	将光标移到当前行的行首，然后在前面插入文本
	a	在光标所在的位置之后追加新文本
	A	在光标所在行的末尾插入内容
	o	在光标所在行的后面插入一个新行
	O	在光标所在行的前面插入一个新行

现在可以在编辑模式下的编辑区编写代码了，如图 2-23 所示。

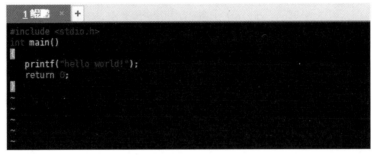

图 2-23　代码编辑

编写代码完毕，需要按 Esc 键退出编辑模式。命令模式下移动光标的命令如表 2-4 所示。":"键的作用是使光标进入到窗口的最后一行，即编辑器切换到底行模式。此时，用户可以通过输入文件命令对文件进行保存、退出等操作，如":wq"表示对文件进行保存并退出 Vim 编辑器。文件的保存和退出命令如表 2-5 所示。

表 2-4　在命令模式下移动光标的命令

类　型	命　令	功　能
光标移动（可跳转）	数字 h	向左移动。如 5h 表示向左移动 5 个字符
	数字 l	向右移动
	数字 j	向下移动
	数字 k	向上移动
光标跳转	w	跳到下一个单词的词首
	e	跳到当前或下一个单词的词尾
	b	跳到上一个单词的词首
	0	跳到行首
	$	跳到行尾
	G	跳到最后一行
	数字 G	跳到第几行
光标移动	↑、↓、←、→	使用键盘中的四个方向键完成相应的光标移动
	+	光标移动到非空格符的下一行

类　型	命　令	功　能
光标移动	-	光标移动到非空格符的上一行
	H	光标移动到这个屏幕的最上方那行的第一个字符
	M	光标移动到这个屏幕的中央那行的第一个字符
	L	光标移动到这个屏幕的最下方那行的第一个字符
	n<Enter>（n 为数字）	光标向下移动 n 行
复制、粘贴和删除	yy	复制光标所在的那一行的内容
	nyy（n 为数字）	复制光标所在的向下 n 行的内容
	yG	复制光标所在行到最后一行的所有数据
	y1G	复制光标所在行到第一行的所有数据
	y$	复制光标所在的那个字符到该行行尾的所有数据
	p	将缓冲区中的内容粘贴到光标位置处之后
	P	将缓冲区中的内容会粘贴到光标位置处以前
	x 或 Delete 键	删除光标处的单个字符
	dd	删除当前光标所在行
	#dd	删除从光标处开始的#行内容
	d^	删除当前光标之前到行首的所有字符
	d$	删除当前光标处行尾的所有字符

表 2-5　文件的保存和退出命令

类　型	命　令	功　能
退出	:q	退出编辑器(若不保存 会有提示)
	:qa	全部退出
	:q!	不保存退出
	:wq	保存并退出
	:x	保存并退出，功能同上
保存	:w	保存
	:w /root/file	另存文件到 root 目录下的 file 文件中
查找	:/查找内容	从文件开头开始查找至尾部
	:/?查找内容	从当前光标位置向文件首部进行查找
切换	:next	切换到下一个文件
	:prev	切换到上一个文件
	:last	切换到最后一个文件
	:first	切换到第一个文件
文件	:r file	打开另一个文件 file
	:nw file	将第 n 行写到 file 文件中
	:e file	新建 file 文件
	:f file	把当前文件改名为 file

代码编辑完毕，退出 Vim 编辑器后，用户可以在系统命令行输入 C 文件编译命令，对 C 文件进行编译。例如，输入命令

```
gcc -o hello hello.c
```

对 hello.c 文件进行编译，并生成文件 hello；运行编译后的程序，输入命令

```
./hello
```

最终可以看到运行后的字符串"hello world!"显示在屏幕上。执行过程如图 2-24 所示。

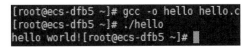

图 2-24　C 语言程序编译演示

祝贺你！你的第一个在鲲鹏架构的云服务器上的程序就执行成功了。

以上就是一个简单的 C 语言程序的编辑、编译、运行的全过程。你 get 到了吗？

2.2　课内上机实验题目

2.2.1　实验 1：熟悉上机环境和顺序结构编程练习

1. 键盘输入和屏幕输出练习

问题 1　要使下面程序的输出语句在屏幕上显示"1, 2, 34"，则从键盘输入的数据格式应为_____。

```c
#include <stdio.h>
int main(void)
{
    char  a, b;
    int  c;

    scanf("%c%c%d", &a, &b, &c);
    printf("%c, %c, %d\n", a, b, c);
    return 0;
}
```

A）1 2 34　　　　　　　　B）1, 2, 34　　　　　　　　C）'1', '2', 34　　　　　　　　D）12 34

问题 2　在与上面程序的键盘输入相同的情况下，要使程序的输出语句在屏幕上显示"1 2 34"，则应修改程序中的哪条语句？怎样修改？

问题 3　要使上面程序的键盘输入数据格式为"1, 2, 34"，输出语句在屏幕上显示的结果也为"1, 2, 34"，则应修改程序中的哪条语句？怎样修改？

问题 4　要使上面程序的键盘输入数据格式为"1, 2, 34"，而输出语句在屏幕上显示的结果为"'1', '2', 34"，则应修改程序中的哪条语句？怎样修改？提示：利用转义字符输出字符单引号字符。

问题 5　要使上面程序的键盘输入无论用下面哪种格式输入数据，程序在屏幕上的输出结果都为"'1', '2', 34"，则程序应修改程序中的哪条语句？怎样修改？

第 1 种输入方式：

　　1, 2, 34↙　　　　　　　　（以逗号作为分隔符）

第 2 种输入方式：

　　1 2 34↙　　　　　　　　（以空格作为分隔符）

第 3 种输入方式：

    1   2   34↙   （以 Tab 键作为分隔符）

第 4 种输入方式：

    1↙

    2↙

    34↙   （以换行符作为分隔符）

提示：忽略输入修饰符。

2．计算定期存款本利之和

设银行定期存款的年利率 rate 为 2.25%，并已知存款期为 n 年，存款本金为 capital 元，试编程计算 *n* 年后的本利之和 deposit。要求：定期存款的年利率 rate、存款期 n 和存款本金 capital 均由键盘输入。

2.2.2 实验 2：选择结构编程练习

1．身高预测

每个做父母的都关心自己孩子成人后的身高，据有关生理卫生知识与数理统计分析表明，影响小孩成人后身高的因素包括遗传、饮食习惯与体育锻炼等。小孩成人后的身高与其父母的身高和自身的性别密切相关。

设 faHeight 为其父身高，moHeight 为其母身高，单位均为厘米（cm），身高预测公式为

$$男性成人时的身高 = (faHeight + moHeight) \times 0.54$$

$$女性成人时的身高 = (faHeight \times 0.923 + moHeight) / 2$$

此外，如果喜爱体育锻炼，那么可增加身高 2%；如果有良好的卫生饮食习惯，那么可增加身高 1.5%。

编程从键盘输入用户的性别（用字符型变量 gender 存储，F 表示女性，M 表示男性）、父母身高（用实型变量存储，faHeight 为其父身高，moHeight 为其母身高）、是否喜爱体育锻炼（用字符型变量 sports 存储，Y 表示喜爱，N 表示不喜爱）、是否有良好的饮食习惯等条件（用字符型变量 diet 存储，Y 表示良好，N 表示不好），请利用给定的公式和身高预测方法对身高进行预测。

2．体型判断

判断某人是否属于肥胖体型。根据身高和体重因素，医务工作者经广泛的调查分析给出了以下按"体指数"（*t*）对肥胖程度的划分：

$$t = \frac{w}{h^2}$$

其中，*w* 为体重，单位为 kg；*h* 为身高，单位为 m。

当 $t < 18$ 时，为低体重；当 $18 \leqslant t < 25$ 时，为正常体重；当 $25 \leqslant t < 27$ 时，为超重体重；当 $t \geqslant 27$ 时，为肥胖。

编程从键盘输入被测人的身高 *h* 和体重 *w*，根据给定公式计算体指数 *t*，然后判断被测人的体重属于何种类型。

3．简单的计算器

用 switch 语句编程设计一个简单的计算器程序，要求根据用户从键盘输入的表达式计算表达式的值，指定的算术运算符为加（+）、减（−）、乘（*）、除（/）。

操作数 1	运算符 op	操作数 2

本实验程序是在主教材的例 4.7 的基础上，增加如下要求：

（1）如果要求程序能进行浮点数的算术运算，那么程序应该如何修改？如何比较实型变量 data2 和常数 0 是否相等？

（2）如果要求输入的算术表达式中操作数和运算符之间可以加入任意多个空白符，那么程序如何修改？

（3）（选做）如果要求连续做多次算术运算，每次运算结束后，程序都给出提示：

Do you want to continue（Y/N or y/n）？

用户输入 Y 或 y 时，程序继续进行其他算术运算，否则程序退出运行状态。那么，程序如何修改？

提示：采用在%c 前加空格的方法输入用户回答，利用 do-while 语句实现反复运算直到用户输入 N 或 n。

思考题：比较实型变量 data2 和常数 0 是否相等，能用 if (data2 == 0)吗？为什么？

2.2.3 实验 3：循环结构编程练习

1．判断素数

从键盘输入任意一个整数，编程判断该整数是否是素数。本实验的主要目的是让读者掌握程序测试和程序调试的一般方法。请注意以下两点：

① 测试用例的选取要尽量覆盖各种可能的情况，尤其是边界条件一定要测试。由于我们不能保证用户输入的整数一定是正整数，因此至少要测试这样几种情况：正整数、0 和负整数。其中，正整数中要测试素数和非素数两种情况。1 是边界条件，也要测试。

② 在 if((number%i) == 0)中的相等关系运算符是两个等号，不要漏写一个等号，否则就变成赋值运算符了，编译器不能检查此类错误，在这种情况下，请读者根据主教材 2.1 节介绍的程序调试技术来对程序进行跟踪调试，观察对比漏写一个等号后程序执行过程的变化。

2．猜数游戏

本实验尝试编写一个猜数游戏程序，这个程序看上去有些难度，但是如果按下列要求循序渐进地编程实现，会发现其实这个程序很容易实现。那么现在开始吧，先编写第 1 个程序，再试着在第 1 个程序的基础上编写第 2 个程序……

程序 1 编程先由计算机"想"一个 1～100 之间的数请玩家猜，如果玩家猜对了，计算机提示"Right!"，否则提示"Wrong!"，并告诉玩家所猜的数是大（too high）还是小（too low），然后结束游戏。要求每次运行程序时机器所"想"的数不能重复。

程序 2 编程先由计算机"想"一个 1～100 之间的数请玩家猜，如果玩家猜对了，就结束游戏，并在屏幕上输出玩家猜了多少次才猜对此数，以此来反映玩家"猜"数的水平；否则，给出提示，告诉玩家所猜的数是太大还是太小，直到玩家猜对为止。

程序 3 编程先由计算机"想"一个 1～100 之间的数请玩家猜，如果玩家猜对了，就结束游戏，并在屏幕上输出玩家猜了多少次才猜对此数，以此来反映玩家"猜"数的水平；否则，给出提示，告诉玩家所猜的数是太大还是太小；最多可以猜 10 次，如果猜了 10 次仍未猜中，那么结束游戏。

程序 4 编程先由计算机"想"一个 1～100 之间的数请玩家猜，如果玩家猜对了，在屏幕上输出玩家猜了多少次才猜对此数，以此来反映玩家"猜"数的水平，并结束游戏；否则，给出提示，告诉玩家所猜的数是太大还是太小，最多可以猜 10 次，如果猜了 10 次仍未猜中，那么停止本次猜数，然后继续猜下一个数。每次运行程序可以反复猜多个数，直到玩家想停止才结束。

思考题：当用 scanf( )函数输入玩家猜测的数据时，如果用户不小心输入了非法字符，如字符 a，程序运行就会出错，用什么方法可以避免这种错误发生？请读者编写程序验证方法的有效性。

2.2.4　实验 4：函数编程练习

1．判断三角形类型

输入三角形的三条边 a、b、c，判断它们能否构成三角形。若能构成三角形，指出是何种三角形（等腰三角形、等边三角形、直角三角形、等腰直角三角形、一般三角形）。参考主教材习题 4.6，用函数编程实现该程序。

2．给小学生出加法考试题

编写一个程序，给学生出一道加法运算题，然后判断学生输入的答案对错与否，按下列要求以循序渐进的方式编程。

程序 1 通过输入两个加数，给学生出一道加法运算题，如果输入答案正确，就显示"Right!"，否则显示"Not correct! Try again!"，程序结束。

程序 2 通过输入两个加数，给学生出一道加法运算题，如果输入答案正确，就显示"Right!"，否则显示"Not correct! Try again!"，直到做对为止。

程序 3 通过输入两个加数，给学生出一道加法运算题，如果输入答案正确，就显示"Right!"，否则提示重做，显示"Not correct! Try again!"，最多给三次机会；如果三次仍未做对，就显示"Not correct! You have tried three times! Test over!"，程序结束。

程序 4 连续做 10 道题，通过计算机随机产生两个 1～10 之间的加数，给学生出一道加法运算题，如果输入答案正确，就显示"Right!"，否则显示"Not correct!"，不给机会重做；10 道题做完后，按每题 10 分统计总分，然后输出总分和做错的题数。

程序 5 通过计算机随机产生 10 道四则运算题，两个操作数为 1～10 之间的随机数，运算类型为随机产生的加、减、乘、整除中的任意一种，如果输入答案正确，就显示"Right!"，否则显示"Not correct!"，不给机会重做；10 道题做完后，按每题 10 分统计总分，然后输出总分和做错的题数。

思考题：如果要求将整数之间的四则运算题改为实数之间的四则运算题，那么程序该如何修改呢？请读者修改程序，并上机测试程序运行结果。

3. 掷骰子游戏

编写程序模拟掷骰子游戏。已知掷骰子的游戏规则为：每个骰子有 6 面，这些面分别包含 1、2、3、4、5、6 个点，掷两枚骰子后，计算点数之和。如果第一次掷的点数之和为 7 或 11，那么玩家获胜；如果为 2、3 或 12，那么玩家输；如果为 4、5、6、8、9 或 10，那么将这个和作为玩家获胜需要掷出的点数，继续掷骰子，直到赚到该点数时算玩家获胜。如果掷 7 次仍未赚到该点数，那么玩家输。

提示：由于这个游戏的游戏规则相对较复杂，玩家第一次掷骰子时可能输，也可能赢，还可能再掷很多次才能确定胜负，因此设置一个枚举型变量 gameStatus 来跟踪这个状态，玩家获胜时，将 gameStatus 置为 WON；玩家失败时，将 gameStatus 置为 LOST，否则游戏不能结束，需通过再掷确定胜负。先将 gameStatus 置为 CONTINUE，同时将 sum 保存在 myPoint 中，在后续的 while 循环中，再次调用 rollDice 产生新的 sum，当 sum 等于 myPoint 时，将 gameStatus 置为 WON，如果又掷了 7 次，sum 仍未等于 myPoint，就将 gameStatus 置为 LOST。在程序的最后，根据 gameStatus 的值，输出胜负结果。

思考题：将游戏规则改为，计算机"想"一个数作为一个骰子掷出的点数（在用户输入数据之前不显示该点数），用户从键盘输入一个数作为另一个骰子掷出的点数，再计算两点数之和，其余规则相同。请读者重新编写该程序。

2.2.5 实验 5：数组编程练习

1. 检验并打印幻方矩阵

在如下 5×5 阶幻方矩阵中，每一行、每一列、每一对角线上的元素之和都是相等的：

```
17  24   1   8  15
23   5   7  14  16
 4   6  13  20  22
10  12  19  21   3
11  18  25   2   9
```

试编写程序将这些幻方矩阵中的元素读到一个二维整型数组中，然后检验其是否为幻方矩阵，并将其按如上格式显示到屏幕上。

2. 餐饮服务质量调查打分

在商业活动和科学研究中，人们经常需要对数据进行分析并将结果以直方图的形式显示出来。例如，一个公司的主管可能需要了解一年来公司的营业状况，比较各月份的销售收入状况。如果仅给出一大堆数据，显然太不直观了，如果能将这些数据以条形图（直方图）的形式表示，将会大大增加这些数据的直观性，也便于数据的分析和对比。

下面以顾客对餐饮服务打分为例，练习这方面的程序编写方法。假设有 40 个学生被邀请来给自助餐厅的食品和服务质量打分，分数分为 1～10，共 10 个等级（1 表示最低分，10 表示最高分），试统计调查结果，并用"*"输出如下形式的统计结果直方图。

Grade	Count	Histogram
1	5	*****
2	10	**********

提示：定义一个含有 40 个元素的数组 score，40 个学生打的分数存放在这个数组中，再定义一个含有 11 个元素的数组 count，作为计数器使用（count[0]不用）。第一步是计算统计结果，设置一个循环，依次检查数组 score 中的元素值，是 1 则将数组元素 count[1]加 1，是 2 则将数组元素 count[2]加 1，以此类推，将各等级分数的统计结果存放在 count 数组中。第二步是输出统计结果，设置一个循环，按数组 count 中元素值的大小，依次输出相应个数的"*"。计算统计结果时既可以用 switch 语句，也可以不用 switch 语句，请分别考虑这两种编程方法。

3．文曲星猜数游戏

模拟文曲星上的猜数游戏，先由计算机随机生成一个各位相异的 4 位数字，由用户来猜，根据用户猜测的结果给出提示"xAyB"。其中，A 前面的数字表示有几位数字不仅数字猜对了，而且位置也正确，B 前面的数字表示有几位数字猜对了，但是位置不正确。

允许用户猜的最多次数由用户从键盘输入。若猜对，则提示"Congratulations!"；若在规定次数以内仍然猜不对，则提示"Sorry, you haven't guess the right number!"。程序结束之前，在屏幕上显示这个正确的数字。

提示：用数组 a 存储计算机随机生成的 4 位数，用数组 b 存储用户猜的 4 位数，对数组 a 和数组 b 中相同位置的元素进行比较，得到 A 前面待显示的数字，对数组 a 和数组 b 中不同位置的元素进行比较，得到 B 前面待显示的数字。

2.2.6　实验 6：递归程序设计练习

1．计算游戏人员的年龄

有 5 个人围坐在一起，问第 5 个人多大年纪，他说比第 4 个人大 2 岁；问第 4 个人，他说比第 3 个人大 2 岁；问第 3 个人，他说比第 2 个人大 2 岁；问第 2 个人，他说比第 1 个人大 2 岁。第 1 个人说自己 10 岁，问第 5 个人多大年纪。

提示：此程序为递归问题，递归公式为

$$\text{age}(n) = \begin{cases} 10, & n=1 \\ \text{age}(n-1)+2, & n>1 \end{cases}$$

2．计算最大公约数

利用计算最大公约数的三条性质，用递归方法计算两个整数的最大公约数。

性质 1　若 $x>y$，则 x 和 y 的最大公约数与 $x-y$ 和 y 的最大公约数相同，即

$$\gcd(x,y) = \gcd(x-y,y) \quad (x>y)$$

性质 2　若 $x<y$，则 x 和 y 的最大公约数与 x 和 $y-x$ 的最大公约数相同，即

$$\gcd(x,y) = \gcd(x,y-x) \quad (x<y)$$

性质 3　若 $x=y$，则 x 和 y 的最大公约数与 x 值和 y 值相同，即

$$\gcd(x,y) = x = y$$

3．计算矩阵行列式的值

按如下公式递归计算矩阵行列式的值：

$$\begin{cases} D_1 = a_{00}, & n=1 \\ D_2 = a_{00} \times a_{11} - a_{01} \times a_{10}, & n=2 \\ D_n = \sum_{j=0}^{n-1}((-1)^{i+j} a_{0j} \times D_{n-1}), & n \geqslant 3 \end{cases}$$

2.2.7　实验 7：一维数组和函数综合编程练习

学生成绩统计：从键盘输入一个班（全班最多不超过 30 人）的学生某门课的成绩，当输入成绩为负值时，输入结束，分别实现下列功能：

（1）统计不及格人数并打印不及格学生名单；

（2）统计成绩在全班平均分及平均分之上的学生人数，并打印这些学生的名单；

（3）统计各分数段的学生人数及所占的百分比。

提示：

① 用 num[i] 存放第 i+1 个学生的学号，用 score[i] 存放第 i+1 个学生的成绩。设置计数器 count，当 score[i]<60 时，计数器 count 计数一次，并打印 num[i] 和 score[i]。

② 计算全班平均分 aver，当第 i 个学生的成绩 score[i]>=aver 时，打印 num[i] 和 score[i]。

③ 将成绩分为 6 个分数段，60 分以下为第 0 段，60～69 分为第 1 段，70～79 分为第 2 段，80～89 分为第 3 段，90～99 分为第 4 段，100 分为第 5 段，因此成绩与分数段的对应关系为

$$分数段 = \begin{cases} 0, & 成绩 < 60分 \\ (成绩 - 50)/10, & 成绩 \geqslant 60分 \end{cases}$$

各分数段的学生人数保存在数组 stu 中，用 stu[i] 存放第 i 段的学生人数。对每个学生的成绩，先计算该成绩所对应的分数段，再将相应的分数段的人数加 1，即 stu[i]++。从本次实验开始，所有实验都使用函数来编程。

【思考题】 在编程实现对数据的统计任务时，需要注意什么问题？

2.2.8　实验 8：二维数组和函数综合编程练习

成绩排名次：某班期末考试科目为数学（MT）、英语（EN）和物理（PH），有最多不超过 30 个学生参加考试。考试后要求：

（1）计算每个学生的总分和平均分；

（2）按总分成绩，由高到低排出每个学生的名次；

（3）输出名次表，表格内包括学生编号、各科分数、总分和平均分；

（4）任意输入一个学号，能够查找出该学生在班级中的排名及其考试分数。

提示： 用二维数组 score 存放每个学生各门课程的成绩，用一维数组 num 存放每个学生的学号，用一维数组 sum 存放每个学生的总分，用一维数组 aver 存放每个学生的平均分。

① 用函数编程实现计算每个学生的总分。

② 用函数编程实现按总分由高到低对学生成绩排序。注意：排序时，一维数组 sum 元素的变化应连同二维数组 score 及一维数组 num 和 aver 一起变化。

③ 用函数编程实现查找学号为 k 的学生在班级中的排名及相关成绩等信息，找不到时返

回-1 值。

思考题：

① 如果增加一个要求：要求按照学生的学号由小到大对学号、成绩等信息进行排序，那么程序如何修改呢？

② 如果要求程序运行后先显示一个菜单，提示用户选择：成绩录入、成绩排序、成绩查找，在选择某项功能后执行相应的操作，那么程序如何修改呢？

2.2.9 实验 9：结构体编程练习

在屏幕上模拟显示一个数字式时钟。首先，按如下方法定义一个时钟结构体类型：

```
struct clock
{
    int  hour;
    int  minute;
    int  second;
};
typedef struct clock CLOCK;
```

然后，将下列用全局变量编写的时钟模拟显示程序改成用 CLOCK 结构体变量类型重新编写。已知用全局变量编写的时钟模拟显示程序如下：

```
#include  <stdio.h>
#include  <stdio.h>

int  hour, minute, second;              // 全局变量定义
// 函数功能：时、分、秒时间的更新
void Update(void)
{
    second++;

    if (second == 60)                   // 若 second 值为 60，表示已过 1 分钟，则 minute 值加 1
    {
        second = 0;
        minute++;
    }

    if (minute == 60)                   // 若 minute 值为 60，表示已过 1 小时，则 hour 值加 1
    {
        minute = 0;
        hour++;
    }

    if (hour == 24)                     // 若 hour 值为 24，则 hour 的值从 0 开始计时
    {
        hour = 0;
    }
}
// 函数功能：时、分、秒时间的显示
void Display(void)                      // 用换行符'\r'控制时、分、秒显示的位置，换行但不换行
{
    printf("%2d : %2d : %2d\r", hour, minute, second);
}
```

```
// 函数功能：模拟延迟 1 秒的时间
void Delay(void)
{
    for (long t = 0; t < 50000000; t++)
    {
                                            // 循环体为空语句的循环，起延时作用
    }
}
int main(void)
{
    hour = minute = second = 0;             // 为 hour、minute、second 赋初值 0
    for (long i = 0; i < 100000; i++)       // 利用循环结构，控制时钟运行的时间
    {
        Update();                           // 时钟更新
        Display();                          // 时间显示
        Delay();                            // 模拟延时 1 秒
    }
    return 0;
}
```

提示：用指向 CLOCK 结构体类型的指针作为函数 Update( )和函数 Display( )的参数，即

```
void Update(CLOCK *t);
void Display(CLOCK *t);
```

思考题：

① 用结构体指针作为函数参数与用结构体变量作为函数参数有什么不同？本实验可以用结构体变量作为函数参数来编程实现吗？

② 请读者分析下面两段程序代码，并解释它们是如何实现时钟值更新操作的。

```
void Update(struct clock *t)
{
    static long  m = 1;
    t->hour = m / 3600;
    t->minute = (m - 3600 * t->hour) / 60;
    t->second = m % 60;
    m++;
    if (t->hour == 24)
    {
        m = 1;
    }
}
void Update(struct clock *t)
{
    static long  m = 1;
    t->second = m % 60;
    t->minute = (m / 60) % 60;
    t->hour = (m / 3600) % 24;
    m++;

    if (t->hour == 24)
```

```
    {
        m = 1;
    }
}
```

2.2.10　实验 10：文件编程练习

文件的复制和追加。

程序 1　根据程序提示从键盘输入一个已存在的文本文件的完整文件名，再输入一个新文本文件的完整文件名，然后将已存在的文本文件中的内容全部复制到新文本文件中；利用文本编辑软件，通过查看文件内容验证程序执行结果。

程序 2　模拟 DOS 下的 COPY 命令，在 DOS 状态下输入命令行，以实现将一个已存在的文本文件中的内容全部复制到新文本文件中，利用文本编辑软件查看文件内容，验证程序执行结果。

程序 3　（选做）根据提示从键盘输入一个已存在的文本文件的完整文件名，再输入另一个已存在的文本文件的完整文件名，然后将第一个文本文件的内容追加到第二个文本文件的原内容之后，利用文本编辑软件查看文件内容，验证程序执行结果。

程序 4　（选做）根据提示从键盘输入一个已存在的文本文件的完整文件名，再输入另一个已存在的文本文件的完整文件名，然后将源文本文件的内容追加到目的文本文件的原内容之后，并在程序运行过程中显示源文件和目的文件中的文件内容，以验证程序执行结果。

思考题：如果要复制的文件内容不是用函数 fputc( )写入的字符，而是用函数 fprintf( )写入的格式化数据文件，那么如何正确读出该文件中的格式化数据？还能用本实验中的程序实现文件的复制吗？请读者自己编程验证。

2.3　课外上机实验题目

2.3.1　实验 1：计算到期存款本息之和

假设银行整存整取不同期限存款的年息利率分别为

$$年息利率 = \begin{cases} 2.25\% & 期限1年 \\ 2.43\% & 期限2年 \\ 2.70\% & 期限3年 \\ 2.88\% & 期限5年 \\ 3.00\% & 期限8年 \end{cases}$$

要求输入存钱的本金和期限，按复利方式计算到期时能从银行得到的利息与本金合计。

提示：用 switch 语句编程。

2.3.2　实验 2：存款预算

假设银行一年整存零取的月息为 1.875%，现在某人有一笔钱，他打算在今后 5 年中，每年年底取出 1000 元作为孩子来年的教育金，到第 5 年孩子毕业时刚好取完这笔钱，假设采用普通计息方式，现在请你算一算第 1 年年初时他应存入银行多少钱？

提示：分析存钱和取钱的过程可采用递推的方法，然后采用迭代法求解。若第 5 年年底连本带息要取出 1000 元，则第 5 年年初银行中的存款数额应为

$$y_5 = \frac{1000}{1+12\times0.01875}$$

按题意，由第 5 年年初银行中的存款数额 y_5，求得第 4 年年初银行中的存款数额

$$y_4 = \frac{y_5 + 1000}{1+12\times0.01875}$$

同理，可由第 $n+1$ 年年初银行中的存款数额 y_{n+1}，求得第 n 年年初银行中的存款数额

$$y_n = \frac{y_{n+1} + 1000}{1+12\times0.01875}$$

以 0 作为 y_{n+1} 的初值，对上式进行递推迭代，迭代 5 次的结果即为第 1 年年初银行中的存款数额 y_1，也就是他现在要存入银行的钱数。

答案：2833.29 元。

2.3.3　实验 3：寻找最佳存款方案

假设银行整存整取不同期限存款的年息利率分别为

$$\text{年息利率} = \begin{cases} 2.25\% & \text{期限1年} \\ 2.43\% & \text{期限2年} \\ 2.70\% & \text{期限3年} \\ 2.88\% & \text{期限5年} \\ 3.00\% & \text{期限8年} \end{cases}$$

假设银行对定期存款过期部分不支付利息，现在某人有 2000 元钱，要存 20 年，问怎样存才能使 20 年后得到的本利之和最多？

提示：为了得到最多的利息，存入银行的钱应在到期时马上取出来，然后立刻将原来的本金和利息加起来再作为新的本金存入银行，这样本利不断地滚动直到满 20 年为止。由于存款的利率不同，因此不同的存款方法（年限）存 20 年后得到的利息也是不一样的。

分析题意：设 2000 元存 20 年，其中 1 年期存了 n_1 次，2 年期存了 n_2 次，3 年期存了 n_3 次，5 年期存了 n_5 次，8 年期存了 n_8 次，则按复利方式计算到期时存款人应得的本利之和为

$$2000\times(1+\text{rate}_1)\times n_1\times(1+\text{rate}_2)\times n_2\times(1+\text{rate}_3)\times n_3\times(1+\text{rate}_5)\times n_5\times(1+\text{rate}_8)\times n_8$$

其中，rate_n 是对应存款年限的利率。

根据题意，还可得到以下限制条件：

$$0 \leqslant n_8 \leqslant 2$$
$$0 \leqslant n_5 \leqslant (20-8n_8)/5$$
$$0 \leqslant n_3 \leqslant (20-8n_8-5n_5)/3$$
$$0 \leqslant n_2 \leqslant (20-8n_8-5n_5-3n_3)/2$$
$$n_1 = 20-8n_8-5n_5-3n_3-2n_2$$

采用穷举法：穷举所有 n_8、n_5、n_3、n_2、n_1 的组合，代入计算公式，得到所有的存款方案。

求最大存款：将现行存款方案与过去记录的最大存款方案 max 进行比较，若现行存款方案可得到的本利之和较大，则记录现行存款方案（n_8、n_5、n_3、n_2、n_1 的值）和本利之和的最大值 max。

答案：存 1 年期，存 20 年，本利之和最大值为 3121 元。

2.3.4 实验 4：猜车牌号

四个小朋友在玩一个游戏，先由其中三个小朋友说出车牌号的一些特征，然后由第四个小朋友猜出车牌号。甲说：车号的前两位数字是相同的。乙说：车号的后两位数字是相同的，但与前两位不同。丙说：4 位的车号正好是一个整数的平方。请根据以上线索猜出车牌号。

提示：设这个 4 位数的前两位数字都是 i，后两位数字都是 j，则这个可能的 4 位数为

$$k = 1000i + 100i + 10j + j$$

其中，i 和 j 均为 0～9 的整数。

现在还需满足 $k = m \times m$ 的条件，m 是整数。由于 k 是一个 4 位数，因此 m 值不可能小于 31。因此，可从 31 开始试验是否满足 $k = m \times m$，若不满足，则 m 加 1 再试，直到找到满足这些限制条件的 k 为止，结束测试。

答案：$k = 7744$，$m = 88$。

2.3.5 实验 5：求解不等式

已知立方和不等式为

$$1^3 + 2^3 + \cdots + m^3 < n$$

对指定的 n 值，试求满足上述立方和不等式的 m 的整数解。

提示：对指定的 n 值，设置累加求和的循环，从 $i = 1$ 开始，i 值每递增 1，把 i^3 累加到和变量 sum 中，直到 sum $\geqslant n$，利用 break 语句退出循环，输出相应的结果。这里，因立方运算数值较大，故 n 应定义为长整型。

答案：输入 $n = 1000000$ 时，$m \leqslant 44$。

2.3.6 实验 6：计算礼炮声响次数

在庆祝活动中，A、B、C 三艘军舰要同时开始鸣放礼炮各 21 响。已知 A 舰每隔 5 秒放 1 次，B 舰每隔 6 秒放 1 次，C 舰每隔 7 秒放 1 次。假设各炮手对时间的掌握非常准确，请问观众总共可以听到几次礼炮声？

提示：用 n 作为听到的礼炮声计数器，用 t 表示时间，从第 0 秒开始放第 1 响，到放完最后一响，最长时间为 20×7。因此，可以用一个 for 循环来模拟每一秒的时间变化，即 t 从 0 开始循环到 $t > 20 \times 7$ 时结束。在循环体中判断：若时间 t 是 5 的整数倍且 21 响未放完，则 A 舰放 1 响，计数器 n 增 1；若时间 t 是 6 的整数倍且 21 响未放完，则 B 舰放 1 响，计数器 n 增 1；如果时间 t 是 7 的整数倍且 21 响未放完，则 C 舰放 1 响，计数器 n 增 1。但注意：当有两舰或三舰同时鸣放时，应作为 1 响统计，即 n 不能同时计数，只要有一个执行了计数，其他两个就不能再计数。利用 continue 语句编程实现。

答案：54 响。

2.3.7　实验 7：产值翻番计算

假设当年工业产值为 100，工业产值的增长率为每年 $c\%$，当 c 分别为 6、8、10、12 时，试求工业产值分别过多少年可实现翻番（增加 1 倍）。

提示：将增长率存于数组 c_i 中，并用 6、8、10、12 初始化。产值翻番所需年数存于变量 y 中，各年对应的产值存于变量 s 中；设置 i 循环，对增长率 c_i，设产值翻番所需年数为 y，年数 y 每增 1 次，产值的计算方法为

$$s = s*(1 + c_i/100.0)$$

利用迭代法计算，循环计算下一年产值，并增加年数，直到 $s_i \ge 200$ 时为止。当 $s_i \ge 200$ 时，表示已达到翻番，继续对下一个增长率计算翻番所需的年数，对所有增长率全部计算完后，输出相应的增长率、翻番所需年数及翻番后的产值。

2.3.8　实验 8：中文字符串的模式匹配

首先，从键盘输入一行中文并保存到一个文本文件中，读取这个文件的内容；然后，从键盘输入一个中文词组（如"立德树人"），检查这个文件中是否包含该中文词组；如果包含，就输出"Yes"，否则输出"No"。

提示：使用穷举法从该数组中搜索从键盘输入的中文字符串，按如下函数原型编写程序。

（1）函数功能：将数组 text 中的字符串写入文件 fileName

```
void ReaFromFile(char fileName[], char text[], int n);
```

（2）函数功能：判断模式子串 patten 是否为目标字符串 target 中的子串

```
int IsSubString(char target[], char patten[]);
```

（3）函数功能：从文件中读取一个以换行为结束的字符串并保存到数组 text 中

```
void OutputToFile(char fileName[], char text[], int n);
```

2.3.9　实验 9：大奖赛现场统分

以往各类大奖赛的报分与统分脱节，参赛选手的最后得分总要等到下一个选手赛完后才报，影响竞赛的正常节奏，也不能满足观众的期待心理。现在请为某大奖赛编写一个现场统分程序，在各评委打分之后，及时通报评分结果。同时，为了给评委一个约束，有利于竞赛评判的公正，要求增加给评委打分和排序的功能。

已知某大奖赛有 n 个选手参赛，m（m > 2）个评委依次为参赛的选手评判打分，最高 10 分，最低 0 分。统分规则为：在每个选手所得的 m 个得分中，去掉一个最高分和一个最低分，取平均分为该选手的最后得分。

要求编程实现：

（1）根据 n 个选手的最后得分，从高到低排出名次表，以便确定获奖名单。

（2）根据各选手的最后得分与各评委给该选手所评分的差距，对每个评委评分的准确性给出一个定量的评价。

提示：设置 5 个数组：sh_i 为第 i 个选手的编号，sf_i 为第 i 个选手的最后得分，ph_j 为第 j 个评委的编号，f_{ij} 为第 j 个评委给第 i 个选手的评分，pf_j 为第 j 个评委的得分，作为

评委评分水准的代表。

① 对 n 个参赛选手设置 i 循环（i 从 1 变化到 n）：第 i 个选手上场，输入该选手的编号 sh[i]，在 j 循环（j 从 1 变化到 m）中依次输入第 i 个选手的 m 个得分 f[i][j]，每个得分 f[i][j] 都累加到 sf[i] 中，同时比较：若 f[i][j] > max，则 max = f[i][j]；若 f[i][j] < min，则 min = f[i][j]。第 i 个选手的 m 个得分输入完毕，去掉一个最高分 max 和一个最低分 min，第 i 个选手的最后得分为 sf[i] = (sf[i]-max-min)/(m-2)。

n 个参赛选手的最后得分 sf[0]、sf[1]、…、sf[n]全部计算完成后，将其从高到低排序，输出参赛选手的名次表。

② 评委给选手评分存在误差，即 f[i][j]≠sf[i] 是正常的，也是允许的。但如果某评委给每个选手的评分与各选手的最后得分都相差太多，就说明该评委的评分有失水准。可用下面的公式的计算结果作为对各评委评分水准的定量评价

$$pf[j] = 10 - \sqrt{\frac{\sum\limits_{i=1}^{n}(f[i][j] - sf[i])^2}{n}}$$

其中，pf[j] 高的评委的评判水平高，依据 m 个评委的 pf[j] 值可打印出评委评判水平高低的名次表。

2.3.10 实验 10：数组、指针和函数综合编程练习

输出最高分和学号：设每班人数最多不超过 40 人，具体人数由键盘输入，试编程输出最高分及其学号。

程序 1 用一维数组和指针变量作为函数参数，编程输出某班一门课成绩的最高分及其学号。

程序 2 用二维数组和指针变量作为函数参数，编程输出三个班的学生（设每班 4 个学生）的某门课成绩的最高分，并指出具有该最高分成绩的学生是第几班的第几个学生。

程序 3 用指向二维数组第 0 行第 0 列元素的指针作为函数参数，编写一个计算任意 m 行 n 列二维数组中元素的最大值，并指出其所在的行列下标值的函数，利用该函数计算三个班的学生（设每班 4 个学生）的某门课成绩的最高分，并指出具有该最高分成绩的学生是第几个班的第几个学生。

程序 4 编写一个计算任意 m 行 n 列二维数组中元素的最大值，并指出其所在的行列下标值的函数，利用该函数和动态内存分配方法，计算任意 m 个班、每班 n 个学生的某门课成绩的最高分，并指出具有该最高分成绩的学生是第几个班的第几个学生。

思考题：

① 编写一个能计算任意 m 行 n 列的二维数组中的最大值，并指出其所在的行列下标值的函数，能否使用二维数组或者指向二维数组的行指针作为函数参数进行编程实现呢？为什么？

② 请读者自己分析动态内存分配方法（题目要求的程序 4）和二维数组（题目要求的程序 3）两种编程方法有什么不同？使用动态内存分配方法存储学生成绩与用二维数组存储学生成绩相比，其优点是什么？

2.3.11　实验 11：合并有序数列

已知两个不同长度的升序排列的数列（设序列的长度都不超过 5），请编程将其合并为一个数列，使合并后的数列仍保持升序排列。

提示：假设两个升序排列的数列分别保存在数组 a 和数组 b 中，用一个循环依次将数组 a 和数组 b 中的较小的数存到数组 c 中，当一个较短的序列存完后，再将较长的序列剩余的部分依次保存到数组 c 的末尾。假设两个序列的长度分别是 m 和 n，当第一个循环结束时，若 $i=m$，则说明数组 a 中的数已经全部保存到了数组 c 中，于是只要将数组 b 中剩余的数存到数组 c 的末尾即可；若 $j=n$，则说明数组 b 中的数已经全部保存到了数组 c 中，于是只要将数组 a 中剩余的数存到数组 c 的末尾即可。在第一个循环中，用 k 记录往数组 c 中存了多少个数，在第二个循环中，就从 k 这个位置开始继续存储较长序列中剩余的数。

思考题：
① 如果两个序列的长度都是任意的，没有给定上限值，那么程序该如何编写？
② 请设计有序数列合并的递归算法。

2.3.12　实验 12：英雄卡

小明非常迷恋收集各种干脆面包装里面的英雄卡，为此他曾经连续一个月都只吃干脆面这一种零食，但是有些稀有英雄卡真的是太难收集到了。后来某商场搞了一次英雄卡兑换活动，只要有三张编号连续的英雄卡，就可以换任意编号的英雄卡（新换来的英雄卡不可以再次兑换）。小明想知道他最多可以换到几张英雄卡。

2.3.13　实验 13：数数的手指

一个小女孩正在用左手手指数数，从 1 到 n。她从拇指算作 1 开始数起，然后食指为 2，中指为 3，无名指为 4，小指为 5。接下来调转方向，无名指算作 6，中指为 7，食指为 8，大拇指为 9，接下来食指算作 10，如此反复。如果继续这种方式数下去，最后结束时是停在哪根手指上？

2.3.14　实验 14：计算个人所得税

按照税法规定，对个人一次取得的劳务报酬应交纳个人所得税。假设收入不超过 800 元的，不需纳税；收入超过 800 元但不到 4000 元的，减除 800 元后再计算应纳税额，即

$$应纳税额 = (收入 - 800) \times 20\%$$

收入超过 4000 元的，减除 20% 的费用后再计算应纳税额，即

$$应纳税额 = 收入 \times (1 - 20\%) \times 适用税率 - 速算扣除数$$

收入不超过 20 000 元的，适用税率为 20%，速算扣除数为 0；收入在 20 000 元至 50 000 元之间的部分，适用税率为 30%，速算扣除数为 2000 元；收入超过 50 000 元的部分，适用税率为 40%，速算扣除数为 7000 元。

从键盘输入个人一次取得的劳务报酬，根据以上计算方法，编程计算并输出其应纳税款。

2.3.15 实验 15：单词接龙

阿刚和女友小莉用英语短信玩单词接龙游戏。一人先写一个英文单词，然后另一个人回复一个英文单词，要求回复单词的开头有若干字母和上一个人所写单词的结尾若干字母相同，重合部分的长度不限（如阿刚输入 happy，小莉可以回复 python，重合部分为 py）。现在，小莉刚刚回复了阿刚一个单词，阿刚想知道这个单词与自己发过去的单词的重合部分是什么，但是阿刚觉得用肉眼找重合部分实在是太难了，所以请你编写程序来帮他找出重合部分。

2.3.16 实验 16：猜神童年龄

美国数学家维纳（N.Wiener）智力早熟，11 岁就上了大学。他曾在 1935 年至 1936 年应邀来中国清华大学讲学。一次，他参加某重要会议，年轻的脸孔引人注目。于是有人询问他的年龄，他回答说："我年龄的立方是一个 4 位数。我年龄的 4 次方是一个 6 位数。这 10 个数字正好包含了从 0 到 9 这 10 个数字，每个都恰好出现 1 次。"请你编程算出他当时的年龄。

2.3.17 实验 17：猴子吃桃

猴子第一天摘了若干桃子，吃了一半，不过瘾，又多吃了 1 个。第二天早上将剩余的桃子又吃掉一半，并且多吃了 1 个。此后，每天都是吃掉前一天剩下的一半零一个。到第 n 天再想吃时，发现只剩下 1 个桃子。那么，第一天它摘了多少桃子？为了加强交互性，由用户输入天数 n，即假设第 n 天的桃子数为 1。

2.3.18 实验 18：数字黑洞

任意输入一个 3 的倍数的正整数，先把这个数的每一个数位上的数字都计算其立方，再将各位数字相加，得到一个新数，然后把这个新数的每一个数位上的数字再计算其立方，再将各位数字相加……重复运算，结果都为 153。如果换另一个 3 的倍数试一试，仍然可以得到同样的结论，因此 153 被称为"数字黑洞"。

例如，63 是 3 的倍数，按上面的规律运算如下：

$$6^3 + 3^3 = 216 + 27 = 243$$
$$2^3 + 4^3 + 3^3 = 8 + 64 + 27 = 99$$
$$9^3 + 9^3 = 729 + 729 = 1458$$
$$1^3 + 4^3 + 5^3 + 8^3 = 1 + 64 + 125 + 512 = 702$$
$$7^3 + 0^3 + 2^3 = 343 + 0 + 8 = 351$$
$$3^3 + 5^3 + 1^3 = 27 + 125 + 1 = 153$$
$$1^3 + 5^3 + 3^3 = 1 + 125 + 27 = 153$$

请编程验证任意的是 3 的倍数的正整数都是"数字黑洞"，并输出验证的步数。

2.3.19 实验 19：火柴游戏

任务 1：23 根火柴游戏。请编写一个简单的 23 根火柴游戏程序，实现人跟计算机玩这个游戏的程序。为了方便程序自动评测，假设计算机移动的火柴数不是随机的，而是将剩余的火柴根数对 3 求余后再加 1 作为计算机每次取走的火柴数。若剩余的火柴数小于 3，则将剩余的火柴数减 1 作为计算机移走的火柴数。计算机不可以不取，剩下的火柴数为 1 时，必须取走 1 根火柴。假设游戏规则如下：

（1）两个玩家开始拥有 23 根火柴。

（2）每个玩家轮流移走 1 根、2 根或 3 根火柴。

（3）取走最后一根火柴的玩家为失败者。

已知程序的两次运行结果示例如下。

① 玩家赢的运行结果示例如下：

> 这里是 23 根火柴游戏！！
> 注意：最大移动火柴数目为三根
> 请输入您移动的火柴数目：
> 2↙
>
> 您移动的火柴数目为：2
> 您移动后剩下的火柴数目为：21
> 计算机移动的火柴数目：1
> 计算机移动后剩下的火柴数目为：20
> 请输入您移动的火柴数目：
> 2↙
>
> 您移动的火柴数目为：2
> 您移动后剩下的火柴数目为：18
> 计算机移动的火柴数目：1
> 计算机移动后剩下的火柴数目为：17
> 请输入您移动的火柴数目：
> 2↙
>
> 您移动的火柴数目为：2
> 您移动后剩下的火柴数目为：15
> 计算机移动的火柴数目：1
> 计算机移动后剩下的火柴数目为：14
> 请输入您移动的火柴数目：
> 2↙
>
> 您移动的火柴数目为：2
> 您移动后剩下的火柴数目为：12
> 计算机移动的火柴数目：1
> 计算机移动后剩下的火柴数目为：11
> 请输入您移动的火柴数目：
> 2↙
>
> 您移动的火柴数目为：2
> 您移动后剩下的火柴数目为：9
> 计算机移动的火柴数目：1
> 计算机移动后剩下的火柴数目为：8
> 请输入您移动的火柴数目：
> 2↙
>
> 您移动的火柴数目为：2
> 您移动后剩下的火柴数目为：6
> 计算机移动的火柴数目：1
> 计算机移动后剩下的火柴数目为：5
> 请输入您移动的火柴数目：
> 1↙

您移动的火柴数目为：1

您移动后剩下的火柴数目为：4

计算机移动的火柴数目为：2

计算机移动后剩下的火柴数目为：2

请输入您移动的火柴数目：

1↙

您移动的火柴数目为：1

您移动后剩下的火柴数目为：1

计算机移动的火柴数目为：1

计算机移动后剩下的火柴数目为：0

恭喜您！您赢了！

② 玩家输的运行示例如下：

这里是 23 根火柴游戏！！

注意：最大移动火柴数目为三根

请输入您移动的火柴数目：

3↙

您移动的火柴数目为：3

您移动后剩下的火柴数目为：20

计算机移动的火柴数目为：3

计算机移动后剩下的火柴数目为：17

请输入您移动的火柴数目：

3↙

您移动的火柴数目为：3

您移动后剩下的火柴数目为：14

计算机移动的火柴数目为：3

计算机移动后剩下的火柴数目为：11

请输入您移动的火柴数目：

3↙

您移动的火柴数目为：3

您移动后剩下的火柴数目为：8

计算机移动的火柴数目为：3

计算机移动后剩下的火柴数目为：5

请输入您移动的火柴数目：

2↙

您移动的火柴数目为：2

您移动后剩下的火柴数目为：3

计算机移动的火柴数目为：1

计算机移动后剩下的火柴数目为：2

请输入您移动的火柴数目：

2↙

您移动的火柴数目为：2

您移动后剩下的火柴数目为：0

对不起！您输了！

任务 2：21 根火柴游戏。现有 21 根火柴，两人轮流取，每人每次可以取 1～4 根，不可多取（假如多取或者取走的数量不在合法的范围内，则要求重新输入），也不能不取，谁取最后一根火柴谁输。请编写一个程序进行人机对弈，要求人先取，计算机后取；设计一种计算机取走火柴的规则，使得计算机一方为常胜将军。

已知程序的运行结果示例如下：

```
Game begin:
How many sticks do you wish to take (1~4)?6↙
How many sticks do you wish to take (1~4)?3↙
18 sticks left in the pile.
Computer take 2 sticks.
16 sticks left in the pile.
How many sticks do you wish to take (1~4)?3↙
13 sticks left in the pile.
Computer take 2 sticks.
11 sticks left in the pile.
How many sticks do you wish to take (1~4)?3↙
8 sticks left in the pile.
Computer take 2 sticks.
6 sticks left in the pile.
How many sticks do you wish to take (1~4)?3↙
3 sticks left in the pile.
Computer take 2 sticks.
1 sticks left in the pile.
How many sticks do you wish to take (1~1)?2↙
How many sticks do you wish to take (1~1)?1↙
You have taken the last sticks.
***You lose!
Game Over.
```

2.3.20 实验 20：2048 游戏

请编程实现一个 2048 游戏。游戏设计要求如下：

（1）游戏方格为 $N \times N$，游戏开始时方格中只有一个数字。

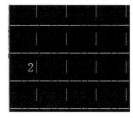

（2）玩家使用 A、D、W、S 键，分别向左、向右、向上、向下移动方块中的数字；按 Q 键，退出游戏。

（3）在用户选择移动操作后，在方格中寻找可以相加的相邻且相同的数字，检测方格中相邻的数字是否可以相消得到大小加倍后的数字。依靠相同的数字相消，同时变为更大的数字来减少方块的数目，并且加大方块上的数字来实现游戏。

例如，玩家移动一下，两个 2 相遇变为一个 4，两个 4 相遇变为一个 8，同理变为 16、32、64、128、256、512、1024，直到变为 2048，游戏结束。

（4）玩家每次移动数字方块后都会新增一个方块：2 或者 4，增加 2 的概率大于增加 4 的概率。

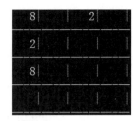

（5）若所有的方格都填满，还没有加到 2048，则游戏失败。

16	4	16	4
8	16	2	16
64	256	8	2
8	4	2	4

2.4 课内上机实验题目参考答案

2.4.1 实验1：熟悉上机环境和顺序结构编程练习

1. 键盘输入与屏幕输出练习

【参考答案】

问题1：D

问题2：

```c
#include <stdio.h>

int main(void)
{
    char a, b;
    int c;

    scanf("%c%c%d", &a, &b, &c);
    printf("%-2c%-2c%d\n", a, b, c);
    return 0;
}
```

问题3：

```c
#include <stdio.h>

int main(void)
{
    char a, b;
    int c;

    scanf("%c,%c,%d", &a, &b, &c);
    printf("%c,%c,%d\n", a, b, c);
    return 0;
}
```

问题4：

```
#include <stdio.h>

int main(void)
{
    char  a, b;
    int   c;

    scanf("%c,%c,%d", &a, &b, &c);
    printf("\'%c\',\'%c\',%d\n", a, b, c);
    return 0;
}
```

问题 5:

```
#include <stdio.h>

int main(void)
{
    char  a, b;
    int   c;

    scanf("%c%*c%c%*c%d", &a, &b, &c);
    printf("\'%c\',\'%c\',%d\n", a, b, c);
    return 0;
}
```

2. 计算定期存款本利之和

【参考答案】

```
#include <math.h>
#include <stdio.h>

int main(void)                                  // 主函数首部
{
    int  n;                                     // 存款期变量声明
    double  rate;                               // 存款年利率变量声明
    double  capital;                            // 存款本金变量声明
    double  deposit;                            // 本利之和变量声明

    printf("Please enter rate, year, capital:  ");  // 输出用户输入的提示信息
    scanf("%lf, %d, %lf", &rate, &n, &capital);     // 输入数据
    deposit = capital * pow(1+rate, n);             // 计算存款利率之和, pow 为幂函数
    printf("deposit = %f\n", deposit);              // 输出存款利率之和
    return 0;
}
```

程序的运行结果如下:

```
Please enter rate, year, capital : 0.0225, 1, 10000↙
deposit = 10225.000000
```

2.4.2 实验 2：选择结构编程练习

1. 身高预测

【参考答案】

```
#include <stdio.h>

int main(void)
{
    char   gender;                        // 孩子的性别
    char   sports;                        // 是否喜欢体育运动
    char   diet;                          // 是否有良好的饮食习惯
    float  myHeight;                      // 孩子身高
    float  faHeight;                      // 父亲身高
    float  moHeight;                      // 母亲身高

    printf("Are you a boy(M) or a girl(F)?");
    scanf(" %c", & gender);               // 在%c前加一个空格，将存于缓冲区中的换行符读入
    printf("Please input your father's height(cm) : ");
    scanf("%f", &faHeight);
    printf("Please input your mother's height(cm) : ");
    scanf("%f", &moHeight);
    printf("Do you like sports(Y/N)?");
    scanf(" %c", &sports);                // 在%c前加一个空格，将存于缓冲区中的换行符读入
    printf("Do you have a good habit of diet(Y/N)?");
    scanf(" %c", &diet);                  // 在%c前加一个空格，将存于缓冲区中的换行符读入

    if (gender == 'M' || gender == 'm')
        myHeight = (faHeight + moHeight) * 0.54;
    else
        myHeight = (faHeight * 0.923 + moHeight) / 2.0;
    if (sports == 'Y' || sports == 'y')
        myHeight = myHeight * (1 + 0.02);
    if (diet == 'Y' || diet == 'y')
        myHeight = myHeight * (1 + 0.015);
    printf("Your future height will be %f(cm)\n", myHeight);
    return 0;
}
```

程序的运行结果如下：

```
Are you a boy(M) or a girl(F)?F↙
Please input your father's height(cm) : 182↙
Please input your mother's height(cm) : 162↙
Do you like sports(Y/N)?Y↙
Do you have a good habit of diet(Y/N)?Y↙
Your future height will be 170.817261(cm)
```

2．体型判断

这是一个多分支选择问题，可以用如下三种方法编程。

【参考答案】

程序 1：用不带 else 子句的 if 语句编程。

```
#include <stdio.h>

int main(void)
{
    float  h, w, t;

    printf("Please enter h, w : ");
```

```
    scanf("%f, %f", &h, &w);
    t = w / (h * h);

    if (t < 18)
    {
        printf("t = %f\tLower weight!\n", t);
    }
    if (t >= 18 && t < 25)
    {
        printf("t = %f\tStandard weight!\n", t);
    }
    if (t >= 25 && t < 27)
    {
        printf("t = %f\tHigher weight!\n", t);
    }
    if (t >= 27)
    {
        printf("t = %f\tToo fat!\n", t);
    }
    return 0;
}
```

程序 2：用在 if 子句中嵌入 if 语句的形式编程。

```
#include <stdio.h>
int main(void)
{
    float  h, w, t;
    printf("Please enter h, w : ");
    scanf("%f, %f", &h, &w);
    t = w / (h * h);

    if (t < 27)
    {
        if (t < 25)
        {
            if (t < 18)
            {
                printf("t = %f\tLower weight!\n", t);
            }
            else
            {
                printf("t = %f\tStandard weight!\n", t);
            }
        }
        else
        {
            printf("t = %f\tHigher weight!\n", t);
        }
    }
    else
    {
        printf("t = %f\tToo fat!\n", t);
```

```
    }
    return 0;
}
```

程序 3：用在 else 子句中嵌入 if 语句的形式编程。

```
#include <stdio.h>
int main(void)
{
    float  h, w, t;

    printf("Please enter h, w : ");
    scanf("%f, %f", &h, &w);
    t = w / (h * h);
    if (t < 18)
    {
        printf("t = %f\tLower weight!\n", t);
    }
    else if (t < 25)
    {
        printf("t = %f\tStandard weight!\n", t);
    }
    else if (t < 27)
    {
        printf("t = %f\tHigher weight!\n", t);
    }
    else
    {
        printf("t = %f\tToo fat!\n", t);
    }
    return 0;
}
```

程序 4 次测试的运行结果如下：

①   Please enter h, w : 1.60, 40↙
       t = 15.625000   Lower weight!

②   Please enter h, w : 1.60, 50↙
       t = 19.531250   Standard weight!

③   Please enter h, w : 1.60, 65↙
       t = 25.390625   Higher weight!

④   Please enter h, w : 1.60, 70↙
       t = 27.343750   Too fat!

    注意，由于 if 或 else 子句中只允许有一条语句，因此需要多条语句时必须用复合语句，即把需要执行的多条语句用"{ }"括起来，否则可能出错。为了避免以后在 if 或 else 子句中增加语句时发生错误，应养成即使 if 或 else 子句只有一条语句也将其用"{ }"括起来的习惯。

    if 子句中内嵌 if 语句时，因为 else 子句总是与距离它最近的且没有配对的 if 相结合，而与书写的缩进格式无关，所以如果内嵌的 if 语句没有 else 分支，即不是完整的 if-else 形式，那么极易发生 else 配对错误。为了避免这类逻辑错误的发生，有两个有效的办法：一是将 if 子句中内嵌的 if 语句用"{ }"括起来；二是尽量采用在 else 子句中内嵌 if 语句的形式编程，如本例的程序 3。显然，该方法更简洁，且不易出错。

3. 简单的计算器

【参考答案】

问题（1）：

```c
#include <stdio.h>
#include <math.h>

int main(void)
{
    float  data1, data2;                        // 定义两个操作符
    char   op;                                  // 定义运算符

    printf("Please enter the expression : ");
    scanf("%f %c%f", &data1, &op, &data2);      // 输入表达式，%c 前有一空格

    switch (op)                                 // 根据输入的运算符确定要执行的运算
    {
        case '+':  printf("%f + %f = %f \n", data1, data2, data1 + data2);
                   break;
        case '-':  printf("%f - %f = %f \n", data1, data2, data1 - data2);
                   break;
        case '*':  printf("%f * %f = %f \n", data1, data2, data1 * data2);
                   break;
        case '/':  if (fabs(data2) <= 1e-7)     // 与实数 0 比较
                   {
                       printf("Division by zero!\n");
                   }
                   else
                   {
                       printf("%f / %f = %f \n", data1, data2, data1 / data2);
                   }
                   break;
        default:   printf("Unknown operator! \n");
    }
    return 0;
}
```

程序 6 次测试的运行结果如下：

①   Please enter the expression : 2.0 + 4.0↙
    2.000000 + 4.000000 = 6.000000

②   Please enter the expression : 2.0 - 4.0↙
    2.000000 - 4.000000 = -2.000000

③   Please enter the expression : 2.0 * 4.0↙
    2.000000* 4.000000 = 8.000000

④   Please enter the expression : 2.0 / 4.0↙
    2.000000/ 4.000000 = 0.500000

⑤   Please enter the expression : 2.0 / 0↙
    Division by zero!

⑥   Please enter the expression : 2.0 \ 4.0↙
    Unknown operator!

比较实型变量 data2 和常数 0 是否相等应该用 "if (fabs(data2) <= 1e-7)"。

问题（2）：在上面程序输入运算表达式的 scanf 语句中，使用在%c 前加空格的方法，可

以使输入算术表达式时在操作数和运算符之间加入任意多个空白符。

问题（3）：

```
#include <stdio.h>
#include <math.h>

int main(void)
{
    float  data1, data2;                            // 定义两个操作符
    char  op;                                       // 定义运算符
    char  reply;                                    // 用户输入的回答

    do {
        printf("Please enter the expression : ");
        scanf("%f %c%f", &data1, &op, &data2);      // %c 前有一个空格
        switch (op)                                 // 根据输入的运算符确定要执行的运算
        {
            case '+':   printf("%f + %f = %f\n", data1, data2, data1+data2);
                        break;
            case '-':   printf("%f - %f = %f \n", data1, data2, data1 - data2);
                        break;
            case '*':   printf("%f * %f = %f \n", data1, data2, data1 * data2);
                        break;
            case '/':   if (fabs(data2) <= 1e-7)
                        {
                            printf("Division by zero!\n");
                        }
                        else
                        {
                            printf("%f / %f = %f \n", data1, data2, data1/data2);
                        }
                        break;
            default:    printf("Unknown operator!\n");
        }
        printf("Do you want to continue(Y/N or y/n)?");
        scanf(" %c", &reply);                       // %c 前有一个空格
    } while (reply == 'Y' || reply == 'y');
    printf("Program is over!\n");
    return 0;
}
```

程序的运行结果如下：

```
Please enter the expression : 2.0 + 4.0↵
2.000000 + 4.000000 = 6.000000
Do you want to continue(Y/N or y/n)?y↵
Please enter the expression : 2.0 - 4.0↵
2.000000 - 4.000000 = -2.000000
Do you want to continue(Y/N or y/n)?y↵
Please enter the expression : 2.0 * 4.0↵
2.000000 * 4.000000 = 8.000000
Do you want to continue(Y/N or y/n)?y↵
Please enter the expression : 2.0 / 4.0↵
2.000000 / 4.000000 = 0.500000
```

```
Do you want to continue(Y/N or y/n)?y
Please enter the expression : 2.0 \ 4.0
Unknown operator!
Do you want to continue(Y/N or y/n)?n
Program is over!
```

2.4.3　实验3：循环结构编程练习

1. 判断素数

【参考答案】

```c
#include <math.h>
#include <stdio.h>

int main(void)
{
    int  number, flag, i;
    printf("Input n : ");
    scanf("%d", &number);

    if (number <= 1)                              // 负数、0 和 1 都不是素数
    {
        flag = 0;
    }
    for (i = 2; i <= sqrt(number); i++)
    {
        if((number % i) == 0)                     // 被整除，不是素数
        {
            flag = 0;
        }
    }
    if (flag != 0)
    {
        printf("%d is a prime number\n", number);
    }
    else
    {
        printf("%d is not a prime number\n", number);
    }
    return 0;
}
```

程序 3 次测试的运行结果如下：

①   Input n : 3
    3 is a prime number
②   Input n : 4
    4 is not a prime number
③   Input n : 1
    1 is not a prime number

2. 猜数游戏

【参考答案】

程序 1:

```
#include <stdio.h>
#include <stdlib.h>
#include <time.h>                        // 将函数 time 所需的头文件 time.h 包含到程序中

int main(void)
{
    int  magic;                          // 计算机"想"的数
    int  guess;                          // 玩家猜的数

    srand(time(NULL));                   // 用标准库函数 srand() 为函数 rand() 设置随机数种子
    magic = rand() % 100 + 1;
    printf("Please guess a magic number : ");
    scanf("%d", &guess);

    if (guess > magic)
    {
        printf("Wrong!Too high!\n");
    }
    else if (guess < magic)
    {
        printf("Wrong!Too low!\n");
    }
    else
    {
        printf("Right!\n");
        printf("The number is:%d\n", magic);
    }
    return 0;
}
```

程序的运行结果如下:

```
Please guess a magic number:40↙
Wrong!Too low!
```

程序 2:

```
#include  <stdio.h>
#include  <stdlib.h>
#include  <time.h>
int main(void)
{
    int  magic;                          // 计算机"想"的数
    int  guess;                          // 玩家猜的数
    int  counter;                        // 记录玩家猜的次数

    srand(time(NULL));
    magic = rand() % 100 + 1;
    counter = 0;

    do {
        printf("Please guess a magic number : ");
        scanf("%d", &guess);
        counter ++;
```

```
        if (guess > magic)
        {
            printf("Wrong!Too high!\n");
        }
        else if (guess < magic)
        {
            printf("Wrong!Too low!\n");
        }
    } while (guess != magic);                    // 直到玩家猜对为止
    printf("Right!\n");
    printf("counter = %d\n", counter);
    return 0;
}
```

程序的运行结果如下：

```
    Please guess a magic number : 50↙
    Wrong!Too low!
    Please guess a magic number : 90↙
    Wrong!Too high!
    Please guess a magic number : 70↙
    Wrong!Too high!
    Please guess a magic number : 60↙
    Wrong!Too high!
    Please guess a magic number : 55↙
    Wrong!Too high!
    Please guess a magic number : 52↙
    Right!
    counter = 6
```

程序 3：

```
#include <stdio.h>
#include <stdlib.h>
#include <time.h>

int main(void)
{
    int  magic;                          // 计算机"想"的数
    int  guess;                          // 玩家猜的数
    int  counter;                        // 记录玩家猜的次数

    srand(time(NULL));
    magic = rand() % 100 + 1;
    counter = 0;

    do{
        printf("Please guess a magic number : ");
        scanf("%d", &guess);
        counter++;
        if (guess > magic)
        {
            printf("Wrong!Too high!\n");
        }
        else if (guess < magic)
```

```
        {
            printf("Wrong!Too low!\n");
        }
        else
        {
            printf("Right!\n");
        }
    } while ((guess != magic) && (counter<10));    // 猜不对且未超过 10 次时继续猜
    printf("counter = %d\n", counter);
    return 0;
}
```

程序两次测试的运行结果如下：

①
```
    Please guess a magic number : 50↙
    Wrong!Too low!
    Please guess a magic number : 80↙
    Wrong!Too high!
    Please guess a magic number : 60↙
    Wrong!Too high!
    Please guess a magic number : 55↙
    Right!
    counter = 4
```
②
```
    Please guess a magic number : 40↙
    Wrong!Too low!
    Please guess a magic number : 90↙
    Wrong!Too high!
    Please guess a magic number : 80↙
    Wrong!Too high!
    Please guess a magic number : 70↙
    Wrong!Too high!
    Please guess a magic number : 60↙
    Wrong!Too high!
    Please guess a magic number : 55↙
    Wrong!Too high!
    Please guess a magic number : 50↙
    Wrong!Too high!
    Please guess a magic number : 45↙
    Wrong!Too high!
    Please guess a magic number : 44↙
    Wrong!Too high!
    Please guess a magic number : 43↙
    Wrong!Too high!
    counter = 10
```

程序 4：

```
#include <stdio.h>
#include <stdlib.h>
#include <time.h>

int main(void)
{
```

```c
    int  magic;                                           // 计算机"想"的数
    int  guess;                                           // 玩家猜的数
    int  counter;                                         // 记录玩家猜的次数
    char reply;                                           // 玩家输入的回答

    srand(time(NULL));

    do{
        magic = rand() % 100 + 1;
        counter = 0;
        do {
            printf("Please guess a magic number : ");
            scanf("%d", &guess);
            counter++;
            if (guess > magic)
            {
                printf("Wrong!Too high!\n");
            }
            else if (guess < magic)
            {
                printf("Wrong!Too low!\n");
            }
            else
            {
                printf("Right!\n");
            }
        } while (guess != magic && counter < 10);         // 猜错且未超 10 次时继续猜
        printf("counter = %d\n", counter);
        printf("Do you want to continue(Y/N or y/n)?");
        scanf(" %c", &reply);                             // %c 前面有一个空格
    } while ((reply == 'Y') || (reply == 'y'));
    printf("The game is over!\n");
    return 0;
}
```

程序的运行结果如下:

```
    Please guess a magic number : 50↙
    Wrong!Too low!
    Please guess a magic number : 80↙
    Wrong!Too low!
    Please guess a magic number : 90↙
    Wrong!Too high!
    Please guess a magic number : 85↙
    Wrong!Too high!
    Please guess a magic number : 83↙
    Right!
    counter = 5
    Do you want to continue(Y/N or y/n)?y↙
    Please guess a magic number : 50↙
    Wrong!Too low!
    Please guess a magic number : 80↙
    Wrong!Too low!
```

```
Please guess a magic number : 90↙
Wrong!Too low!
Please guess a magic number : 95↙
Wrong!Too low!
Please guess a magic number : 99↙
Right!
counter = 5
Do you want to continue(Y/N or y/n)?n↙
The game is over!
```

2.4.4 实验4：函数编程练习

1. 判断三角形类型

【参考答案】

```
#include <stdio.h>
#include <math.h>
#define      EPS       1e-1

int Triangle(double a, double b, double c)
{
    if ((a + b > c && a + c > b && b + c > a) && (a > 0 && b > 0 && c > 0))
        return 1;
    else
        return 0;
}
int Equilateral(double a, double b, double c)
{
    if ((a == b) && (b == c))
    {
        return 1;
    }
    else
    {
        return 0;
    }
}
int Isosceles(double a, double b, double c)
{
    if ((a == b) || (b == c) || (a == c))
    {
        return 1;
    }
    else
    {
        return 0;
    }
}
int Right(double a, double b, double c)
{
    if (fabs(a*a+b*b-c*c) <= EPS || fabs(a*a+c*c-b*b) <= EPS ||fabs(c*c+b*b-a*a) <= EPS)
```

```
    {
        return 1;
    }
    else
    {
        return 0;
    }
}
int  main(void)
{
    double  a, b, c;
    printf("Input the three edge length a, b, c : ");
    scanf("%lf,%lf,%lf", &a, &b, &c);

    if (Triangle(a, b, c))
    {
        if (Equilateral(a, b, c))
        {
            printf("等边三角形\n");
            return 0;
        }
        if (Isosceles(a, b, c) && Right(a, b, c))
        {
            printf("等腰直角三角形\n");
            return 0;
        }
        if (Isosceles(a, b, c))
        {
            printf("等腰三角形\n");
            return 0;
        }
        if (Right(a, b, c))
        {
            printf("直角三角形\n");
            return 0;
        }
        printf("一般三角形\n");
        return 0;
    }
    else
    {
        printf("不能构成三角形\n");
        return 0;
    }
}
```

程序 4 次测试的运行结果如下:

①   Input the three edge a, b, c : 3, 4, 5↙
    直角三角形

②   Input the three edge a, b, c : 4, 4, 5↙
    等腰三角形

③   Input the three edge a, b, c : 4, 4, 4↙
    等边三角形

④   Input the three edge a, b, c : 10, 10, 14.14✓
       等腰直角三角形
⑤   Input the three edge a, b, c : 3, 4, 9✓
       不能构成三角形

2. 给小学生出加法考试题

【参考答案】

程序 1:

```c
#include <stdio.h>
// 函数功能：计算两整型数之和，若与用户输入的答案相同，则返回 1, 否则返回 0
int  Add(int a, int b)
{
    int  answer;

    printf("%d + %d = ", a, b);
    scanf("%d", &answer);

    if (a+b == answer)
    {
        return 1;
    }
    else
    {
        return 0;
    }
}
// 函数功能：输出结果正确与否的信息，整型变量 flag, 标志结果正确与否
void  Print(int flag)
{
    if (flag)
    {
        printf("Right!\n");
    }
    else
    {
        printf("Not correct!\n");
    }
}
int main(void)
{
    int  a, b, answer;

    printf("Input a, b : ");
    scanf("%d, %d", &a, &b);
    answer = Add(a, b);
    Print(answer);
    return 0;
}
```

程序两次测试的运行结果如下:

①   Input a, b : 1, 2✓
       1 + 2 = 3✓

```
    Right!
    Input a, b : 1, 2↙
    1 + 2 = 4↙
    Not correct!
```

程序 2：

```c
#include <stdio.h>
// 函数功能：计算两整型数之和，若与用户输入的答案相同，则返回 1，否则返回 0
int Add(int a, int b)
{
    int  answer;
    printf("%d + %d = ", a, b);
    scanf("%d", &answer);
    if (a + b == answer)
    {
        return 1;
    }
    else
    {
        return 0;
    }
}
// 函数功能：输出结果正确与否的信息，整型变量 flag，标志结果正确与否
void Print(int flag)
{
    if (flag)
    {
        printf("Rright!\n");
    }
    else
    {
        printf("Not correct. Try again!\n");
    }
}

int main(void)
{
    int  a, b, answer;
    printf("Input a, b : ");
    scanf("%d, %d", &a, &b);
    do {
        answer = Add(a, b);
        Print(answer);
    } while (answer == 0);
    return 0;
}
```

程序的运行结果如下：

```
    Input a, b : 1, 2↙
    1 + 2 = 4↙
    Not correct. Try again!
```

```
1 + 2 = 5↙
Not correct. Try again!
1 + 2 = 3↙
Rright!
```

程序 3:

```
#include <stdio.h>
// 函数功能：计算两整型数之和，若与用户输入的答案相同，则返回 1，否则返回 0
int Add(int a, int b)
{
    int  answer;

    printf("%d + %d = ", a, b);
    scanf("%d", &answer);
    return (a + b == answer) ? 1 : 0;
}
// 函数功能：输出结果正确与否的信息，flag 标志结果正确与否，chance 记录同一道题做了几次
void Print(int flag, int chance)
{
    if (flag)
    {
        printf("Right!\n");
    }
    else if (chance < 3)
    {
        printf("Not correct. Try again!\n");
    }
    else
    {
        printf("Not correct. You have tried three times!\nTest over!\n");
    }
}

int main(void)
{
    int  a, b, answer, chance;

    printf("Input a, b : ");
    scanf("%d, %d", &a, &b);
    chance = 0;

    do{
        answer = Add(a, b);
        chance++;
        Print(answer, chance);
    } while ((answer == 0) && (chance < 3));
    return 0;
}
```

程序两次测试的运行结果如下：

①
```
Input a, b : 1, 2↙
1 + 2 = 4↙
Not correct. Try again!
1 + 2 = 5↙
```

```
Not correct. Try again!
1 + 2 = 2↵
Not correct. You have tried three times!
Test over!
Input a, b : 1, 2↵
1 + 2 = 4↵
Not correct. Try again!
1 + 2 = 3↵
Right!
```

程序 4:

```c
#include <stdio.h>
#include <stdlib.h>
#include <time.h>
// 函数功能：计算两整型数之和，若与用户输入的答案相同，则返回 1，否则返回 0
int Add(int a, int b)
{
    int  answer;

    printf("%d + %d = ", a, b);
    scanf("%d", &answer);
    return a + b==  answer ? 1 : 0;
}
// 函数功能：输出结果正确与否的信息，整型变量 flag，标志结果正确与否
void Print(int flag)
{
    if (flag)
    {
        printf("Rright!\n");
    }
    else
    {
        printf("Not correct!\n");
    }
}
int main(void)
{
    int  a, b, answer, error = 0, score = 0, i;

    srand(time(NULL));

    for (i = 0; i < 10; i++)
    {
        a = rand() % 10 + 1;
        b = rand() % 10 + 1;
        answer = Add(a, b);
        Print(answer);
        if (answer == 1)
        {
            score = score + 10;
        }
        else
        {
```

```
            error++;
        }
    }
    printf("score = %d, error numbers = %d\n", score, error);
    return 0;
}
```

程序的运行结果如下：

```
10 + 1 = 11↙
Rright!
5 + 9 = 14↙
Rright!
4 + 6 = 10↙
Rright!
7 + 2 = 9↙
Rright!
3 + 10 = 13↙
Rright!
1 + 1 = 2↙
Rright!
5 + 2 = 7↙
Rright!
3 + 7 = 10↙
Rright!
4 + 7 = 10↙
Not correct!
5 + 6 = 11↙
Rright!
score = 90, error numbers = 1
```

程序 5：

```
#include <stdio.h>
#include <stdlib.h>
#include <time.h>
// 函数功能：对两整型数进行加、减、乘、除四则运算，若用户输入的答案与结果相同，则返回1，否则返回0
int Compute(int a, int b, int op)
{
    int  answer, result;

    switch (op)
    {
        case 1:    printf("%d + %d = ", a, b);
                   result = a + b;
                   break;
        case 2:    printf("%d - %d = ", a, b);
                   result = a - b;
                   break;
        case 3:    printf("%d * %d = ", a, b);
                   result = a * b;
                   break;
        case 4:    if (b != 0)
```

```c
            {
                printf("%d / %d = ", a, b);
                result = a / b;                  // 这里是整数除法运算,结果为整型
            }
            else
            {
                printf("Division by zero!\n");
            }
            break;
        default:    printf("Unknown operator!\n");
    }
    scanf("%d", &answer);
    return (result == answer) ? 1 : 0;
}
// 函数功能：输出结果正确与否的信息
void Print(int flag)
{
    if (flag)
    {
        printf("Rright!\n");
    }
    else
    {
        printf("Not correct!\n");
    }
}
int main(void)
{
    int  a, b, answer, error = 0, score = 0, i, op;

    srand(time(NULL));

    for (i = 0; i < 10; i++)
    {
        a = rand() % 10 + 1;
        b = rand() % 10 + 1;
        op = rand() % 4 + 1;
        answer = Compute(a, b, op);
        Print(answer);
        if (answer == 1)
        {
            score = score + 10;
        }
        else
        {
            error++;
        }
    }
    printf("score = %d, error numbers = %d\n", score, error);
    return 0;
}
```

程序的运行结果如下：

```
4 + 6 = 10✓
Rright!
9 - 9 = 0✓
Rright!
7 - 8 = -1✓
Rright!
2 - 7 = -5✓
Rright!
4 - 10 = -6✓
Rright!
7 / 1 = 7✓
Rright!
7 + 10 = 17✓
Rright!
5 + 7 = 11✓
Not correct!
3 * 8 = 24✓
Rright!
2 / 7 = 0✓
Rright!
score = 90, error numbers = 1
```

3. 掷骰子游戏

【参考答案】

```c
#include <stdio.h>
#include <stdlib.h>
#include <time.h>

int rollDice(void);

int main(void)
{
    enum  Status {CONTINUE, WON, LOST};
    int  sum, myPoint, count = 0;
    enum  Status gameStatus;

    srand(time(NULL));
    sum = rollDice();

    switch (sum)
    {
        case 7:
        case 11:   gameStatus = WON;
                   break;
        case 2:
        case 3:
        case 12:   gameStatus = LOST;
                   break;
        default:   gameStatus = CONTINUE;
                   myPoint = sum;
                   printf("Point is %d\n", myPoint);
    }
```

```
        while (gameStatus == CONTINUE)
        {
            sum = rollDice();
            count++;
            if (sum == myPoint)
            {
                gameStatus = WON;
            }
            else if (count == 7)
            {
                gameStatus = LOST;
            }
        }
        if (gameStatus == WON)
        {
            printf("Player wins\n");
        }
        else
        {
            printf("Player loses\n");
        }
        return 0;
    }

    int rollDice(void)
    {
        int  die1, die2, workSum;

        die1 = 1 + rand()%6;
        die2 = 1 + rand()%6;
        workSum = die1 + die2;
        printf("Player rolled %d + %d = %d\n", die1, die2, workSum);
        return workSum;
    }
```

程序 4 次的测试结果分别如下：

①
```
    Player rolled 6 + 5 = 11
    Player wins
```
②
```
    Player rolled 6 + 6 = 12
    Player loses
```
③
```
    Player rolled 1 + 4 = 5
    Point is 5
    Player rolled 2 + 6 = 8
    Player rolled 3 + 1 = 4
    Player rolled 2 + 4 = 6
    Player rolled 6 + 6 = 12
    Player rolled 1 + 6 = 7
    Player rolled 2 + 3 = 5
    Player wins
```
④
```
    Player rolled 2 + 2 = 4
    Point is 4
    Player rolled 2 + 5 = 7
```

```
Player rolled 3 + 5 = 8
Player rolled 3 + 5 = 8
Player rolled 6 + 6 = 12
Player rolled 6 + 3 = 9
Player rolled 4 + 2 = 6
Player rolled 3 + 6 = 9
Player loses
```

2.4.5　实验5：数组编程练习

1. 检验并打印幻方矩阵

【参考答案】

```c
#include <stdio.h>
#define      N    5
int main(void)
{
    int  i, j;
    int  x[N][N] = {{17,24,1,8,15}, {23,5,7,14,16}, {4,6,13,20,22},{10,12,19,21,3}, {11,18,25,2,9}};
    int  rowSum[N], colSum[N], diagSum1, diagSum2;
    int  flag = 1;

    for (i = 0; i < N; i++)
    {
        rowSum[i] = 0;
        for (j = 0; j < N; j++)
        {
            rowSum[i] = rowSum[i] + x[i][j];
        }
    }

    for (j = 0; j < N; j++)
    {
        colSum[j] = 0;
        for (i = 0; i < N; i++)
        {
            colSum[j] = colSum[j] + x[i][j];
        }
    }
    diagSum1 = 0;

    for (j = 0; j < N; j++)
    {
        diagSum1 = diagSum1 + x[j][j];
    }
    diagSum2 = 0;

    for (j = 0; j < N; j++)
    {
        diagSum2 = diagSum2 + x[j][N-1-j];
    }

    if (diagSum1 != diagSum2)
```

```
        {
            flag = 0;
        }
        else
        {
            for (i = 0; i < N; i++)
            {
                if ((rowSum[i] != diagSum1) || (colSum[i] != diagSum1))
                {
                    flag = 0;
                }
            }
        }
        if (flag)
        {
            printf("It is a magic square!\n");
            for (i = 0; i < N; i++)
            {
                for (j = 0; j < N; j++)
                {
                    printf("%4d", x[i][j]);
                }
                printf("\n");
            }
        }
        else
        {
            printf("It is not a magic square!\n");
        }
        return 0;
}
```

程序的运行结果如下：

```
    It is a magic square!
    17  24   1   8  15
    23   5   7  14  16
     4   6  13  20  22
    10  12  19  21   3
    11  18  25   2   9
```

2. 餐饮服务质量调查打分

【参考答案】

程序 1：用 switch 语句编程。

```
#include <stdio.h>
#define     STUDENTS     40
#define     GRADE_SIZE   11

int main(void)
{
    int  i, j, grade;
    int  score[STUDENTS], count[GRADE_SIZE] = {0};
```

```
    printf("Please enter the response score of forty students:\n");

    for (i = 0; i < STUDENTS; i++)
    {
        scanf("%d", &score[i]);
    }

    for (i = 0; i < STUDENTS; i++)
    {
        switch (score[i])
        {
            case 1:     count[1]++;     break;
            case 2:     count[2]++;     break;
            case 3:     count[3]++;     break;
            case 4:     count[4]++;     break;
            case 5:     count[5]++;     break;
            case 6:     count[6]++;     break;
            case 7:     count[7]++;     break;
            case 8:     count[8]++;     break;
            case 9:     count[9]++;     break;
            case 10:    count[10]++;    break;
            default:    printf("input error!\n");
        }
    }
    printf("Grade\tCount\tHistogram\n");

    for (grade = 1; grade <= GRADE_SIZE-1; grade++)
    {
        printf("%5d\t%5d\t", grade, count[grade]);
        for (j = 0; j < count[grade]; j++)
        {
            printf("%c",'*');
        }
        printf("\n");
    }
    return 0;
}
```

程序 2：不用 switch 语句编程。

```
#include <stdio.h>
#define      STUDENTS      40
#define      GRADE_SIZE    11

int main(void)
{
    int  i, j, grade;
    int  score[STUDENTS], count[GRADE_SIZE] = {0};

    printf("Please enter the response score of forty students : \n");

    for (i = 0; i < STUDENTS; i++)
    {
        scanf("%d", &score[i]);
    }
```

```
    for (i = 0; i < STUDENTS; i++)
    {
        count[score[i]]++;
    }
    printf("Grade\tCount\tHistogram\n");
    for (grade = 1; grade <= GRADE_SIZE - 1; grade++)
    {
        printf("%5d\t%5d\t", grade, count[grade]);
        for (j = 0; j < count[grade]; j++)
        {
            printf("%c",'*');
        }
        printf("\n");
    }
    return 0;
}
```

程序的运行结果如下：

```
Please enter the response score of forty students:
10 9 10 8 7 6 5 10 9 8↙
8 9 7 6 10 9 8 8 7 7↙
6 6 8 8 9 9 10 8 7 7↙
9 8 7 9 7 6 5 9 8 7↙
Grade   Count   Histogram
1       0
2       0
3       0
4       0
5       2       **
6       5       *****
7       9       *********
8       10      **********
9       9       *********
10      5       *****
```

3. 文曲星猜数游戏

【参考答案】

程序 1:

```c
#include <stdio.h>
#include <time.h>
#include <stdlib.h>

int main(void)
{
    int a[4];                   // 记录计算机所想的数
    int b[4];                   // 记录用户猜的数
    int j, k, flag = 1;
    int count;                  // 记录已经猜的次数
    int rightDigit;             // 猜对的数字个数
    int rightPosition;          // 数字和位置都猜对的个数
    int level;                  // 打算最多可以猜的次数
```

```
srand(time(NULL));
// 随机生成一个各位相异的 4 位数字
a[0] = rand() % 10;                    // 生成该数的第 1 位
do {
    a[1] = rand() % 10;                // 生成该数的第 2 位，使其与第 1 位不相同
} while (a[0] == a[1]);
do {
    a[2] = rand() % 10;                // 生成该数的第 3 位，使其与第 1 位和第 2 位都不相同
} while (a[0] == a[2] || a[1] == a[2]);
do {
    a[3] = rand() % 10;                // 生成该数的第 4 位，使其与第 1、第 2 和第 3 位都不相同
} while (a[0] == a[3] || a[1] == a[3] || a[2] == a[3]);
printf("How many times do you want to guess?");
scanf("%d", &level);
count = 0;

do {
    count++;
    printf("\nNo.%d of %d times\n", count, level);
    printf("Please input 4 different numbers : \n");     // 用户输入一个各位相异的 4 位数
    do {
        scanf("%1d%1d%1d%1d", &b[0], &b[1], &b[2], &b[3]);
        if (b[0] == b[1] || b[0] == b[2] || b[0] == b[3] || b[1] == b[2] || b[1] == b[3] || b[2] == b[3])
        {
            printf("The numbers must be different from each other, please check and input again\n");
            flag = 0;
        }
        else
        {
            flag = 1;
        }
    } while(!flag);
    // 统计数字和位置都猜对的数字个数
    rightPosition = 0;                        // 用户每次重新猜时都对 rightPosition 重新清零
    for (j = 0; j < 4; j++)
    {
        if (b[j] == a[j])
        {
            rightPosition = rightPosition + 1;
        }
    }
    // 统计猜中的数字的个数，无论位置是否正确
    rightDigit = 0;                           // 用户每次重新猜时都对 rightDigit 重新清零
    for (j = 0; j < 4; j++)
    {
        for (k = 0; k < 4; k++)
        {
            if (b[j] == a[k])                 // 统计用户猜对的数字个数
            {
                rightDigit = rightDigit + 1;
            }
        }
```

```
        }
        rightDigit = rightDigit - rightPosition;    // 计算数字猜对但位置没有猜对的数字个数
        printf("%dA%dB\n", rightDigit, rightPosition);
    } while (count < level && rightPosition != 4);
    if (rightPosition == 4)
    {
        printf("Congratulations, you got it at No.%d\n", count);
    }
    else
    {
        printf("Sorry, you haven't got it, see you next time!\n");
    }
    printf("Correct answer is: %d%d%d%d\n", a[0], a[1], a[2], a[3]);
    return 0;
}
```

程序 2：随机生成一个各位相异的 4 位数的方法与参考答案 1 有所不同。设计思路：将 0~9 这 10 个数字顺序放入数组 a（应该定义的足够大）中，然后将其排列顺序随机打乱 10 次，取前 4 个数组元素的值，即可得到一个各位相异的 4 位数。

下面只列出部分修改的代码：

```
    int  temp;
    int  a[10];                       // 原程序中数组 a 的大小一定要改为 10

    srand(time(NULL));

    for (j = 0; j < 10; j++)          // 随机生成一个各位相异的 4 位数字
    {
        a[j] = j;
    }
    for (j = 0; j < 10; j++)
    {
        k = rand() % 10;
        temp = a[j];
        a[j]  = a[k];
        a[k] = temp;
    }
```

程序 3：前面的程序虽然可以实现猜数功能，但是程序的健壮性较差，当用户输入了非法数字（如字符）时，程序运行后将会死掉。

下面给出的是一个健壮性改善后的程序：

```
#include <stdio.h>
#include <time.h>
#include <stdlib.h>

int main(void)
{
    int  a[10];                       // 记录计算机所想的数
    int  b[4];                        // 记录用户猜的数
    int  i, j, k, flag = 1;
    int  count;                       // 记录已经猜的次数
    int  rightDigit;                  // 猜对的数字个数
```

```
int  rightPosition;                          // 数字和位置都猜对的个数
int  level;                                  // 打算最多可以猜的次数
int  temp;
int  ret = 1;

srand(time(NULL));

for (j = 0; j < 10; j++)                      // 随机生成一个各位相异的 4 位数字
{
    a[j] = j;
}
for (j = 0; j < 10; j++)
{
    k = rand() % 10;
    temp = a[j];
    a[j] = a[k];
    a[k] = temp;
}
printf("How many times do you want to guess?");
scanf("%d", &level);
count = 0;

do {
    count ++;
    printf("\nNo.%d of %d times\n", count, level);
    printf("Please input 4 different numbers:\n");
    do {
        for (i = 0; i < 4; i++)
        {
            ret = scanf("%1d", &b[i]);
            if (!ret)
            {
                printf("Input Data Type Error!!!\n");
                flag = 0;
                fflush(stdin);              // 清除输入缓冲区中的内容
                break;
            }
        }
        if (!ret)
        {
            printf("\nNo.%d of %d times\n", count, level);
            printf("Please input 4 different numbers:\n");
            continue;
        }
        if (b[0] == b[1] || b[0] == b[2] || b[0] == b[3] || b[1] == b[2] || b[1] == b[3] || b[2] == b[3])
        {
            printf("The numbers must be different from each other, please check and input again\n");
            flag = 0;
        }
        else
        {
            flag = 1;
        }
```

```
            }
        } while (!flag);
        rightPosition = 0;
        for (j = 0; j < 4; j++)
        {
            if (b[j] == a[j])                           // 统计数字和位置都猜对的个数
            {
                rightPosition = rightPosition + 1;
            }
        }
        rightDigit = 0;
        for (j = 0; j < 4; j++)
        {
            for (k = 0; k < 4; k++)
            {
                if (b[j] == a[k])                       // 统计用户猜对的数字个数
                {
                    rightDigit = rightDigit + 1;
                }
            }
        }
        rightDigit = rightDigit - rightPosition;
        printf("%dA%dB\n", rightPosition, rightDigit);
    } while (count < level && rightPosition != 4);
    if (rightPosition == 4)
    {
        printf("Congratulations, you got it at No.%d\n", count);
    }
    else
    {
        printf("Sorry, you haven't got it, see you next time!\n");
    }
    printf("Correct answer is:%d%d%d%d\n", a[0], a[1], a[2], a[3]);
    return 0;
}
```

程序 4：程序 3 的程序虽然改善了健壮性，但存在另一个问题，即所有操作都集中在 main 函数内，未进行模块化处理，简洁性和可读性较差，既不易阅读，也不易维护。

下面给出的是一个健壮性和可读性都得到改善的程序：

```
#include <stdio.h>
#include <time.h>
#include <stdlib.h>

void MakeDigit(int a[]);
int InputGuess(int b[]);
int IsRightPosition(int magic[], int guess[]);
int IsRightDigit(int magic[], int guess[]);

int main(void)
{
    int  a[10];                                         // 记录计算机所想的数
    int  b[4];                                          // 记录用户猜的数
```

```c
    int  count;                                      // 记录已经猜的次数
    int  rightDigit;                                 // 猜对的数字个数
    int  rightPosition;                              // 数字和位置都猜对的个数
    int  level;                                      // 打算最多可以猜的次数

    srand(time(NULL));
    MakeDigit(a);                                    // 随机生成一个各位相异的 4 位数
    printf("How many times do you want to guess?");
    scanf("%d", &level);
    count = 0;

    do {
        printf("\nNo.%d of %d times\n", count, level);
        printf("Please input 4 different numbers:\n"); // 输入用户猜的数
        if (InputGuess(b) == 0)
        {
            continue;
        }
        count++;
        rightPosition = IsRightPosition(a, b);       // 统计数字和位置都猜对的个数
        rightDigit = IsRightDigit(a, b);             // 统计用户猜对的数字个数
        rightDigit = rightDigit - rightPosition;
        printf("%dA%dB\n", rightPosition, rightDigit);
    } while (count < level && rightPosition != 4);
    if (rightPosition == 4)
    {
        printf("Congratulations, you got it at No.%d\n", count);
    }
    else
    {
        printf("Sorry, you haven't got it, see you next time!\n");
    }
    printf("Correct answer is : %d%d%d%d\n", a[0], a[1], a[2], a[3]);
    return 0;
}
// 函数功能：随机生成一个各位相异的 4 位数
void MakeDigit(int a[])
{
    int  j, k, temp;
    for (j = 0; j < 10; j++)                         // 随机生成一个各位相异的 4 位数字
    {
        a[j] = j;
    }

    for (j = 0; j < 10; j++)
    {
        k = rand() % 10;
        temp = a[j];
        a[j]  = a[k];
        a[k] = temp;
    }
}
// 函数功能：输入用户猜的数
```

```
int InputGuess(int b[])
{
    int  ret = 1;

    for (int i = 0; i < 4; i++)
    {
        ret = scanf("%1d", &b[i]);
        if (!ret)                               // 如果输入非法
        {
            printf("Input Data Type Error!!!\n");
            fflush(stdin);                      // 清除输入缓冲区中的内容
            return 0;
        }
    }
    if (b[0] == b[1] || b[0] == b[2] || b[0] == b[3] || b[1] == b[2] || b[1] == b[3] || b[2] == b[3])
    {
        printf("The numbers must be different from each other,please check and input again\n");
        return 0;
    }
    else
    {
        return 1;
    }
}
// 函数功能：统计计算机随机生成的 guess 与用户猜测的 magic 数字和位置都一致的个数
int IsRightPosition(int magic[], int guess[])
{
    int  rightPosition = 0;

    for (int j = 0; j < 4; j++)
    {
        if (guess[j] == magic[j])               // 统计数字和位置都猜对的个数
        {
            rightPosition = rightPosition + 1;
        }
    }
    return rightPosition;
}
// 函数功能：统计 guess 与 magic 数字一致（不管位置是否一致）的个数
int IsRightDigit(int magic[], int guess[])
{
    int  rightDigit = 0;

    for (int j = 0; j < 4; j++)
    {
        for (int k = 0; k < 4; k++)
        {
            if (guess[j] == magic[k])           // 统计用户猜对的数字个数
            {
                rightDigit = rightDigit + 1;
            }
        }
    }
```

```
        return rightDigit;
    }
```

程序5：如下程序也是按照模块化思想设计的，但是在模块划分上与程序4有所不同。

```
#include <stdio.h>
#include <time.h>
#include <stdlib.h>
#include <string.h>
#define        MAX_DIGIT      4

void MakeDigit(int digit[]);
int InputGuess(int digit[]);
int IsRight(int digit[], int guess[], int* right, int* good);
int Has(int digit[], int number);

int main(void)
{
    int  digit[MAX_DIGIT];                    // 计算机生成的数
    int  guess[MAX_DIGIT];                    // 用户猜的数
    int  count = 1;                           // 猜了多少次
    int  right;                               // 位置和数字都正确的个数
    int  good;                                // 只有数字正确的个数

    srand(time(NULL));
    MakeDigit(digit);                         // 随机生成一个各位相异的 4 位数

    do { // 输入用户猜的数
        printf("%d time(s). Please input 4 different numbers : \n", count);
        if (!InputGuess(guess))
        {
            printf("Error!!!\n");
            continue;
        }
        count++;
        IsRight(digit, guess, &right, &good);     // 检测用户猜测数字的准确性
        printf("%dA%dB\n", right, good);
    } while (right != MAX_DIGIT);
    printf("Congratulation!\n");
    return 0;
}
// 函数功能：随机生成一个各位相异的 4 位数
void MakeDigit(int digit[])
{
    int  temp;
    int  got = 0;                       // 已经生成的数字个数

    for (int i = 0; i < MAX_DIGIT; i++) // 为了方便后面 Has 函数的判断，初始化 digit 为-1
    {
        digit[i] = -1;
    }
    while (got < MAX_DIGIT)
    {
        temp = rand() % 10;
        if (!Has(digit, temp))              // 判断 temp 是否已经随机生成过
```

```
            {
                digit[got] = temp;
                got++;
            }
        }
    }
    // 函数功能：输入用户猜的数
    int InputGuess(int digit[])
    {
        int  ret = 1;
        int  i, temp;

        for (i = 0; i < MAX_DIGIT; i++)        // 为了方便后面 Has 函数的判断，初始化 digit 为-1
        {
            digit[i] = -1;
        }
        for (i = 0; i < MAX_DIGIT; i++)
        {
            ret = scanf("%1d", &temp);
            if (ret == 0 || Has(digit, temp))      // 如果输入非法
            {
                ret = 0;
                break;
            }
            else
            {
                digit[i] = temp;
            }
        }
        return ret;
    }
    // 函数功能：判断 guess 与 digit 是否一致，若一致，则返回非 0 值，否则返回 0
    int IsRight(int digit[], int guess[], int* right, int* good)
    {
        *right = 0;
        *good = 0;

        for (int i = 0; i < MAX_DIGIT; i++)         // 统计数字和位置都猜对的数字个数
        {
            *right += (digit[i] == guess[i]);
        }
        for (int i = 0; i < MAX_DIGIT; i++)         // 统计猜中的数字的个数，无论位置是否正确
        {
            *good += Has(digit, guess[i]);
        }
        *good -= *right;                            // 计算数字猜对但位置没有猜对的数字个数
        return *right == 4;
    }
    // 函数功能：判断某一位数字 number 是否已在 digit 内，若 number 已在 digit 内，返回 1，否则返回 0
    int Has(int digit[], int number)
    {
        for (int i = 0; i < MAX_DIGIT; i++)
        {
```

```
            if (number == digit[i])
            {
                return 1;
            }
        }
        return 0;
    }
```

思考题：

① 在参考答案 4 的程序中，主函数 main( )内增加的输出语句"printf("%d%d%d%d\n",a[0], a[1],a[2],a[3]);"对调试程序有什么作用？

② 请读者自己分析参考答案 5 与 4 在模块划分方面有什么不同。

③ 请读者思考还有什么其他方法可生成一个各位相异的 4 位数。

④ 请读者用字符数组数据类型对实验 2 中的"身高预测"程序重新编程。

提示： 从键盘输入性别（用字符数组 gender 存储，输入字符串"Female"表示女性，输入字符串"Male"表示男性）、是否喜爱体育锻炼（用字符数组 sports 存储，输入字符串"Yes"表示喜爱，输入字符串"No"表示不喜爱）、是否有良好的饮食习惯（用字符型数组 diet 存储，输入字符串"Yes"表示喜爱，输入字符串"No"表示不喜爱）等条件。注意，对字符串比较时，需要使用字符串比较函数 strcmp( )，不能直接使用关系运算符（==）比较两个字符串是否相等。

2.4.6　实验 6：递归程序设计练习

1. 求游戏人员的年龄

【参考答案】

```
#include  <stdio.h>

unsigned int ComputeAge(unsigned int n);

int main(void)
{
    unsigned int  n = 5;
    printf("The 5th person's age is %d\n", ComputeAge(n));
    return 0;
}
// 函数功能：用递归算法计算第 n 个人的年龄
unsigned int ComputeAge(unsigned int n)
{
    unsigned int  age;
    if (n == 1)
    {
        age = 10;
    }
    else
    {
        age = ComputeAge(n-1) + 2;
    }
    return age;
}
```

程序的运行结果如下：

```
The 5th person's age is 18
```

2. 计算最大公约数

【参考答案】

```c
#include <stdio.h>

int MaxCommonFactor(int a, int b);

int main(void)
{
    int  x, y, z;

    printf("Please input x, y : ");
    scanf("%d, %d", &x, &y);
    z = MaxCommonFactor(x, y);
    printf("The max common factor = %d\n", z);
    return 0;
}
// 函数功能：计算两个正整数的最大公约数，返回-1表示没有最大公约数
int MaxCommonFactor(int a, int b)
{
    if (a <= 0 || b <= 0)                    // 保证输入的参数正确
    {
        return -1;
    }
    if (a == b)
    {
        return a;
    }
    else if (a > b)
    {
        return MaxCommonFactor(a-b, b);
    }
    else
    {
        return MaxCommonFactor(a, b-a);
    }
}
```

程序的运行结果如下：

```
Please input x, y : 24,16↙
The max common factor = 8
```

3. 计算矩阵行列式的值

【参考答案】

```c
#include <conio.h>
#include <math.h>
#include <stdio.h>
#define    CONST    1e-6
#define    SIZE     20
```

```c
void InputMatrix (double a[][SIZE], int n);
double DeterminantValue(double a[][SIZE], int n);
void SubMatrix(double a[][SIZE], double b[][SIZE], int n, int row, int col);
void PrintMatrix(double a[][SIZE], int n);

int main(void)
{
    double  a[SIZE][SIZE];
    int   n;
    double  result;

    printf("Please enter matrix size n (1 <= n< %d) : ", SIZE);
    scanf("%d", &n);
    printf("Please input matrix line by line : \n");
    InputMatrix(a, n);
    printf("matrix a : \n");
    PrintMatrix(a, n);
    printf("\n");
    result = DeterminantValue(a, n);
    printf("result = %f\n", result);
    return 0;
}
// 函数功能：输入一个 n×n 矩阵的元素
void InputMatrix (double a[][SIZE], int n)
{
    for (int i = 0; i < n; i++)
    {
        for (int j = 0; j < n; j++)
        {
            scanf("%lf", &a[i][j]);
        }
    }
}
// 函数功能：计算 n×n 矩阵行列式的值
double DeterminantValue(double a[][SIZE],int n)
{
    int  i = 0, j = 0;
    double  temp, result, b[SIZE][SIZE];

    if (n == 1)
    {
        result = a[0][0];
    }
    else if (n == 2)
    {
        result = a[0][0]*a[1][1] - a[0][1]*a[1][0];
    }
    else
    {
        result = 0.0;
        for (j = 0; j < n; j++)
        {
            SubMatrix(a, b, n, i, j);
```

```
        printf("Submatrix : \n");
        PrintMatrix(b, n-1);
        temp = DeterminantValue(b,n-1);
        result += pow(-1, i+j) * a[0][j] * temp;
        printf("DValue of the Submatrix is %6.1f\n", temp);
      }
    }
    return result;
}
// 函数功能: 计算 n×n 矩阵 a 中第 row 行 col 列元素的(n-1)×(n-1)子矩阵 b
void SubMatrix(double a[][SIZE], double b[][SIZE], int n, int row, int col)
{
    int  i, j, ii = 0, jj = 0;
    for (i = 0; i < n; i++)
    {
        jj = 0;
        for (j = 0; j < n; j++)
        {
            if (i != row && j != col)
            {
                b[ii][jj] = a[i][j];
                jj++;
            }
        }
        if (i != row && j!=col)
        {
            ii++;
        }
    }
}
// 函数功能: 输出一个 n×n 矩阵的元素
void PrintMatrix(double a[][SIZE],int n)
{
    for (int i = 0; i < n; i++)
    {
        for (int j = 0; j < n; j++)
        {
            printf("%6.1f\t", a[i][j]);
        }
        printf("\n");
    }
}
```

程序的运行结果如下:

```
    Please enter matrix size n (1 <= n < 20) : 3↙
    Please input matrix line by line :
    1 2 3↙
    4 5 6↙
    7 8 9↙
    Matrix a :
    1.0       2.0       3.0
```

```
4.0       5.0       6.0
7.0       8.0       9.0
Submatrix :
5.0       6.0
8.0       9.0
DValue of the Submatrix is -3.0
Submatrix :
4.0       6.0
7.0       9.0
DValue of the Submatrix is -6.0
Submatrix :
4.0       5.0
7.0       8.0
DValue of the Submatrix is -3.0
result = 0.0
```

2.4.7　实验 7：一维数组和函数综合编程练习

【参考答案】

学生成绩统计的程序如下：

```c
#include  <stdio.h>
#define      ARR_SIZE      30

int ReadScore(long num[], float score[]);
int GetFail(long num[], float score[], int n);
float GetAver(float score[], int n);
int GetAboveAver(long num[], float score[], int n);
void GetDetail(float score[], int n);

int main(void)
{
    int  n, fail, aboveAver;
    float  score[ARR_SIZE];
    long  num[ARR_SIZE];

    printf("Please enter num and score until score<0 : \n");
    n = ReadScore(num, score);
    printf("Total students : %d\n", n);
    fail = GetFail(num, score, n);
    printf("Fail students = %d\n", fail);
    aboveAver = GetAboveAver(num, score, n);
    printf("Above aver students = %d\n", aboveAver);
    GetDetail(score, n);
    return 0;
}
// 函数功能：从键盘输入一个班学生某门课的成绩及其学号，当输入成绩为负值时，输入结束，函数返回学生总数
int ReadScore(long num[], float score[])
{
    int  i = 0;

    scanf("%ld%f", &num[i], &score[i]);
```

```
        while (score[i] >= 0)
        {
            i++;
            scanf("%ld%f", &num[i], &score[i]);
        }
        return i;
}
// 函数功能：统计不及格人数，并输出不及格学生名单
int GetFail(long num[], float score[], int n)
{
        printf("Fail : \nnumber--score\n");
        int  count = 0;
        for (int i = 0; i < n; i++)
        {
            if (score[i] < 60)
            {
                printf("%ld------%.0f\n", num[i], score[i]);
                count++;
            }
        }
        return count;
}
// 函数功能：计算全班平均分
float GetAver(float score[], int n)
{
        float  sum = 0;
        for (int i = 0; i < n; i++)
        {
            sum = sum + score[i];
        }
        return sum / n;
}
// 函数功能：统计成绩在全班平均分及平均分之上的学生人数，并输出其学生名单
int GetAboveAver(long num[], float score[], int n)
{
        float  aver = GetAver(score, n);
        printf("aver = %f\n", aver);
        printf("Above aver : \nnumber--score\n");
        int  count = 0;
        for (int i = 0; i < n; i++)
        {
            if (score[i] >= aver)
            {
                printf("%ld------%.0f\n", num[i], score[i]);
                count++;
            }
        }
        return count;
}
// 函数功能：统计各分数段的学生人数及所占的百分比
```

```
void GetDetail(float score[], int n)
{
    int  i, j, stu[6] = {0,0,0,0,0,0};
    for (i = 0; i < n; i++)
    {
        if (score[i] < 60)
        {
            j = 0;
        }
        else
        {
            j = ((int)score[i] - 50) / 10;
        }
        stu[j]++;
    }
    for (i = 0; i < 6; i++)
    {
        if (i == 0)
        {
            printf("< 60   %d  %.2f%%\n", stu[i], (float)stu[i] / (float)n*100);
        }
        else if (i == 5)
        {
            printf("  %d  %d  %.2f%%\n", (i+5)*10, stu[i], (float)stu[i] / (float)n*100);
        }
        else
        {
            printf("%d—%d %d %.2f%%\n", (i+5)*10,(i+5)*10+9, stu[i], (float)stu[i] / (float)n*100);
        }
    }
}
```

程序的运行结果如下:

```
Please enter num and score until score<0 for no more than 30 students :
99010 90↙
99011 66↙
99012 78↙
99013 88↙
99014 45↙
99015 100↙
99016 97↙
99017 87↙
99018 76↙
99019 83↙
99020 -1↙
Total students : 10
Fail:
number--score
99014-------45
Fail students = 1
aver = 81.000000
```

```
Above aver :
number--score
99010------90
99013------88
99015------100
99016------97
99017------87
99020------83
Above aver students = 6
< 60   1  10.00%
60-69  1  10.00%
70-79  2  20.00%
80-89  3  30.00%
90-99  2  20.00%
100  1  10.00%
```

2.4.8 实验 8: 二维数组和函数综合编程练习

【参考答案】

成绩排名次的程序如下:

```c
#include <stdio.h>
#define     STU      30
#define     COURSE   3
void Input(long num[], int score[][COURSE], int n);
void GetSumAver(int score[][COURSE], int n, int sum[], float aver[]);
void Sort(long num[], int score[][COURSE], int n, int sum[], float aver[]);
void Print(long num[], int score[][COURSE], int n,int sum[], float aver[]);
int Search(long num[], int n, long x);

int main(void)
{
    int  n, score[STU][COURSE], sum[STU], pos;
    long  num[STU], x;
    float  aver[STU];

    printf("Please enter the total number of the students (n <= 30) : ");
    scanf("%d", &n);                        // 输入参加考试的学生人数
    printf("Enter No. and score as : MT  EN  PH\n");
    Input(num, score, n);                   // 输入学生成绩
    GetSumAver(score, n, sum, aver);        // 计算总分和平均分
    printf("Before sort:\n");
    Print(num, score, n, sum, aver);
    Sort(num, score, n, sum, aver);         // 排名次
    printf("After sort : \n");
    Print(num, score, n, sum, aver);
    printf("Please enter searching number : ");
    scanf("%ld", &x);                       // 以长整型格式输入待查找学生的学号
    pos = Search(num, n, x);                // 名次查询

    if (pos != -1)
    {
```

```
            printf("position:\t  NO \t  MT \t  EN \t  PH \t  SUM \t AVER\n");
            printf("%8d\t%4ld\t%4d\t%4d\t%4d\t%5d\t%5.0f\n", pos+1, num[pos], score[pos][0],
                   score[pos][1], score[pos][2], sum[pos], aver[pos]);
    }
    else
    {
        printf("Not found!\n");
    }
    return 0;
}
// 函数功能：输入某班学生期末考试三门课程成绩
void Input(long num[], int score[][COURSE], int n)
{
    for (int i = 0; i < n; i++)
    {
        scanf("%ld", &num[i]);
        for (int j = 0; j < COURSE; j++)
        {
            scanf("%d", &score[i][j]);
        }
    }
}
// 函数功能：计算每个学生的总分和平均分
void GetSumAver(int score[][COURSE], int n, int sum[], float aver[])
{
    for (int i = 0; i < n; i++)
    {
        sum[i] = 0;
        for (int j = 0; j < COURSE; j++)
        {
            sum[i] = sum[i] + score[i][j];
        }
        aver[i] = (float)sum[i] / COURSE;
    }
}
// 函数功能：按总分由高到低排出成绩的名次
void Sort(long num[], int score[][COURSE], int n, int sum[], float aver[])
{
    int  i, j, k, m;
    int  temp1;
    long  temp2;
    float  temp3;

    for (i = 0; i < n-1; i++)
    {
        k = i;
        for (j = i+1; j < n; j++)
        {
            if (sum[j] > sum[k])
            {
                k = j;
            }
```

```
        }
        if (k != i)
        {
            temp1 = sum[k];          sum[k] = sum[i];          sum[i] = temp1;
            temp2 = num[k];          num[k] = num[i];          num[i] = temp2;
            temp3 = aver[k];         aver[k] = aver[i];        aver[i] = temp3;
            for (m = 0; m < COURSE; m++)
            {
                temp1 = score[k][m];
                score[k][m] = score[i][m];
                score[i][m] = temp1;
            }
        }
    }
}
// 函数功能：输出名次表，表格内包括学生编号、各科分数、总分和平均分
void Print(long num[], int score[][COURSE], int n, int sum[], float aver[])
{
    printf("  NO \t|   MT \t  EN \t PH \t SUM \t AVER\n");
    printf("-------------------------------------------------\n");

    for (int i = 0; i < n; i++)
    {
        printf("%ld\t| ", num[i]);
        for (int j = 0; j < COURSE; j++)
        {
            printf("%4d\t", score[i][j]);
        }
        printf("%5d\t%5.0f\n", sum[i], aver[i]);
    }
}
// 函数功能：在学号数组中顺序查找学生的学号，若找到，则返回学生学号在学号数组中的下标位置，否则返回值-1
int Search(long num[], int n, long x)
{
    for (int i = 0; i < n; i++)
    {
        if (num[i] == x)
        {
            return i;
        }
    }
    return -1;
}
```

程序的运行结果如下：

```
    Please enter the total number of the students (n <= 30) : 5✓
    Enter No. and score as : MT  EN  PH
    99010 80 87 83✓
    99011 90 95 93✓
    99012 67 78 87✓
    99013 76 89 81✓
    99014 60 56 45✓
```

```
Before sort:
NO        |   MT   EN   PH   SUM  AVER
-------------------------------------------------------
99010     |   80   87   83   250   83
99011     |   90   95   93   278   93
99012     |   67   78   87   232   77
99013     |   76   89   81   246   82
99014     |   60   56   45   161   54
After sort :
NO        |   MT   EN   PH   SUM  AVER
-------------------------------------------------------
99011     |   90   95   93   278   93
99010     |   80   87   83   250   83
99013     |   76   89   81   246   82
99012     |   67   78   87   232   77
99014     |   60   56   45   161   54
Please enter searching number : 99012↙
position:   NO      MT      EN      PH      SUM      AVER
            4    99012    67      78      74      232      77
```

2.4.9 实验 9：结构体编程练习

【参考答案】

在屏幕上模拟显示一个数字式时钟的程序如下：

```c
#include <stdio.h>

struct clock
{
    int   hour;
    int   minute;
    int   second;
};
typedef struct clock CLOCK;
// 函数功能：时、分、秒时间的更新
void Update(CLOCK *t)
{
    t->second++;

    if (t->second == 60)              // 若 second 值为 60，表示已过 1 分钟，则 minute 值加 1
    {
        t->second = 0;
        t->minute++;
    }
    if (t->minute == 60)              // 若 minute 值为 60，表示已过 1 小时，则 hour 值加 1
    {
        t->minute = 0;
        t->hour++;
    }
    if (t->hour == 24)                // 若 hour 值为 24，则 hour 值从 0 开始计时
    {
        t->hour = 0;
```

```
    }
}
// 函数功能：时、分、秒时间的显示
void Display(CLOCK *t)
{
    printf("%2d:%2d:%2d\r", t->hour, t->minute, t->second);
}
// 函数功能：模拟延迟 1 秒的时间
void Delay(void)
{
    for (long t = 0; t < 50000000; t++)
    {
                                        // 循环体为空语句的循环，起延时作用
    }
}
int main(void)
{
    CLOCK  myclock;

    myclock.hour = myclock.minute = myclock.second = 0;

    for (long i = 0; i < 100000; i++)   // 利用循环结构，控制时钟运行的时间
    {
        Update(&myclock);               // 时钟更新
        Display(&myclock);              // 时间显示
        Delay();                        // 模拟延时 1 秒
    }
    return 0;
}
```

上面程序中的 Update( )函数还可以用如下方法编写：

```
void Update(CLOCK *t)
{
    t->second++;
    t->minute += t->second / 60;
    t->second %= 60;
    t->hour += t->minute / 60;
    t->minute %= 60;
    t->hour %= 24;
}
```

2.4.10 实验 10：文件编程练习

【参考答案】 文件的复制与追加

程序 1：不使用函数编程实现。

```
#include  <stdio.h>
#include  <stdlib.h>
#define      MAXLEN    80

int main(void)
{
    FILE  *fpSrc = NULL;
```

```
    FILE  *fpDst = NULL;
    char  ch;
    char  srcFilename[MAXLEN];                // 源文件名
    char  dstFilename[MAXLEN];                // 目标文件名

    printf("Input source filename : ");
    scanf("%s", srcFilename);                 // 输入源文件名

    if ((fpSrc = fopen(srcFilename, "r")) == NULL)    // 只读方式打开源文件
    {
        printf("Can't open file %s!\n", srcFilename);
        exit(0);
    }
    printf("Input destination filename : ");
    scanf("%s", dstFilename);                 // 输入目标文件名
    if ((fpDst = fopen(dstFilename, "w")) == NULL)    // 只写方式打开目标文件
    {
        printf("Can't open file %s!\n", dstFilename);
        exit(0);
    }
    while ((ch = fgetc(fpSrc)) != EOF)        // 文件复制
    {
        if (fputc(ch, fpDst) == EOF)
        {
            printf("Copy failed!");
            exit(0);
        }
    }
    printf("Copy succeed.\n");
    fclose(fpSrc);                            // 关闭源文件
    fclose(fpDst);                            // 关闭目的文件
    return 0;
}
```

第 1 次程序运行结果如下（假设 a.txt 文件存在）：

```
    Input source filename : a.txt↙
    Input destination filename : b.txt↙
    Copy succeed.
```

第 2 次程序运行结果如下（假设 a.txt 文件不存在）：

```
    Input source filename : a.txt↙
    Can't open file a.txt↙
```

程序 2：使用函数编程实现。

```
#include <stdio.h>
#define      MAXLEN   80

int CopyFile(const char *srcName, const char *dstName);

int main(void)
{
    char  srcFilename[MAXLEN];                // 源文件名
    char  dstFilename[MAXLEN];                // 目标文件名

    printf("Input source filename : ");
```

```
        scanf("%s", srcFilename);                      // 输入源文件名
        printf("Input destination filename : ");
        scanf("%s", dstFilename);                       // 输入目标文件名

        if (CopyFile(srcFilename, dstFilename))         // 文件复制
        {
            printf("Copy succeed.\n");
        }
        else
        {
            perror("Copy failed");
        }
        return 0;
    }
    // 函数功能: 把 srcName 文件内容复制到 dstName, 返回非 0 值表示成功, 否则表示出错
    int CopyFile(const char *srcName, const char *dstName)
    {
        FILE  *fpSrc = NULL;
        FILE  *fpDst = NULL;
        int  ch, rval = 1;

        if ((fpSrc = fopen(srcName, "r")) == NULL)      // 只读方式打开源文件
        {
            goto ERROR;
        }
        if ((fpDst = fopen(dstName, "w")) == NULL)      // 只写方式打开目标文件
        {
            goto ERROR;
        }
        while ((ch = fgetc(fpSrc)) != EOF)              // 复制文件
        {
            if (fputc(ch, fpDst) == EOF)
            {
                goto ERROR;
            }
        }
        fflush(fpDst);                                  // 确保存盘
        goto EXIT;
ERROR:
        rval = 0;
EXIT:
        if (fpSrc != NULL)
        {
            fclose(fpSrc);
        }
        if (fpDst != NULL)
        {
            fclose(fpDst);
        }
        return rval;
    }
```

第 1 次程序运行结果如下（假设 a.txt 文件存在）：

```
        Input source filename:a.txt↙
        Input destination filename:b.txt↙
        Copy succeed.
```
第 2 次程序运行结果如下（假设 a.txt 文件不存在）：
```
        Input source filename:a.txt↙
        Input destination filename:b.txt↙
        Copy failed: No such file or directory
```

然后利用文本编辑软件，检查文件 a.txt 和 b.txt 的内容，看程序是否达到指定要求。

程序 3：

```c
// 源文件名：mycopy.c
#include <stdio.h>
#include <stdlib.h>

int CopyFile(const char *srcName, const char *dstName);

int main(int argc, char *argv[])
{
    if (argc != 3)
    {
        printf("Too few parameters!\n");
        exit(0);
    }
    if (CopyFile(argv[1], argv[2]))              // 文件复制
    {
        printf("Copy succeed.\n");
    }
    else
    {
        perror("Copy failed");
    }
    return 0;
}
// 函数功能：把 srcName 文件内容复制到 dstName，返回非 0 值表示成功，否则表示出错
int CopyFile(const char *srcName, const char *dstName)
{
    FILE  *fpSrc = NULL;
    FILE  *fpDst = NULL;
    int  ch, rval = 1;
    if ((fpSrc = fopen(srcName, "r")) == NULL)    // 只读方式打开源文件
    {
        goto ERROR;
    }
    if ((fpDst = fopen(dstName, "w")) == NULL)    // 只写方式打开目标文件
    {
        goto ERROR;
    }
    while ((ch = fgetc(fpSrc)) != EOF)            // 复制文件
    {
        if (fputc(ch, fpDst) == EOF)
        {
```

```
            goto ERROR;
        }
    }
    fflush(fpDst);                                    // 确保存盘
    goto EXIT;

ERROR:
    rval = 0;
EXIT:
    if (fpSrc != NULL)
    {
        fclose(fpSrc);
    }
    if (fpDst != NULL)
    {
        fclose(fpDst);
    }
    return rval;
}
```

程序运行方式：在 DOS 命令提示符下输入

```
    mycopy.exe   a.txt   b.txt↙
```

然后利用文本编辑软件，检查文件 a.txt 和 b.txt 内容，看程序是否达到指定要求。

程序 4：

```
#include <stdio.h>
#define      MAXLEN    80

int AppendFile(const char *srcName, const char *dstName);

int main(void)
{
    char  srcFilename[MAXLEN];              // 源文件名
    char  dstFilename[MAXLEN];              // 目标文件名

    printf("Input source filename : ");
    scanf("%s", srcFilename);               // 输入源文件名
    printf("Input destination filename : ");
    scanf("%s", dstFilename);               // 输入目标文件名

    if (AppendFile(srcFilename, dstFilename))   // 文件追加
    {
        printf("Append succeed.\n");
    }
    else
    {
        perror("Append failed");
    }
    return 0;
}
// 函数功能：把 srcName 文件内容复制到 dstName，返回非 0 值表示复制成功，否则表示出错
int AppendFile(const char *srcName, const char *dstName)
{
    FILE  *fpSrc = NULL;
```

```
        FILE  *fpDst = NULL;
        int  ch, rval = 1;

        if ((fpSrc = fopen(srcName,"r")) == NULL)      // 只读方式打开源文件
        {
            goto ERROR;
        }
        if ((fpDst = fopen(dstName,"a")) == NULL)      // 追加方式打开目标文件
        {
            goto ERROR;
        }
        while ((ch = fgetc(fpSrc)) != EOF)             // 文件追加
        {
            if (fputc(ch, fpDst) == EOF)
            {
                goto ERROR;
            }
        }
        fflush(fpDst);                                 // 确保存盘
        goto EXIT;
ERROR:
        rval = 0;
EXIT:
        if (fpSrc != NULL)
        {
            fclose(fpSrc);
        }
        if (fpDst != NULL)
        {
            fclose(fpDst);
        }
        return rval;
    }
```

第 1 次程序运行结果如下（假设 a.txt 文件存在）：

```
    Input source filename : a.txt↙
    Input destination filename : b.txt↙
    Append succeed.
```

第 2 次程序运行结果如下（假设 a.txt 文件不存在）：

```
    Input source filename : a.txt↙
    Input destination filename : b.txt↙
    Append failed: No such file or directory
```

然后利用文本编辑软件，检查文件 a.txt 和 b.txt 的内容，看程序是否达到指定要求。

程序 5：

```
#include <stdio.h>
#define      MAXLEN    80

int AppendFile(const char* srcName, const char* dstName);
int DisplayFile(const char* srcName);

int main(void)
```

```c
{
    char  srcFilename[MAXLEN];                      // 源文件名
    char  dstFilename[MAXLEN];                      // 目标文件名

    printf("Input source filename : ");
    scanf("%s", srcFilename);                       // 输入源文件名
    printf("Input destination filename : ");
    scanf("%s", dstFilename);                       // 输入目标文件名
    if (!DisplayFile(srcFilename))
    {
        perror("Display source file failed");
    }
    if (!DisplayFile(dstFilename))
    {
        perror("Display destination file failed");
    }
    if (AppendFile(srcFilename, dstFilename))        // 文件追加
    {
        printf("Append succeed.\n");
        DisplayFile(dstFilename);
    }
    else
    {
        perror("Append failed");
    }
    return 0;
}
// 函数功能: 把 srcName 文件内容复制到 dstName, 返回非 0 值表示复制成功, 否则表示出错
int AppendFile(const char *srcName, const char *dstName)
{
    FILE  *fpSrc = NULL;
    FILE  *fpDst = NULL;
    int  ch, rval = 1;
    if ((fpSrc = fopen(srcName, "r")) == NULL)       // 以只读方式打开源文件
    {
        goto ERROR;
    }
    if ((fpDst = fopen(dstName, "a")) == NULL)       // 以追加方式打开目标文件
    {
        goto ERROR;
    }
    while ((ch = fgetc(fpSrc)) != EOF)               // 文件追加
    {
        if (fputc(ch, fpDst) == EOF)
        {
            goto ERROR;
        }
    }
    fflush(fpDst);                                   // 确保存盘
    goto EXIT;
ERROR:
```

```
            rval = 0;
EXIT:
            if (fpSrc != NULL)
            {
                fclose(fpSrc);
            }
            if (fpDst != NULL)
            {
                fclose(fpDst);
            }
            return rval;
        }
        // 函数功能：显示 srcName 文件内容，函数返回非 0 值表示显示成功，否则表示出错
        int DisplayFile(const char *srcName)
        {
            FILE  *fpSrc = NULL;
            int  ch, rval = 1;

            if ((fpSrc = fopen(srcName, "r")) == NULL)          // 只读方式打开源文件
            {
                goto ERROR;
            }
            printf("File %s content : \n", srcName);            // 文件显示
            while ((ch = fgetc(fpSrc)) != EOF)
            {
                if (fputc(ch, stdout) == EOF)
                {
                    goto ERROR;
                }
            }
            printf("\n");
            goto EXIT;
ERROR:
            rval = 0;
EXIT:
            if (fpSrc != NULL)
            {
                fclose(fpSrc);
            }
            return rval;
        }
```

假设文件 a.txt 的内容为
```
1234
```
文件 b.txt 的内容为
```
5678
```
第 1 次程序运行结果如下（假设 a.txt 文件存在）：
```
Input source filename : a.txt↙
Input destination filename : b.txt↙
File a.txt content :
1234
File b.txt content :
```

```
5678
Append succeed.
File b.txt content:
56781234
```

第 2 次程序运行结果如下（假设 a.txt 文件不存在）：

```
Input source filename : a.txt↙
Input destination filename : b.txt↙
Display source file failed : No such file or directory
File b.txt content:
5678
Append failed : No such file or directory
```

2.5 课外上机实验题目参考答案

2.5.1 实验 1：计算到期存款本息之和

【参考答案】

```c
#include <math.h>
#include <stdio.h>
#include <stdlib.h>

int main(void)
{
    int  year;
    double  rate, capital, deposit;

    printf("Please enter year,capital:");
    scanf("%d,%lf", &year, &capital);

    switch (year)
    {
        case 1:    rate = 0.0225;    break;
        case 2:    rate = 0.0243;    break;
        case 3:    rate = 0.0270;    break;
        case 5:    rate = 0.0288;    break;
        case 8:    rate = 0.0300;    break;
        default:   printf("No this kind of rate!\n");    exit(0);
    }
    deposit = capital * pow(1 + rate, year);
    printf("rate = %f, deposit = %f\n", rate, deposit);
    return 0;
}
```

程序两次测试的运行结果如下：

```
①    Please enter year, capital : 2, 10000↙
     rate = 0.024300, deposit = 10491.904900
②    Please enter year, capital : 4, 10000↙
     No this kind of rate!
```

2.5.2 实验2：存款预算

【参考答案】

```c
#include <stdio.h>
#define    RATE    0.01875
#define    MONTHS  12
#define    CAPITAL 1000
#define    YEARS   5

int main(void)
{
    double deposit = 0;

    for (int i = 0; i < YEARS; i++)
    {
        deposit = (deposit + CAPITAL) / (1 + RATE * MONTHS);
    }
    printf("He must save %.2f at first year.\n", deposit);
    return 0;
}
```

程序的运行结果如下：

```
He must save 2833.29 at first year.
```

2.5.3 实验3：寻找最佳存款方案

【参考答案】

```c
#include <stdio.h>
#include <math.h>

int main(void)
{
    int  i8, i5, i3, i2, i1, n8, n5, n3, n2, n1;
    double max = 0, total;

    for (i8 = 0; i8< 3; i8++)
    {
        for (i5 = 0; i5 <= (20 - 8 * i8) / 5; i5++)
        {
            for (i3 = 0; i3 <= (20 - 8 * i8 - 5 * i5) / 3; i3++)
            {
                for (i2 = 0; i2 <= (20 - 8 * i8 - 5 * i5 - 3 * i3)/2; i2++)
                {
                    i1 = 20 - 8 * i8 - 5 * i5 - 3 * i3 - 2 * i2;
                    total = 2000 * pow(1 + 0.0225, i1) * pow(1 + 0.0243, i2) * pow(1 + 0.0270, i3)
                            * pow(1 + 0.0288, i5) * pow(1 + 0.0300, i8);
                    if (total > max)
                    {
                        max = total;
                        n1 = i1;
                        n2 = i2;
                        n3 = i3;
```

```
                    n5 = i5;
                    n8 = i8;
                }
            }
        }
    }
}
printf("8 year: %d\n", n8);
printf("5 year: %d\n", n5);
printf("3 year: %d\n", n3);
printf("2 year: %d\n", n2);
printf("1 year: %d\n", n1);
printf("Total: %.2f\n", max);
return 0;
}
```

程序的运行结果如下:

```
8 year: 0
5 year: 0
3 year: 0
2 year: 0
1 year: 20
Total: 3121.02
```

2.5.4 实验 4:猜车牌号

【参考答案】

程序 1:

```
#include <stdio.h>

int main(void)
{
    int  i, j, k, m;
    for (i = 0; i <= 9; i++)
    {
        for (j = 0; j <= 9; j++)
        {
            if (i != j)
            {
                k = i * 1000 + i * 100 + j * 10 + j;
                for (m = 31; m*m <= k ;m++)
                {
                    if (m * m == k)
                    {
                        printf("k = %d, m = %d\n", k, m);
                    }
                }
            }
        }
    }
    return 0;
```

```
}
```

程序 2:

```
#include  <stdio.h>

int main(void)
{
    int  i, j, k, m;
    for (m = 31; m <= 100; m++)
    {
        for (i = 0; i < 10; i++)
        {
            for (j = 0; j < 10; j++)
            {
                k = i * 1000 + i * 100 + j * 10 + j;
                if (i != j && m * m == k)
                {
                    printf("k = %d, m = %d\n", k, m);
                }
            }
        }
    }
    return 0;
}
```

程序的运行结果如下：

```
    k = 7744, m = 88
```

2.5.5　实验 5：求解不等式

【参考答案】

程序 1:

```
#include <stdio.h>

int main(void)
{
    long  i, m, n, sum = 0;                          // 注意，这里 i 必须声明为 long 类型
    printf("Please enter n : ");
    scanf("%ld", &n);
    for (i = 1;  ; i++)
    {
        sum = sum + i * i * i;
        if (sum >= n)
        {
            break;
        }
    }
    m = i - 1;
    printf("m <= %ld\n", m);
    return 0;
```

```
}
```

程序 2:

```
#include  <stdio.h>

int main(void)
{
    long  i, m, n, sum = 0;                    // 注意，这里 i 必须声明为 long 类型
    printf("Please enter n : ");
    scanf("%ld", &n);
    i = 0;
    do {
        i++;
        sum = sum + i * i * i;
    } while (sum < n);
    m = i - 1;
    printf("m <= %ld\n", m);
    return 0;
}
```

程序的运行结果如下：

```
please enter n : 1000000↙
m <= 44
```

2.5.6 实验 6：计算礼炮声响次数

【参考答案】

```
#include <stdio.h>

int main(void)
{
    int  n = 0, t;
    for (t = 0; t <= 20*7; t++)
    {
        if ((t%5 == 0) && (t <= 20*5))
        {
            n++;
            continue;
        }
        if ((t%6 == 0) && (t <= 20*6))
        {
            n++;
            continue;
        }
        if (t%7 == 0)
        {
            n++;
        }
    }
    printf("n = %d\n", n);
```

```
        return 0;
    }
```

程序的运行结果如下：

```
    n = 54
```

2.5.7　实验7：产值翻番计算

【参考答案】

```
#include  <stdio.h>
#define       CURRENT_OUTPUT    100
#define       RATE_TYPE         4
int main(void)
{
    int  growRate[RATE_TYPE] = {6, 8, 10, 12};     // 工业产值的增长率
    int  year;                                     // 产值翻番所需年数
    double  totalOutput;                           // 工业产值

    for (int i = 0; i < RATE_TYPE; i++)
    {
        year = 0;
        totalOutput = CURRENT_OUTPUT;              // 当年产值为100
        do {
            totalOutput *= (1 + (float) growRate[i] / CURRENT_OUTPUT);
            year++;
        } while (totalOutput < 2*CURRENT_OUTPUT);
        printf("When grow rate is %d%%, the output can be doubled after %d years.\n", growRate[i], year);
    }
    return 0;
}
```

程序的运行结果如下：

```
    When grow rate is 6%, the output can be doubled after 12 years.
    When grow rate is 8%, the output can be doubled after 10 years.
    When grow rate is 10%, the output can be doubled after 8 years.
    When grow rate is 12%, the output can be doubled after 7 years.
```

2.5.8　实验8：中文字符串的模式匹配

【参考答案】

```
#include  <stdio.h>
#include  <stdlib.h>
#include  <string.h>
#define       N    80

void ReadFromFile(char fileName[], char text[], int n);
int IsSubString(char target[], char pattern[]);
void WriteToFile(char fileName[], char text[], int n);

int main(void)
{
```

```c
    char   text[N*10+1];
    char   pattern[N+1];
    printf("Input a paragraph : ");
    gets(text);
    int len = strlen(text);

    if (len <= sizeof(text))
    {
        WriteToFile("file.txt", text, len);
        printf("Input a phrase:");
        gets(pattern);
        ReadFromFile("file.txt", text, len);
        if (IsSubString(text, pattern))
        {
            printf("Yes!\n");
        }
        else
        {
            printf("No!\n");
        }
    }
    return 0;
}
// 函数功能：判断 pattern 是否是 target 的子串
// 函数参数：字符型数组 target，存放目标字符串
//          实型数组 pattern，存放模式子串
// 函数返回值：若是，则返回 1，否则返回 0
int IsSubString(char target[], char pattern[])
{
    int i = 0, j = 0, k;

    for (i = 0; target[i] != '\0'; i++)           // 枚举
    {
        j = i;
        k = 0;                                    // 重新回到模式串起始位置
        while (pattern[k] == target[j] && pattern[k] != '\0')
        {
            j++;
            k++;
        }
        if (pattern[k] == '\0')            // if (k == strlen(pattern))
        {
            return 1;
        }
    }
    return 0;
}
// 函数功能：将 text 中的字符串写入文件
// 函数参数：字符型数组 filename，存放文件名
//          实型数组 text，存放文件内容
//          整型变量 n，存放字符数组的大小
// 函数返回值：无
void ReadFromFile(char fileName[], char text[], int n)
```

```
{
    printf("Read from file : %s\n", fileName);
    FILE *fp = fopen(fileName, "r");

    if (fp == NULL)
    {
        printf("Cannot open file %s!\n", fileName);
        exit(0);
    }
    fgets(text, n, fp);
    printf("Read finished!\n");
    fclose(fp);
}
// 函数功能：从文件中读取一个以换行为结束的字符串，保存到 text 中
// 函数参数：字符型数组 fileName，存放文件名
//          实型数组 text，存放文件内容
//          整型变量 n，存放字符数组的大小
// 函数返回值：无
void WriteToFile(char fileName[], char text[], int n)
{
    printf("Write to file : %s\n", fileName);
    FILE *fp = fopen(fileName, "w");

    if (fp == NULL)
    {
        printf("Cannot open file %s!\n", fileName);
        exit(0);
    }
    fputs(text, fp);
    fclose(fp);
    printf("Write finished!\n");
}
```

本例的函数调用语句"IsSubString(text, pattern);"也可以改成调用标准库函数来实现，即

```
        strstr(text, pattern) != NULL;
```

程序运行结果如下：

```
    Input a paragraph : 全面贯彻党的教育方针，落实立德树人根本任务，培养德智体美劳全面发展的社会
    主义建设者和接班人↙
    Write to file : file.txt↙
    Write finished!
    Input a phrase : 立德树人↙
    Read from file : file.txt
    Read finished!
    Yes!
```

2.5.9　实验 9：大奖赛现场统分

【参考答案】

```
#include  <stdio.h>
#include  <math.h>
#define        ATHLETE  40              // 选手人数最高限
```

```
#define        JUDGE        20                    // 评委人数最高限
void  CountAthleteScore(int sh[], float sf[], int n, float f[], int m);
void  Sort(int h[], float f[], int n);
void  Print(int h[], float f[], int n);
void  CountJudgeScore(int ph[], float pf[], int m, float sf[], float f[],int n);

int main(void)
{
    int  j, m, n;
    int  sh[ATHLETE];                             // 选手的编号数组
    int  ph[JUDGE];                               // 评委的编号数组
    float  sf[ATHLETE];                           // 选手的最后得分
    float  pf[JUDGE];                             // 评委的得分
    float  f[ATHLETE][JUDGE];                     // 评委给选手的评分

    printf("How many Athletes? ");
    scanf("%d", &n);                              // 输入选手人数
    printf("How many judges? ");
    scanf("%d", &m);                              // 输入评委人数

    for (j = 1; j <= m; j++)
    {
        ph[j] = j;
    }
    printf("Scores of Athletes : \n");
    CountAthleteScore(sh, sf, n, *f, m);          // 现场为选手统计分数
    printf("Order of Athletes : \n");
    Sort(sh, sf, n);                              // 选手得分排序
    Print(sh, sf, n);                             // 打印选手名次表
    printf("Scores of judges : \n");
    CountJudgeScore(ph, pf, m, sf, *f, n);        // 为各评委打分
    printf("Order of judges:\n");
    Sort(ph, pf, m);                              // 评委得分排序
    Print(ph, pf, m);                             // 打印评委名次表
    printf("Over!Thank you!\n");
    return 0;
}
// 函数功能：统计参赛选手的得分
// 函数参数：整型数组 sh，存放选手的编号
//          实型数组 sf，存放选手的最后得分
//          整型变量 n，存放参赛选手的人数
//          实型数组 f，存放每个评委给选手的评分
//          整型变量 m，存放评委的人数
// 函数返回值：无
void  CountAthleteScore(int sh[], float sf[], int n, float f[], int m)
{
    float  max, min;

    for (int i = 1; i <= n; i++)
    {
        printf("\nAthlete %d is playing." , i);
        printf("\nPlease enter his number code : ");
        scanf("%d", &sh[i]);
```

```
            sf[i] = 0;
            max = 0;
            min = 100;
            for (int j = 1; j <= m; j++)
            {
                printf("Judge %d give score : ", j);
                scanf("%f", &f[i*m+j]);
                sf[i] = sf[i] + f[i*m+j];
                if (max < f[i*m+j])
                {
                    max = f[i*m+j];
                }
                if (min > f[i*m+j])
                {
                    min = f[i*m+j];
                }
            }
            printf("Delete a maximum score : %.3f\n", max);
            printf("Delete a minimum score : %.3f\n", min);
            sf[i] = (sf[i] - max - min) / (m - 2);
            printf("The final score of Athlete %d is %.3f\n", sh[i], sf[i]);
        }
}
// 函数功能：对分数从高到低排序
// 函数参数：整型数组 h，存放编号
//          实型数组 f，存放最后得分
//          整型变量 n，存放参评人数
// 函数返回值：无
void Sort(int h[], float f[], int n)
{
    int  i, j, k, temp2;
    float  temp1;

    for (i = 1; i <= n-1; i++)
    {
        k = i;
        for (j = i + 1; j <= n; j++)
        {
            if (f[j] > f[k])
            {
                k = j;
            }
        }
        if (k != i)
        {
            temp1 = f[k];    f[k] = f[i];    f[i] = temp1;
            temp2 = h[k];    h[k] = h[i];    h[i] = temp2;
        }
    }
}
// 函数功能：输出名次表
// 函数参数：整型数组 h，存放编号
```

```
//          实型数组 f, 存放最后得分
//          整型变量n, 存放参评人数
// 函数返回值: 无
void Print(int h[], float f[], int n)
{
    printf("number\tfinal score\torder\n");

    for (int i = 1; i <= n; i++)
    {
        printf("%6d\t%11.3f\t%5d\n", h[i], f[i], i);
    }
}
// 函数功能: 统计评委的得分
// 函数参数: 整型数组 ph, 存放评委的编号
//          实型数组 pf, 存放评委的得分
//          整型变量 m, 存放评委的人数
//          实型数组 sf, 存放选手的最后得分
//          实型数组 f, 存放每个评委给选手的评分
//          整型变量 n, 存放参赛选手的人数
// 函数返回值: 无
void CountJudgeScore(int ph[], float pf[], int m, float sf[], float f[], int n)
{
    for (int j = 1; j <= m; j++)
    {
        pf[j] = 0;
        for (int i = 1; i <= n; i++)
        {
            pf[j] = pf[j] + (f[i*m+j] - sf[i]) * (f[i*m+j] - sf[i]);
        }
        pf[j] = 10 - sqrt(pf[j]/n);
        printf("Judge %d give score : %.3f\n", j, pf[j]);
    }
}
```

程序的运行结果如下:

```
How many Athletes? 5↙
How many judges? 5↙
Scores of judges :

Athlete 1 is playing.
Please enter his number code : 11↙
Judge 1 give score : 9.5↙
Judge 2 give score : 9.6↙
Judge 3 give score : 9.7↙
Judge 4 give score : 9.4↙
Judge 5 give score : 9.0↙
Delete a maximum score : 9.700
Delete a minimum score : 9.000
The final score of Athlete 11 is 9.500

Athlete 2 is playing.
Please enter his number code : 12↙
```

```
Judge 1 give score : 9.0↙
Judge 2 give score : 9.2↙
Judge 3 give score : 9.1↙
Judge 4 give score : 9.3↙
Judge 5 give score : 8.9↙
Delete a maximum score : 9.300
Delete a minimum score : 8.900
The final score of Athlete 12 is 9.100

Athlete 3 is playing.
Please enter his number code : 13↙
Judge 1 give score : 9.6↙
Judge 2 give score : 9.7↙
Judge 3 give score : 9.5↙
Judge 4 give score : 9.8↙
Judge 5 give score : 9.4↙
Delete a maximum score : 9.800
Delete a minimum score : 9.400
The final score of Athlete 13 is 9.600

Athlete 4 is playing.
Please enter his number code:14↙
Judge 1 give score : 8.9↙
Judge 2 give score : 8.8↙
Judge 3 give score : 8.7↙
Judge 4 give score : 9.0↙
Judge 5 give score : 8.6↙
Delete a maximum score : 9.000
Delete a minimum score : 8.600
The final score of Athlete 14 is 8.800

Athlete 5 is playing.
Please enter his number code : 15↙
Judge 1 give score : 9.0↙
Judge 2 give score : 9.1↙
Judge 3 give score : 8.8↙
Judge 4 give score : 8.9↙
Judge 5 give score : 9.2↙
Delete a maximum score : 9.200
Delete a minimum score : 8.800
The final score of Athlete 11 is 9.000
Order of Athletes :
number    final score    order
     13        9.600        1
     11        9.500        2
     12        9.100        3
     15        9.000        4
     14        8.800        5
Scores of judges :
Judge 1 give score : 9.665
Judge 2 give score : 9.659
```

```
Judge 3 give score : 9.710
Judge 4 give score : 9.659
Judge 5 give score : 9.525
Order of judges :
number    final score   order
   3         9.710        1
   1         9.665        2
   2         9.659        3
   4         9.659        4
   5         9.525        5
Over!Thank you!
```

2.5.10 实验10：数组、指针和函数综合编程练习

【参考答案】 输出最高分和学号。

程序1：

```c
#include  <stdio.h>
#define         ARR_SIZE         40

int FindMax(int score[], long num[], int n, long *pMaxNum);

int main(void)
{
    int  score[ARR_SIZE], maxScore, n, i;
    long  num[ARR_SIZE], maxNum;

    printf("Please enter total number : ");
    scanf("%d", &n);                          // 从键盘输入学生人数 n
    printf("Please enter the number and score : \n");

    for (i = 0; i < n; i++)                   // 分别以长整型和整型格式输入学生的学号和成绩
    {
        scanf("%ld%d", &num[i], &score[i]);
    }
    maxScore = FindMax(score, num, n, &maxNum);   // 计算最高分及学生学号
    printf("maxScore = %d, maxNum = %ld\n", maxScore, maxNum);
    return 0;
}
// 函数功能：返回最高分及最高分学生的学号
int FindMax(int score[], long num[], int n, long *pMaxNum)
{
    int  maxScore = score[0];
    *pMaxNum = num[0];                        // 假设 score[0]为最高分

    for (int i = 1; i < n; i++)
    {
        if (score[i] > maxScore)
        {
            maxScore = score[i];             // 记录最高分
            *pMaxNum = num[i];               // 记录最高分学生的学号 num[i]
        }
    }
    return maxScore;                          // 返回最高分 maxScore
```

```
    }
```

程序的运行结果如下：

程序 2：

```
#include  <stdio.h>
#define      CLASS    3
#define      STU      4

int FindMax(int score[CLASS][STU], int m, int *pRow, int *pCol);

int main(void)
{
    int  score[CLASS][STU], i, j, maxScore, row, col;

    printf("Please enter score : \n");
    for (i = 0; i < CLASS; i++)
    {
        for (j = 0; j < STU; j++)
        {
            scanf("%d", &score[i][j]);           // 输入学生成绩
        }
    }
    maxScore = FindMax(score, CLASS, &row, &col);      // 计算最高分及其学生所在班号和学号
    printf("maxScore = %d, class = %d, number = %d\n", maxScore, row+1, col+1);
    return 0;
}
// 函数功能：返回任意 m 行 STU 列二维数组中元素的最大值，并指出其所在行列下标值
int  FindMax(int score[][STU], int m, int *pRow, int *pCol)
{
    int  i, j, maxScore;
    maxScore = score[0][0];                    // 置初值，假设第一个元素值最大
    *pRow = 0;                                 // 整型指针变量 pRow 指向数组元素最大值所在的行
    *pCol = 0;                                 // 整型指针变量 pCol 指向数组元素最大值所在的列

    for (i = 0; i < m; i++)
    {
        for (j = 0; j < STU; j++)
        {
            if (score[i][j] > maxScore)
            {
                maxScore = score[i][j];        // 记录当前最大值
                *pRow = i;                     // 记录行下标
                *pCol = j;                     // 记录列下标
            }
```

```
        }
    }
    return maxScore;                        // 返回最大值
}
```

程序 3:

```
#include  <stdio.h>
#define      CLASS    3
#define      STU      4

int FindMax(int *p, int m, int n, int *pRow, int *pCol);

int main(void)
{
    int  score[CLASS][STU], i, j, maxScore, row, col;

    printf("Please enter score : \n");
    for (i = 0; i < CLASS; i++)
    {
        for (j = 0; j < STU; j++)
        {
            scanf("%d", &score[i][j]);      // 输入学生成绩
        }
    }
    maxScore = FindMax(*score, CLASS, STU, &row, &col);    // 计算最高分及其学生所在班号和学号
    printf("maxScore = %d, class = %d, number = %d\n", maxScore, row+1, col+1);
    return 0;
}
// 函数功能：返回任意 m 行 n 列的二维数组中元素的最大值，并指出其所在的行列下标值
int  FindMax(int *p, int m, int n, int *pRow, int *pCol)
{
    int  maxScore = p[0];                   // 置初值，假设第一个元素值最大
    *pRow = 0;                              // 整型指针变量 pRow 指向数组元素最大值所在的行
    *pCol = 0;                              // 整型指针变量 pCol，指向数组元素最大值所在的列

    for (int i = 0; i < m; i++)
    {
        for (int j = 0; j < n; j++)
        {
            if (p[i*n+j] > maxScore)
            {
                maxScore = p[i*n+j];        // 记录当前最大值
                *pRow = i;                  // 记录行下标
                *pCol = j;                  // 记录列下标
            }
        }
    }
    return maxScore;                        // 返回最大值
}
```

程序的运行结果如下:

```
    Please enter score :
    81  72  73  64↙
    65  86  77  88↙
```

```
    91  90  85  92↙
    max = 92, class = 3, number = 4
```

程序 4：

```
#include <stdio.h>
#include <stdlib.h>

int  FindMax(int *p, int m, int n, int *pRow, int *pCol);

int main(void)
{
    int  *pScore, m, n, maxScore, row, col;

    printf("Please enter array size m, n : ");
    scanf("%d, %d", &m, &n);                        // 输入班级数 m 和学生数 n
    pScore = (int *) calloc(m*n, sizeof (int));     // 申请内存

    if (pScore == NULL)
    {
        printf("No enough memory!\n");
        exit(0);
    }
    printf("Please enter the score : \n");
    for (int i = 0; i < m; i++)
    {
        for (int j = 0; j < n; j++)
        {
            scanf("%d", &pScore [i*n+j]);           // 输入学生成绩
        }
    }
    maxScore = FindMax(pScore, 3, 4, &row, &col);   // 调用函数 FindMax
    // 输出最高分 max 及其所在的班级和学号
    printf("maxScore = %d, class = %d, number = %d\n", maxScore, row+1, col+1);
    free(pScore);                                   // 释放向系统申请的存储空间
    return 0;
}
// 函数功能：返回任意 m 行 n 列的二维数组中元素的最大值，并指出其所在行列下标值
int  FindMax(int *p, int m, int n, int *pRow, int *pCol)
{
    int  max = p[0];                        // 置初值，假设第一个元素值最大
    *pRow = 0;                              // 整型指针变量 pRow 指向数组元素最大值所在的行
    *pCol = 0;                              // 整型指针变量 pCol 指向数组元素最大值所在的列

    for (int i = 0; i < m; i++)
    {
        for (int j = 0; j < n; j++)
        {
            if (p[i * n + j] > max)
            {
                max = p[i * n + j];        // 记录当前最大值
                *pRow = i;                 // 记录行下标
                *pCol = j;                 // 记录列下标
            }
        }
```

```
        }
        return max;                              // 返回最大值
}
```

程序的运行结果如下：

```
    Please enter array size m, n : 3, 4↙
    Please enter the score :
    81  72  73  64↙
    65  86  77  88↙
    91  90  85  92↙
    maxScore = 92, class = 3, number = 4
```

2.5.11　实验 11：合并有序数列

【参考答案】

```
#include <stdio.h>
#define     M    5
#define     N    5

void Merge(int a[], int b[], int c[], int m, int n);

int main(void)
{
    int  a[N], b[N], c[M+N];
    int  m, n;

    printf("Input m, n : ");
    scanf("%d,%d", &m, &n);
    printf("Input array a : ");

    for (int i = 0; i < m; i++)
    {
        scanf("%d", &a[i]);
    }
    printf("Input array b : ");
    for(int i = 0; i < n; i++)
    {
        scanf("%d", &b[i]);
    }
    Merge(a, b, c, m, n);
    for (int i = 0; i < m+n; i++)
    {
        printf("%d\t", c[i]);
    }
    printf("\n");
    return 0;
}
// 函数功能：将升序排列的 a 数组中的 m 个元素和 b 数组中的 n 个元素合并到 c 数组中
void Merge(int a[], int b[], int c[], int m, int n)
{
    int  i = 0, j = 0, k = 0;
    while (i < m && j < n)
    {
```

```
                if (a[i] <= b[j])
                {
                    c[k] = a[i];
                    i++;
                    k++;
                }
                else
                {
                    c[k] = b[j];
                    j++;
                    k++;
                }
            }
            if (i == m)
            {
                while (k < m + n)
                {
                    c[k] = b[j];
                    k++;
                    j++;
                }
            }
            else if (j == n)
            {
                while (k < m + n)
                {
                    c[k] = a[i];
                    k++;
                    i++;
                }
            }
        }
    }
```

程序的运行结果示例:

①   Input m, n : 3, 2↙
       Input array a : 1 3 5↙
       Input array b : 2 4↙
       1   2   3   4   5

②   Input m, n : 2, 3↙
       Input array a : 1 3↙
       Input array b : 2 4 6↙
       1   2   3   4   6

③   Input m, n : 3, 3↙
       Input array a : 1 2 3↙
       Input array b : 4 5 6↙
       1   2   3   4   5   6

④   Input m, n : 3, 3↙
       Input array a : 4 5 6↙
       Input array b : 1 2 3↙
       1   2   3   4   5   6

⑤   Input m, n : 3, 4↙

```
Input array a : 1 3 5↙
Input array b : 2 3 4 6↙
1         2         3         3         4         5         6
```

2.5.12 实验 12：英雄卡

【参考答案】

```c
#include <stdio.h>
#include <stdlib.h>

void Swap(int *a, int *b);
void Bubble(int data[], int N);

int main(void)
{
    int  number;
    int  times = 0;
    int  *p;
    int  i, j, k;

    do {
        printf("Input n : ");
        scanf("%d", &number);
    } while (number < 1 || number > 10000);
    if ((p = (int *)malloc(number * sizeof(int))) == NULL)
    {
        printf("No enough memory!\n");
        exit(1);
    }
    for (i = 0; i < number; i++)
    {
        scanf(" %d", (p + i));
    }
    Bubble(p, number);
    for (i = 0; i < number; i++)
    {
        if (*(p + i) != -2)
        {
            for (j = i + 1; j < number; j++)
            {
                if (*(p + j) != -2 && *(p + j) == *(p + i) + 1)
                {
                    for (k = j + 1; k < number; k++)
                    {
                        if (*(p + k) != -2 && *(p + k) == *(p + j) + 1)
                        {
                            *(p + i) = -2;
                            *(p + j) = -2;
                            *(p + k) = -2;
                            times++;
                        }
                    }
                }
```

```
                    }
                }
            }
        }
        printf("%d", times);
        free(p);
        return 0;
    }
    // 函数功能：互换指针 a 和 b 指向的数据
    void Swap(int *a, int *b)
    {
        int  t;
        t = *a;
        *a = *b;
        *b = t;
    }
    // 函数功能：冒泡排序
    void Bubble(int data[], int N)
    {
        for (int i = 0; i < N; i++)
        {
            for (int j = 0; j < N - i - 1; j++)
            {
                if (data[j] > data[j + 1])
                {
                    Swap(&data[j], &data[j + 1]);
                }
            }
        }
    }
```

程序的运行结果如下：

```
    Input n : 6↙
    1 3 2 4 4 5
    1
```

2.5.13　实验 13：数数的手指

【参考答案】

```
#include  <stdio.h>

int main(void)
{
    int  n, mod;

    printf("Input n : ");
    scanf("%d", &n);
    mod = n % 8;

    switch (mod)
    {
        case 1:     printf("大拇指\n");     break;
```

```
        case 2:    printf("食指\n");        break;
        case 3:    printf("中指\n");        break;
        case 4:    printf("无名指\n");       break;
        case 5:    printf("小指\n");        break;
        case 6:    printf("无名指\n");       break;
        case 7:    printf("中指\n");        break;
        case 0:    printf("食指\n");        break;
        default:   printf("Input error!\n");
    }
    return 0;
}
```

程序 5 次测试的运行结果示例：

①   Input n : 1000↙

    食指

②   Input n : 30↙

    无名指

③   Input n : -1↙

    Input error!

2.5.14 实验 14：计算个人所得税

【参考答案】

```
#include <stdio.h>

int main(void)
{
    double  income, tax;

    printf("Input income : ");
    scanf("%lf", &income);

    if (income <= 800)
    {
        tax = 0;
    }
    else if(income <= 4000)
    {
        tax = (income - 800) * 0.2;
    }
    else if(income <= 20000)
    {
        tax = income * 0.8 * 0.2;
    }
    else if(income <= 50000)
    {
        tax = 20000 * 0.8 * 0.2 + (income - 0000) * 0.8 * 0.3 - 2000;
    }
    else
    {
        tax = 20000 * 0.8 * 0.2 + 30000 * 0.8 * 0.3 + (income - 5000) * 0.8 * 0.4 - 7000;
    }
```

```
        printf("fee = %.0f\n", tax);
        return 0;
    }
```

程序的运行结果示例：

①   Input income : 800↙

     tax = 0

②   Input distance and time : 1000↙

     tax = 40

③   Input income : 10000↙

     tax = 1600

④   Input income : 30000↙

     tax = 3600

⑤   Input income : 55000↙

     tax = 19400

2.5.15　实验 15：单词接龙

【参考答案】

程序 1：

```
#include  <stdio.h>
#include  <string.h>

void TestDuplication(char a[], char b[], char c[]);

int main(void)
{
    char  a[81], b[81], c[81];

    scanf("%s%s", a, b);
    TestDuplication(a, b, c);
    puts(c);
    return 0;
}
// 函数功能：将数组 a 中的末尾子串与 b 中的首子串相同的子串存到数组 c 中
void TestDuplication(char a[], char b[], char c[])
{
    int  maxlen, testlen, len, i, j;
    len = strlen(a);
    maxlen = strlen(b);

    for (testlen = maxlen; testlen > 0; testlen--)
    {
        if (strncmp(b, a + len - testlen, testlen) == 0)
        {
            for (i = len - testlen, j = 0; a[i] != '\0'; i++, j++)
            {
                c[j] = a[i];
            }
            c[j] = '\0';
        }
    }
```

```
}
```

```c
#include <stdio.h>
#include <string.h>

void TestDuplication(char a[], char b[], char c[]);

int main(void)
{
    char  a[81], b[81], c[81];

    gets(a);
    gets(b);
    TestDuplication(a, b, c);
    puts(c);
    return 0;
}
// 函数功能：将数组 a 中的末尾子串与 b 中的首子串相同的子串存到数组 c 中
void TestDuplication(char a[], char b[], char c[])
{
    int  i = 0, j = 0, len;
    len = strlen(a);

    do {
        if (b[i] == a[j])                   // 字母相同时
        {
            c[i] = b[i];
            i++;
            j++;
        }
        else
        {
            j++;
        }
        if (i > 0 && b[i - 1] == a[j - 1] && b[i] != a[j] && a[j] != '\0')
        {
            i = 0;                  // 前一字母相同，后一字母不同时，重新指向第二个字符串的首字母
        }
    } while (j < len);
    c[i] = '\0';
}
```

程序的运行结果如下：

```
happy↙
python↙
py
```

2.5.16 实验 16：猜神童年龄

【参考答案】

```c
#include  <stdio.h>
#include  <math.h>
```

```
int main()
{
    int  age, age3, age4, b1, b2, b3, b4, a1, a2, a3, a4, a5, a6;
    for (age = 10; age < 22; age++)
    {
        age3 = age * age * age;
        if (age3 < 10000 && age3 >= 1000)
        {
            age4 = age3 * age;
            if (age4 < 1000000 && age4 >= 100000)
            {
                b1 = age3 % 10;
                b2 = age3 / 10 % 10;
                b3 = age3 / 100 % 10;
                b4 = age3 / 1000;
                a1 = age4 % 10;
                a2 = age4 / 10 % 10;
                a3 = age4 / 100 % 10;
                a4 = age4 / 1000 % 10;
                a5 = age4 / 10000 % 10;
                a6 = age4 /100000;
                if (b2 != b1 && b3 != b1 && b3 != b2 && b4 != b1 && b4 != b2 && b4 != b3 &&
                    a2 != a1 && a3 != a1 && a3 != a2 && a4 != a1 && a4 != a2 && a4 != a3 &&
                    a5 != a1 && a5 != a2 && a5 != a3 && a5 != a4 && a6 != a1 && a6 != a2 &&
                    a6 != a3 && a6 != a4 && a6 != a5)
                {
                    printf("age = %d\n", age);
                }
            }
        }
    }
    return 0;
}
```

程序的运行结果如下：

```
age = 18
```

2.5.17　实验 17：猴子吃桃

【参考答案】

程序 1：

```
#include  <stdio.h>

int Monkey(int n);

int main(void)
{
    int  days, total;

    printf("Input days : ");
    scanf("%d", &days);
    total = Monkey(days);
```

```
        printf("%d\n", total);
        return 0;
}
// 函数功能：从第 n 天只剩下一个桃子反向逆推出第 1 天的桃子数
int Monkey(int n)
{
        int  x = 1;
        while (n > 1)
        {
                x = (x + 1) * 2;
                n--;
        }
        return x;
}
```

程序 2：

```
#include  <stdio.h>
int Monkey(int n);
int main(void)
{
        int  days, total;
        printf("Input days : ");
        scanf("%d", &days);
        total = Monkey(days);
        printf("%d\n", total);
        return 0;
}
// 函数功能：从第 n 天只剩下一个桃子反向逆推出第 1 天的桃子数
int Monkey(int n)
{
        int  x = 1;
        for (int i = 1; i < n; i++)
        {
                x = (x + 1) * 2;
        }
        return x;
}
```

程序的运行结果如下：

```
        Input days : 10
        x = 1534
```

2.5.18 实验 18：数字黑洞

【参考答案】

```
#include <stdio.h>

int IsDaffodilNum(int num);

int main(void)
```

```
{
    int  n;

    printf("Input n : ");
    scanf("%d", &n);

    if (n % 3 != 0)
    {
        printf("%d is not a daffodil number\n", n);
    }
    else if (IsDaffodilNum(n))
    {
        printf("%d is a daffodil number\n", n);
    }
    return 0;
}
// 函数功能：验证 n 是黑洞数，并记录验证的步数
int IsDaffodilNum(int num)
{
    int  temp = 0;

    printf("%d\n", num);
    if (num == 153)
    {
        return 1;
    }
    while (num != 0)
    {
        temp += (num % 10) * (num % 10) * (num % 10);
        num /= 10;
    }
    return IsDaffodilNum(temp);
}
```

程序 2 次测试的运行结果示例：

①   Input n : 27↙
     27
     351
     153
     27 is a daffodil number

②   Input n : 20↙
     20 is not a daffodil number

2.5.19 实验 19：火柴游戏

【参考答案】

任务 1：

```
#include  <stdio.h>

int main(void)
{
    int  g = 23;
```

```c
    int  k = 3;
    int  b, c;

    printf("这里是23根火柴游戏!! \n");
    printf("注意：最大移动火柴数目为三根\n");

    do {
        printf("请输入您移动的火柴数目：\n");
        scanf("%d", &b);
        if (b < 1 || b > 3)
        {
            printf("对不起！您输入了不合适的数目，请点击任意键重新输入！\n");
            printf("您输入移动火柴数目：\n");
            scanf("%d", &b);
        }
        else
        {
            g = g - b;
            printf("您移动的火柴数目为：%d\n", b);
            printf("您移动后剩下的火柴数目为：%d\n", g);
        }
        if (g <= 0)
        {
            printf("对不起！您输了！\n");
            break;
        }
        else
        {
            if (g < 3 && g != 1)
            {
                c = g - 1;
            }
            else if (g == 1)
            {
                c = 1;
            }
            else
            {
                c = g % k + 1;
            }
            g = g - c;
            printf("计算机移动的火柴数目为：%d\n", c);
            printf("计算机移动后剩下的火柴数目为：%d\n", g);
            if (g <= 0)
            {
                printf("恭喜您！您赢了！ \n");
                break;
            }
        }
    } while (g > 0);
    return 0;
}
```

任务 2:

```c
#include <stdio.h>

int main(void)
{
    int a = 21, i;

    printf("Game begin : \n");

    while (a > 0)
    {
        do {
            printf("How many sticks do you wish to take (1~%d)?", a > 4 ? 4 : a);
            scanf("%d", &i);
        } while (i > 4 || i < 1 || i > a);
        if (a-i > 0)
        {
            printf("%d sticks left in the pile.\n", a - i);
        }
        if (a - i <= 0)
        {
            printf("You have taken the last sticks.\n");
            printf("***You lose!\nGame Over.\n");
            break;
        }
        else
        {
            printf("Computer take %d sticks.\n", 5 - i);
        }
        a -= 5;
        printf("%d sticks left in the pile.\n", a);
    }
    return 0;
}
```

2.5.20　实验 20：2048 游戏

【参考答案】

```c
#include <stdio.h>
#include <stdlib.h>
#include <time.h>
#include <windows.h>
#include <conio.h>
#define     N   4

void CreateNumber(int a[][N]);
void Print(int a[][N]);
int Julge(int a[][N]);
void Do(int a[][N]);
void Left(int a[][N]);
void Right(int a[][N]);
void Up(int a[][N]);
```

```c
void Down(int a[][N]);
void MoveLeft(int a[][N]);
void MoveRight(int a[][N]);
void MoveUp(int a[][N]);
void MoveDown(int a[][N]);
void AddDown(int a[][N]);
void AddUp(int a[][N]);
void AddLeft(int a[][N]);
void AddRight(int a[][N]);

int main(void)
{
    int  a[N][N] = {{0}};
    int  b;

    do {
        system("cls");
        CreateNumber(a);            // 新增一个数字方块
        Print(a);                   // 显示游戏界面中的 N*N 方格
        Do(a);                      // 输入玩家的键盘操作
        b = Julge(a);               // 判断所有格子是否都已填满
    } while (b == 0);               // 若尚未填满，则游戏继续
    return 0;
}
// 函数功能：生成 N*N 方格中新增数字方块的随机位置
void CreateNumber(int a[][N])
{
    int  b, c;
    int  d[3] = {2, 2, 4};          // 新增数字 2 的概率大于 4

    srand((unsigned int)time(NULL));
    do {
        b = rand() % N;
        c = rand() % N;
    } while (a[b][c] != 0);         // 若随机位置处已有数字，则重新生成
    a[b][c] = d[rand() % 3];        // 随机位置处随机放入 2 或 4
}
// 函数功能：显示游戏界面中的 N*N 方格
void Print(int a[][N])
{
    for (int i = 0; i < N; ++i)
    {
        for (int j = 0; j < N; ++j)
        {
            if (a[i][j] == 0)
            {
                printf("    |");
            {
            else
            {
                printf("%4d|", a[i][j]);
            }
        }
    }
}
```

```c
        printf("\n");
        for (int j = 0; j < N; ++j)
        {
            printf("————");
        }
        printf("\n");
    }
    printf("\n");
}
// 函数功能: 判断所有格子是否都已填满, 返回 1 表示填满, 返回 0 表示尚未填满
int Julge(int a[][N])
{
    for (int i = 0; i < N; ++i)
    {
        for (int j = 0; j < N; ++j)
        {
            if (a[i][j] == 0)
            {
                return 0;
            }
        }
    }
    return 1;
}
// 函数功能: 输入玩家的键盘操作, 按 a、s、d、w 分别代表左下右上
void Do(int a[][N])
{
    char  b = getch();
    switch (b)
    {
        case 'a':  Left(a);             // 左移, 寻找可以相加的数字
                   break;
        case 's':  Down(a);             // 下移, 寻找可以相加的数字
                   break;
        case 'd':  Right(a);            // 右移, 寻找可以相加的数字
                   break;
        case 'w':  Up(a);               // 上移, 寻找可以相加的数字
                   break;
        case 'q':  exit(0);
        default:   Do(a);
                   break;
    }
}
// 函数功能: 向左移动, 寻找可以相加的数字
void Left(int a[][N])
{
    MoveLeft(a);
    AddLeft(a);
}
// 函数功能: 向右移动, 寻找可以相加的数字
void Right(int a[][N])
{
```

```
        MoveRight(a);
        AddRight(a);
    }
    // 函数功能：向上移动，寻找可以相加的数字
    void Up(int a[][N])
    {
        MoveUp(a);
        AddUp(a);
    }
    // 函数功能：向下移动，寻找可以相加的数字
    void Down(int a[][N])
    {
        MoveDown(a);
        AddDown(a);
    }
    // 函数功能：向下移动数字
    void MoveDown(int a[][N])
    {
        int  i, j, k, b;
        for (i = 0; i < N; ++i)
        {
            b = N - 1;
            while (b != 0)
            {
                // 从下到上找第一个为 0 的点
                for (j = b; (j >= 0) && (a[j][i] != 0); j--) ;      // 循环体语句为空
                if (j < 0)              // 第 i 列没找到为 0 的点，就退出内层循环，继续找下一行
                {
                    break;
                }
                // 找第一个零点上方第一个非零点
                for (k = j-1; (k >= 0) && (a[k][i] == 0); k--) ;    // 循环体语句为空
                if (k < 0)              // 第一个为 0 的点上方没有非 0 点，就退出内层循环，继续找下一行
                {
                    break;
                }
                a[j][i] = a[k][i];
                a[k][i] = 0;
                b = j - 1;
            }
        }
    }
    // 函数功能：向上移动数字
    void MoveUp(int a[][N])
    {
        int  i, j, k, b;
        for (i = 0; i < N; ++i)
        {
            b = 0;
            while (b != N)
            {
                // 从上到下找第一个为 0 的点
```

```
        for (j = b; (j < N) && (a[j][i] != 0); ++j) ;          //  循环体语句为空
        if (j > N - 1)        // 第 i 列没找到为 0 的点, 就退出内层循环, 继续找下一行
        {
            break;
        }
        // 找第一个零点下方第一个非零点
        for (k = j + 1; (k < N) && (a[k][i] == 0); ++k) ;    //  循环体语句为空
        if (k > N - 1)        // 第一个为 0 的点下方没有非 0 点, 就退出内层循环, 继续找下一行
        {
            break;
        }
        a[j][i] = a[k][i];
        a[k][i] = 0;
        b = j + 1;
        }
    }
}
// 函数功能: 向左移动数字
void MoveLeft(int a[][N])
{
    int  i, j, k, b;
    for (i = 0; i < N; ++i)
    {
        b = 0;
        while (b != N)
        {
            // 从左到右找第一个为 0 的点
            for (j = b; (j < N) && (a[i][j] != 0); ++j) ;          //  循环体语句为空
            if (j > N - 1)        // 第 i 行没找到为 0 的点, 就退出内层循环, 继续找下一行
            {
                break;
            }
            // 找第一个零点右侧的第一个非零点
            for (k = j + 1; (k < N) && (a[i][k] == 0); ++k) ;      //  循环体语句为空
            if (k > N - 1)        // 第一个为 0 的点右侧没有非 0 点, 就退出内层循环, 继续找下一行
            {
                break;
            }
            a[i][j] = a[i][k];    // 第一个非 0 点左移到左侧第一个 0 点位置
            a[i][k] = 0;          // 第一个非 0 点的位置置为 0
            b = j + 1;            // 第 i 行第一个 0 点的位置右移
        }
    }
}
// 函数功能: 向右移动数字
void MoveRight(int a[][N])
{
    int  i, j, k, b;
    for (i = 0; i < N; ++i)
    {
        b = N - 1;
        while (b != 0)
```

```
    {                // 从右到左找第一个为 0 的点
        for (j = b; (j >= 0) && (a[i][j] != 0); j--) ;                // 循环体语句为空
        if (j < 0)                // 第 i 行没找到为 0 的点，就退出内层循环，继续找下一行
        {
            break;
        }
        // 找第一个零点左侧第一个非零点
        for (k = j - 1; (k >= 0) && (a[i][k] == 0); k--) ;                // 循环体语句为空
        if (k < 0)                // 第一个为 0 的点左侧没有非 0 点，就退出内层循环，继续找下一行
        {
            break;
        }
        a[i][j] = a[i][k];
        a[i][k] = 0;
        b = j - 1;
    }
  }
}
// 函数功能：向下把两个相邻的相同的数字加起来
void AddDown(int a[][N])
{
    for (int i = 0; i < N; ++i)
    {
        for (int j = N - 1; j > 0; j--)
        {
            if (a[j][i] == a[j - 1][i])
            {
                a[j][i] *= 2;
                a[j - 1][i] = 0;
            }
        }
    }
}
// 函数功能：向右把两个相邻的相同的数字加起来
void AddRight(int a[][N])
{
    for (int i = 0; i < N; ++i)
    {
        for (int j = N - 1; j > 0; j--)
        {
            if (a[i][j] == a[i][j - 1])
            {
                a[i][j] *= 2;
                a[i][j - 1] = 0;
            }
        }
    }
}
// 函数功能：向上把两个相邻的相同的数字加起来
void AddUp(int a[][N])
{
    for (int i = 0; i < N; ++i)
```

```
    {
        for (int j = 0; j < N - 1; ++j)
        {
            if (a[j][i] == a[j + 1][i])
            {
                a[j][i] *= 2;
                a[j + 1][i] = 0;
            }
        }
    }
}
// 函数功能: 向左把两个相邻的相同的数字加起来
void AddLeft(int a[][N])
{
    for (int i = 0; i < N; ++i)
    {
        for (int j = 0; j < N - 1; ++j)
        {
            if (a[i][j] == a[i][j + 1])
            {
                a[i][j] *= 2;
                a[i][j + 1] = 0;
            }
        }
    }
}
```

2.6 课程设计——菜单驱动的学生成绩管理系统

编写一个菜单驱动的学生成绩管理程序，要求如下：

（1）能输入并显示 n 个学生的 m 门课程的成绩、总分和平均分。

（2）按总分由高到低排序。

（3）任意输入一个学号，能显示该学生的姓名、各门课程的成绩。

下面使用两种不同的方法来设计这个程序。

【参考答案】

程序 1：用静态的数据结构（这里为结构体数组）存储和管理 n 个学生的学号、姓名、成绩等信息。

```
#include  <stdio.h>
#include  <string.h>
#include  <ctype.h>
#include  <stdlib.h>
#define      STU_NUM      40           // 最多的学生人数
#define      COURSE_NUM   10           // 最多的考试科目

struct student
{
    int   number;                      // 每个学生的学号
    char  name[15];                    // 每个学生的姓名
```

```
        int   score[COURSE_NUM];              // 每个学生 M 门功课的成绩
        int   sum;                            // 每个学生的总成绩
        float  average;                       // 每个学生的平均成绩
    };
    typedef struct student STU;
    // 函数功能：向 head 指向的链表的末尾添加从键盘输入 n 个学生的 m 门课程的信息
    void AppendScore(STU *head, int n, int m)
    {
        STU  *p;

        for (p = head; p < head+n; p++)
        {
            printf("\nInput number : ");
            scanf("%d", &p->number);
            printf("Input name : ");
            scanf("%s", p->name);
            for (int j = 0; j < m; j++)
            {
                printf("Input score%d : ", j + 1);
                scanf("%d", p->score+j);
            }
        }
    }
    // 函数功能：输出 n 个学生的学号、姓名和成绩等信息
    void PrintScore(STU *head, int n, int m)
    {
        STU  *p;
        char  str[100] = {'\0'}, temp[3];

        strcat(str, "Number     Name ");

        for (int i = 1; i <= m; i++)
        {
            strcat(str, "Score");
            itoa(i, temp, 10);
            strcat(str, temp);
            strcat(str, " ");
        }
        strcat(str,"   sum  average");
        printf("%s", str);                     // 输出表头
        for (p = head; p < head+n; p++)        // 输出 n 个学生的信息
        {
            printf("\nNo.%3d%8s", p->number, p->name);
            for (i = 0; i < m; i++)
            {
                printf("%7d", p->score[i]);
            }
            printf("%11d%9.2f\n", p->sum, p->average);
        }
    }
    // 函数功能：计算 n 个学生的 m 门课的总成绩和平均成绩
    void TotalScore(STU *head, int n, int m)
    {
```

```
    STU  *p;

    for (p = head; p < head + n; p++)
    {
        p->sum = 0;
        for (int i = 0; i < m; i++)
        {
            p->sum = p->sum + p->score[i];
        }
        p->average = (float)p->sum / m;
    }
}
// 函数功能: 用选择法按总成绩由高到低排序
void SortScore(STU *head, int n)
{
    int  i, j, k;
    STU  temp;
    for (i = 0; i < n - 1; i++)
    {
        k = i;
        for (j = i; j < n; j++)
        {
            if ((head + j)->sum > (head + k)->sum)
            {
                k = j;
            }
        }
        if (k != i)
        {
            temp = *(head + k);
            *(head + k) = *(head + i);
            *(head + i) = temp;
        }
    }
}
// 函数功能: 在 head 指向的结构体数组中查找学生的学号 num, 若找到, 则返回它在结构体数组中的位置, 否则返回-1
int SearchNum(STU *head, int num, int n)
{
    for (int i = 0; i < n; i++)
    {
        if ((head + i)->number == num)
        {
            return i;
        }
    }
    return -1;
}
// 函数功能: head 指向的结构体数组中按学号查找学生成绩并显示查找结果
void SearchScore(STU *head, int n, int m)
{
    int  number, findNo;
    printf("Please Input the number you want to search : ");
```

```
        scanf("%d", &number);
        findNo = SearchNum(head, number, n);

        if (findNo == -1)
        {
            printf("\nNot found!\n");
        }
        else
        {
            PrintScore(head + findNo, 1, m);
        }
    }
// 函数功能: 显示菜单并获得用户键盘输入的选项
char Menu(void)
{
    char  ch;

    printf("\nManagement for Students' scores\n");
    printf(" 1.Append  record\n");
    printf(" 2.List    record\n");
    printf(" 3.Search  record\n");
    printf(" 4.Sort    record\n");
    printf(" 0.Exit\n");
    printf("Please Input your choice : ");
    scanf(" %c", &ch);                       // 在%c 前加一个空格，将存于缓冲区中的换行符读入
    return ch;
}
int main(void)
{
    char  ch;
    int   m, n;
    STU   stu[STU_NUM];

    printf("Input student number and course number (n < 40, m < 10) : ");
    scanf("%d, %d", &n, &m);

    while (1)
    {
        ch = Menu();                              // 显示菜单，并读取用户输入
        switch (ch)
        {
            case'1':    AppendScore(stu, n, m);      // 调用成绩添加模块
                        TotalScore(stu, n, m);
                        break;
            case'2':    PrintScore(stu, n, m);       // 调用成绩显示模块
                        break;
            case'3':    SearchScore(stu, n, m);      // 调用按学号查找模块
                        break;
            case'4':    SortScore(stu, n);           // 调用成绩排序模块
                        printf("\nSorted result\n");
                        PrintScore(stu, n, m);       // 显示成绩排序结果
                        break;
            case'0':    exit(0);                     // 退出程序
                        printf("End of program!");
```

```
                    break;
        default:        printf("Input error!");
        }
    }
    return 0;
}
```

程序的运行结果如下：

```
    Input student number and course number (n < 40, m < 10) : 3, 2↙
    Management for Students' scores
            1.Append      record
            2.List        record
            3.Search      record
            4.Sort        record
            0.Exit
    Please Input your choice : 1↙

    Input number : 1↙
    Input name : WangHui↙
    Input score1 : 70↙
    Input score2 : 70↙

    Input number : 2↙
    Input name : XuLi↙
    Input score1 : 90↙
    Input score2 : 90↙

    Input number : 1↙
    Input name : MaBo↙
    Input score1 : 80↙
    Input score2 : 80↙

    Management for Students' scores
            1.Append      record
            2.List        record
            3.Search      record
            4.Sort        record
            0.Exit
    Please Input your choice : 2↙
    Number      Name        Score1    Score2    sum       average
    No.  1      WangHui     70        70        140       70.00
    No.  2      XuLi        90        90        180       90.00
    No.  3      MaBo        80        80        160       80.00

    Management for Students' scores
            1.Append      record
            2.List        record
            3.Search      record
            4.Sort        record
            0.Exit
    Please Input your choice : 3↙

    Sorted result
```

```
Number        Name          Score1      Score2      sum        average
No.  1        XuLi          90          90          180        90.00
No.  3        MaBo          80          80          160        80.00
No.  2        WangHui       70          70          140        70.00

Management for Students' scores
     1.Append       record
     2.List         record
     3.Search       record
     4.Sort         record
     0.Exit
Please Input your choice : 4↙
Please Input the number you want to search:2↙
Number        Name          Score1      Score2      sum        average
No.  2        XuLi          90          90          180        90.00

Management for Students' scores
     1.Append       record
     2.List         record
     3.Search       record
     4.Sort         record
     0.Exit
Please Input your choice : 0↙
End of program!
```

思考题：

① 程序没有对用户输入数据的有效性进行限制和检查。如果用户输入有错误，在输入确认前可以修改，而输入确认后就没有办法再修改了，输入的无效数据也会作为有效数据保存起来了，此时，要么强制中断，要么将余下的数据输入完毕才能结束程序运行，这对用户的要求过高。当输入的数据量较大时，输入不出错的可能性极小。那么，如何在程序中加入异常处理，检查用户输入数据的有效性，以保证程序的健壮性呢？

请读者参考主教材第 3 章 3.4.3 节修改程序。

② 上述程序在输入学生姓名时，要求只能输入不带空格的字符串，否则出错，当用户输入带空格的字符串时，程序运行时就会跳过几个输入项，直接让用户输入下一个学生的成绩。请读者分析其中的原因，并修改程序解决这个问题。

上述程序虽然实现了题目要求，但仔细分析后不难发现，程序存在这样的问题，即此程序所能管理的学生人数的上限值是在程序内部用符号常量定义的，虽然可以调整，但每次调整必须修改程序，重新编译链接后才能运行，而且只有了解程序的人员才能修改程序，不便一般用户使用。这是静态数据结构的致命伤。要解决这个问题必须选择动态数据结构，如链表。

程序 2：利用链表动态数据结构来实现功能增强的程序。

```c
#include  <stdio.h>
#include  <string.h>
#include  <ctype.h>
#include  <stdlib.h>
#define       COURSE_NUM    5              // 最多的考试科目

struct student
{
```

```c
    int   number;                          // 每个学生的学号
    char  name[15];                        // 每个学生的姓名
    int   score[COURSE_NUM];               // 每个学生 M 门功课的成绩
    int   sum;                             // 每个学生的总成绩
    float average;                         // 每个学生的平均成绩
    struct student  *next;
};

typedef struct student STU;
char Menu(void);
int  Ascending(int a, int b);
int  Descending(int a, int b);
void IntSwap(int *pt1, int *pt2);
void CharSwap(char *pt1, char *pt2);
void FloatSwap(float *pt1, float *pt2);
STU *AppendNode(STU *head, const int m);
STU *DeleteNode(STU *head, int nodeNum);
STU *ModifyNode(STU *head, int nodeNum, const int m);
STU *SearchNode(STU *head, int nodeNum);
STU *AppendScore(STU *head, const int m);
void TotalScore(STU *head, const int m);
void PrintScore(STU *head, const int m);
STU *DeleteScore(STU *head, const int m);
void ModifyScore(STU *head, const int m);
void SortScore(STU *head, const int m, int (*compare)(int a, int b));
void SearchScore(STU *head, const int m);
void DeleteMemory(STU *head);

int main(void)
{
    char  ch;
    int   m;
    STU  *head = NULL;

    printf("Input student number (m < 10) : ");
    scanf("%d", &m);

    while (1)
    {
        ch = Menu();                            // 显示菜单，并读取用户输入
        switch (ch)
        {
            case'1':    head = AppendScore(head, m);     // 调用成绩输入模块
                        TotalScore(head, m);
                        break;
            case'2':    PrintScore(head, m);             // 调用成绩显示模块
                        break;
            case'3':    head = DeleteScore(head, m);     // 调用成绩删除模块
                        printf("\nAfter deleted\n");
                        PrintScore(head, m);             // 显示成绩删除结果
                        break;
            case'4':    ModifyScore(head, m);            // 调用成绩修改模块
                        TotalScore(head, m);
                        printf("\nAfter modified\n");
```

```
                    PrintScore(head, m);              // 显示成绩修改结果
                    break;
        case'5':    SearchScore(head, m);             // 调用按学号查找模块
                    break;
        case'6':    SortScore(head, m, Descending);// 按总分降序排序
                    printf("\nsorted in descending order by sum\n");
                    PrintScore(head, m);              // 显示成绩排序结果
                    break;
        case'7':    SortScore(head, m, Ascending);  // 按总分升序排序
                    printf("\nsorted in ascending order by sum\n");
                    PrintScore(head, m);              // 显示成绩排序结果
                    break;
        case'0':    exit(0);                         // 退出程序
                    DeleteMemory(head);              // 释放所有已分配的内存
                    printf("End of program!");
                    break;
        default:    printf("Input error!");
        }
    }
    return 0;
}
// 函数功能：显示菜单并获得用户键盘输入的选项
char Menu(void)
{
    char ch;

    printf("\nManagement for Students' scores\n");
    printf(" 1.Append  record\n");
    printf(" 2.List    record\n");
    printf(" 3.Delete  record\n");
    printf(" 4.Modify  record\n");
    printf(" 5.Search  record\n");
    printf(" 6.Sort    Score in descending order by sum\n");
    printf(" 7.Sort    Score in  ascending order by sum\n");
    printf(" 0.Exit\n");
    printf("Please Input your choice : ");
    scanf(" %c", &ch);                               // 在%c 前加一个空格，将存于缓冲区中的换行符读入
    return ch;
}
// 函数功能：向链表中添加从键盘输入的学生信息，函数返回添加记录后的链表的头指针
STU *AppendScore(STU *head, const int m)
{
    int  i = 0;
    char c;

    do {
        head = AppendNode(head, m);                 // 向链表末尾添加一个节点
        printf("Do you want to append a new node(Y/N)?");
        scanf(" %c", &c);                           // %c 前有一个空格
        i++;
    } while (c == 'Y' || c == 'y');
    printf("%d new nodes have been apended!\n", i);
    return head;
```

```
}
// 函数功能：删除一个指定学号的学生的记录，函数返回删除记录后的链表的头指针
STU *DeleteScore(STU *head, const int m)
{
    int  i = 0, nodeNum;
    char  c;

    do {
        printf("Please Input the number you want to delete : ");
        scanf("%d", &nodeNum);
        head = DeleteNode(head, nodeNum);          // 删除学号为 nodeNum 的学生信息
        PrintScore(head, m);                       // 显示当前链表中的各节点信息
        printf("Do you want to delete a node(Y/N)?");
        scanf(" %c", &c);                          // %c 前有一个空格
        i++;
    } while (c == 'Y' || c == 'y');
    printf("%d nodes have been deleted!\n", i);
    return head;
}
// 函数功能：修改一个指定学号的学生的记录
void ModifyScore(STU *head, const int m)
{
    int  i = 0, nodeNum;
    char  c;

    do {
        printf("Please Input the number you want to modify : ");
        scanf("%d", &nodeNum);
        head = ModifyNode(head, nodeNum, m);       // 修改学号为 nodeNum 的节点
        printf("Do you want to modify a node(Y/N)?");
        scanf(" %c", &c);                          // %c 前有一个空格
        i++;
    } while (c == 'Y' || c == 'y');
    printf("%d nodes have been modified!\n", i);
}
// 函数功能：计算每个学生的 m 门课程的总分和平均分
void TotalScore(STU *head, const int m)
{
    STU  *p = head;

    while (p != NULL)                              // 若不是表尾，则循环
    {
        p->sum = 0;
        for(int i = 0; i < m; i++)
        {
            p->sum += p->score[i];
        }
        p->average = (float)p->sum / m;
        p = p->next;                               // 让 p 指向下一个节点
    }
}
// 函数功能：用交换法按总分升序或降序（由函数指针 compare 决定）对 head 指向的链表数据排序
//          函数指针 compare 指向 Ascending()时升序排序，指向 Descending()时降序排序
```

```
void SortScore(STU *head, const int m, int (*compare)(int a, int b))
{
    STU  *pt;
    int  flag = 0, i;

    do{
        flag = 0;
        pt = head;
        while (pt->next != NULL)
        {
            if ((*compare)(pt->next->sum, pt->sum))
            {   // 注意只交换节点数据，而节点顺序不变，即节点 next 指针内容不交换
                IntSwap(&pt->number, &pt->next->number);
                CharSwap(pt->name, pt->next->name);
                for (i = 0; i < m; i++)
                {
                    IntSwap(&pt->score[i], &pt->next->score[i]);
                }
                IntSwap(&pt->sum, &pt->next->sum);
                FloatSwap(&pt->average, &pt->next->average);
                flag = 1;
            }
            pt = pt->next;
        }
    }while (flag);
}
// 函数功能：决定函数 SortScore()是否按升序排序，若 a<b 为真，则按升序排序
int Ascending(int a, int b)
{
    return a < b;
}
// 函数功能：决定函数 SortScore()是否按降序排序，若 a>b 为真，则按降序排序
int Descending(int a, int b)
{
    return a > b;
}
// 函数功能：交换两个整型数
void IntSwap(int *pt1, int *pt2)
{
    int  temp;

    temp = *pt1;
    *pt1 = *pt2;
    *pt2 = temp;
}
// 函数功能：交换两个实型数
void FloatSwap(float *pt1, float *pt2)
{
    float  temp;
    temp = *pt1;
    *pt1 = *pt2;
    *pt2 = temp;
}
```

```
// 函数功能：交换两个字符串
void CharSwap(char *pt1, char *pt2)
{
    char  temp[15];

    strcpy(temp, pt1);
    strcpy(pt1, pt2);
    strcpy(pt2, temp);
}
// 函数功能：在 head 指向的链表中按学号查找学生成绩
void SearchScore(STU *head, const int m)
{
    int  number;
    STU  *findNode;

    printf("Please Input the number you want to search : ");
    scanf("%d", &number);
    findNode = SearchNode(head, number);
    if (findNode == NULL)
    {
        printf("Not found!\n");
    }
    else
    {
        printf("\nNo.%3d%8s", findNode->number, findNode->name);
        for (int i = 0; i < m; i++)
        {
            printf("%7d", findNode->score[i]);
        }
        printf("%9d%9.2f\n", findNode->sum, findNode->average);
    }
}
// 函数功能：显示 head 指向的链表中的节点的节点号和该节点中的数据项内容
void PrintScore(STU *head, const int m)
{
    STU  *p = head;
    char  str[100] = {'\0'}, temp[3];
    int  i, j = 1;
    strcat(str, "Number        Name  ");

    for (i = 1; i <= m; i++)
    {
        strcat(str, "Score");
        itoa(i, temp, 10);
        strcat(str, temp);
        strcat(str, " ");
    }
    strcat(str,"    sum average");
    printf("%s", str);                           // 输出表头
    while (p != NULL)                            // 若不是表尾，则循环输出
    {
        printf("\nNo.%3d%15s", p->number, p->name);
        for (i = 0; i < m; i++)
```

```c
    {
        printf("%7d", p->score[i]);
    }
    printf("%9d%9.2f", p->sum, p->average);
    p = p->next;                              // 让 p 指向下一个节点
    j++;
    }
    printf("\n");
}
// 函数功能：新建一个节点添加到 head 指向的链表末尾，函数返回添加节点后的链表的头节点指针
STU *AppendNode(STU *head, const int m)
{
    STU  *p = NULL;
    STU  *pr = head;
    p = (STU *)malloc(sizeof(STU));        // 为新添加的节点申请内存

    if (p == NULL)                          // 若申请内存失败，则显示错误信息，退出程序
    {
        printf("No enough memory to alloc");
        exit(0);
    }
    if (head == NULL)                       // 若原链表为空表，则将新建节点置为首节点
    {
        head = p;
    }
    else                                    // 若原链表为非空，则将新建节点添加到表尾
    {
        while (pr->next != NULL)            // 若未到表尾，则继续移动指针 pr，直到 pr 指向表尾
        {
            pr = pr->next;
        }
        pr->next = p;                       // 将新建节点添加到链表的末尾
    }
    pr = p;                                 // 让 pr 指向新建节点
    printf("Input node data …");
    printf("\nInput number : ");
    scanf("%d", &p->number);
    printf("Input name:");
    scanf("%s", p->name);

    for (int j = 0; j < m; j++)
    {
        printf("Input score%d : ", j + 1);
        scanf("%d", p->score+j);
    }
    pr->next = NULL;                        // 将新建节点置为表尾
    return head;                            // 返回添加节点后的链表的头节点指针
}
// 函数功能：在 head 指向的链表中按学号查找并修改一个节点数据为 nodeNum 的节点
//          函数返回修改节点后的链表的头节点指针
STU *ModifyNode(STU *head, int nodeNum, const int m)
{
    STU  *newNode;
```

```
    newNode = SearchNode(head, nodeNum);

    if (newNode == NULL)
    {
        printf("Not found!\n");
    }
    else
    {
        printf("Input the new node data : \n");
        printf("Input name : ");
        scanf("%s", newNode->name);
        for (int j = 0; j < m; j++)
        {
            printf("Input score%d : ", j + 1);
            scanf("%d", newNode->score + j);
        }
    }
    return head;
}
// 函数功能：从 head 指向的链表中删除一个节点数据为 nodeNum 的节点，返回删除节点后的链表的头节点指针
STU *DeleteNode(STU *head, int nodeNum)
{
    STU  *p = head, *pr = head;

    if (head == NULL)                       // 链表为空，没有节点，无法删除节点
    {
        printf("No Linked Table!\n");
        return head;
    }
    while (nodeNum != p->number && p->next != NULL)  // 若没找到节点 nodeNum 且未到表尾，则继续找
    {
        pr = p;
        p = p->next;
    }

    if (nodeNum == p->number)               // 若找到节点 nodeNum，则删除该节点
    {
        if (p == head)                      // 若待删节点为首节点，则让 head 指向第 2 个节点
        {
            head = p->next;
        }
        else                                // 若待删节点非首节点，则将前一节点指针指向当前节点的下一节点
        {
            pr->next = p->next;
        }
        free(p);                            // 释放为已删除节点分配的内存
    }
    else                                    // 没有找到待删节点
    {
        printf("This Node has not been found!\n");
    }
    return head;                            // 返回删除节点后的链表的头节点指针
}
```

```
// 函数功能: 在 head 指向的链表中按学号查找一个节点数据为 nodeNum 的节点, 返回待修改的节点指针
STU *SearchNode(STU *head, int nodeNum)
{
    STU  *p = head;
    int  j = 1;

    while (p != NULL)                   // 若不是表尾, 则循环
    {
        if (p->number == nodeNum)
        {
            return p;
        }
        p = p->next;                    // 让 p 指向下一个节点
        j++;
    }
    return NULL;
}
// 函数功能: 释放 head 指向的链表中所有节点占用的内存
void DeleteMemory(STU *head)
{
    STU  *p = head, *pr = NULL;

    while (p != NULL)                   // 若不是表尾, 则释放节点占用的内存
    {
        pr = p;                         // 在 pr 中保存当前节点的指针
        p = p->next;                    // 让 p 指向下一个节点
        free(pr);                       // 释放 pr 指向的当前节点占用的内存
    }
}
```

程序的运行结果如下:

```
    Input student number (m < 10) : 2↙
    Management for Students' scores
        1.Append      record
        2.List        record
        3.Delete      record
        4.Modify      record
        5.Search      record
        6.Sort        Score in descending order by sum
        7.Sort        Score in ascending order by sum
        0.Exit
    Please Input your choice : 1↙
    Input node data ...
    Input number : 1↙
    Input name : WangHui↙
    Input score1 : 70↙
    Input score2 : 70↙
    Do you want to append a new node(Y/N)?y↙
    Input number : 2↙
    Input name : XuLi↙
    Input score1 : 90↙
    Input score2 : 90↙
```

```
Do you want to append a new node(Y/N)?y↙
Input number : 1↙
Input name : MaBo↙
Input score1 : 80↙
Input score2 : 80↙
Do you want to append a new node(Y/N)?n↙
3 new nodes have been appended!

Management for Students' scores
        1.Append      record
        2.List        record
        3.Delete      record
        4.Modify      record
        5.Search      record
        6.Sort        Score in descending order by sum
        7.Sort        Score in ascending order by sum
        0.Exit

Please Input your choice:2↙
Number      Name    Score1    Score2    sum      average
No.  1      WangHui 70        70        140      70.00
No.  2      XuLi    90        90        180      90.00
No.  3      MaBo    80        80        160      80.00

Management for Students' scores
        1.Append      record
        2.List        record
        3.Delete      record
        4.Modify      record
        5.Search      record
        6.Sort        Score in descending order by sum
        7.Sort        Score in ascending order by sum
        0.Exit
Please Input your choice : 6↙

sorted in descending order by sum
Number      Name    Score1    Score2    sum      average
No.  1      XuLi    90        90        180      90.00
No.  3      MaBo    80        80        160      80.00
No.  2      WangHui 70        70        140      70.00

Management for Students' scores
        1.Append      record
        2.List        record
        3.Delete      record
        4.Modify      record
        5.Search      record
        6.Sort        Score in descending order by sum
        7.Sort        Score in  ascending order by sum
        0.Exit
Please Input your choice : 7↙
```

```
sorted in  ascending order by sum
Number      Name     Score1     Score2     sum       average
No.  1      WangHui  70         70         140       70.00
No.  3      MaBo     80         80         160       80.00
No.  2      XuLi     90         90         180       90.00
Management for Students' scores
        1.Append      record
        2.List        record
        3.Delete      record
        4.Modify      record
        5.Search      record
        6.Sort        Score in descending order by sum
        7.Sort        Score in ascending order by sum
        0.Exit

Please Input your choice : 3↙
Please Input the number you want to delete : 1↙
Number      Name     Score1     Score2     sum       average
No.  3      MaBo     80         80         160       80.00
No.  2      XuLi     90         90         180       90.00
Do you want to delete a node(Y/N)?n↙
1 nodes have been deleted!

After deleted
Number      Name     Score1     Score2     sum       average
No.  3      MaBo     80         80         160       80.00
No.  2      XuLi     90         90         180       90.00

Management for Students' scores
        1.Append      record
        2.List        record
        3.Delete      record
        4.Modify      record
        5.Search      record
        6.Sort        Score in descending order by sum
        7.Sort        Score in ascending order by sum
        0.Exit

Please Input your choice : 4↙
Please Input the number you want to modify : 3↙
Input name : MaBo↙
Input score1 : 75↙
Input score2 : 75↙
Do you want to modify a node(Y/N)?n↙
1 nodes have been modified!

After modified
Number      Name     Score1     Score2     sum       average
No.  3      MaBo     75         75         150       75.00
No.  2      XuLi     90         90         180       90.00

Management for Students' scores
```

```
        1.Append      record
        2.List        record
        3.Delete      record
        4.Modify      record
        5.Search      record
        6.Sort        Score in descending order by sum
        7.Sort        Score in ascending order by sum
        0.Exit

Please Input your choice : 5↙
Please Input the number you want to search : 2↙

Number     Name     Score1    Score2     sum       average
No.  2     XuLi     90        90         180.00    90.00

Management for Students' scores
        1.Append      record
        2.List        record
        3.Delete      record
        4.Modify      record
        5.Search      record
        6.Sort        Score in descending order by sum
        7.Sort        Score in ascending order by sum
        0.Exit

Please Input your choice : 0↙
End of program!
```

程序通过添加"删除成绩记录"和"修改成绩记录"的功能，如果用户不慎输入错误，可以进行删除或修改，以便维护成绩管理系统。

读者也许注意到，上述程序将排序函数 SortScore( )修改成了一个通用的多用途的排序程序，既可实现成绩的升序排序，也可实现成绩的降序排序。函数 SortScore( )将指向函数的指针作为实参，这个函数指针指向的函数，可以是函数 Ascending( )或函数 Descending( )，程序菜单中提示用户选择升序还是降序排序。如果用户输入选项 6，就是将指向函数 Descending( )的指针传给函数 SortScore( )，从而使数组按照降序排序。如果用户输入选项 7，就将指向函数 Ascending( )的指针传给函数 SortScore( )，从而使数组按照升序排序。

请注意函数 SortScore()的原型：

```
void SortScore(STU *head, const int m, int (*compare)(int a, int b));
```

它告诉函数 SortScore( )，形参 compare 是一个函数指针，该函数指针所指向的函数有两个整型形参，并且返回值也是整型。*compare 两侧的"( )"是必不可少的，它将*和 compare 结合，以表示 compare 是一个指针。另一个形参被声明为 const 的目的是限制函数 SortScore( )不能修改变量 m 的值，否则程序出错，这样有助于增强程序的健壮性。

此外，直接复用了主教材第 8 章 8.5 节的函数 DeleteMemory( )和 DeleteNode( )（也可参见本书错误案例 3-20），并复用了函数 AppendNode( )的大部分代码，仅对其中与节点数据输入相关的代码部分进行了调整。显然，针对不同的应用，需要修改函数 AppendNode( )内部的部分代码，因此与 DeleteMemory( )和 DeleteNode( )这两个函数相比，函数 AppendNode( )的通用性和封装性不是很好。

仔细分析这个函数可知，我们完全可以将与节点数据输入相关的代码从该函数中分离出来。其基本思路是：先在函数 AppendNode( )中向链表的末尾添加一个节点数据为空的节点，形成新的链表之后，将指向新添加节点的指针从该函数返回，再在函数 AppendScore( )中的函数 AppendNode( )调用语句后，通过调用另一个函数（这里设为 InputNodeData( )）输入这个新添加节点的数据。这样，对于其他应用，或者当 STU 结构体类型定义中的成员发生改变时，只要修改函数 InputNodeData( )的内部代码即可，而向链表添加节点的函数 AppendNode()不必做任何修改就可直接复用了，这也更满足"单一函数单一功能"的函数设计原则。下面将修改后的相关代码列在下面，供读者对比分析。

```c
void InputNodeData(STU *pNew, int m);
STU *AppendNode(STU *head, STU **pNew);
// 函数功能：输入一个 pNew 指向的节点的节点数据
void InputNodeData(STU *pNew, int m)
{
    printf("Input node data …");
    printf("\nInput number : ");
    scanf("%d", &pNew->number);
    printf("Input name : ");
    scanf("%s", pNew->name);

    for (int j = 0; j < m; j++)
    {
        printf("Input score%d : ", j + 1);
        scanf("%d", pNew->score+j);
    }
}
// 函数功能：新建一个 pNew 指向的节点，并将该节点添加到 head 指向的链表的末尾，返回添加节点后的链表的头节点指针
STU *AppendNode(STU *head, STU **pNew)
{
    STU  *p = NULL;
    STU  *pr = head;

    p = (STU *)malloc(sizeof(STU));        // 为新添加的节点申请内存

    if (p == NULL)                         // 若申请内存失败，则打印错误信息，退出程序
    {
        printf("No enough memory to alloc");
        exit(0);
    }
    if (head == NULL)                      // 若原链表为空表，则将新建节点置为首节点
    {
        head = p;
    }
    else                                   // 若原链表为非空，则将新建节点添加到表尾
    {
        while (pr->next != NULL)           // 若未到表尾，则移动指针 pr 直到 pr 指向表尾
        {
            pr = pr->next;
        }
        pr->next = p;                      // 将新建节点添加到链表的末尾
    }
```

```
        pr = p;                                    // 让 pr 指向新建节点
        pr->next = NULL;                           // 将新建节点置于表尾
        *pNew = p;                                 // 将新建节点指针通过二级指针 pNew 返回给调用函数
        return head;                               // 返回添加节点后的链表的头节点指针
    }
    // 函数功能：向 head 指向的链表中添加从键盘输入的学生记录信息
    STU *AppendScore(STU *head, const int m)
    {
        int  i = 0;
        char  c;
        STU  *pNew;
        do {
            head = AppendNode(head, &pNew);        // 向链表末尾添加一个节点
            InputNodeData(pNew, m);                // 向新添加的节点中输入节点数据
            printf("Do you want to append a new node(Y/N)?");
            scanf(" %c", &c);                      // %c 前有一个空格
            i++;
        } while (c == 'Y' || c == 'y');
        printf("%d new nodes have been apended!\n", i);
        return head;
    }
```

这里需要说明的是，在函数 AppendNode( )中，新添加节点的指针从该函数返回的方法是：将相应的形参声明为二级指针，即指向结构体指针的指针（STU **pNew），与此同时，将函数 AppendNode( )调用语句中的相应实参前面加一个取地址运算符&（如"&pNew"），这样才能将新添加节点的指针中的地址值返回；否则，如果将相应的形参声明为一级指针（STU *pNew），而函数 AppendNode( )调用语句中的相应实参写成"pNew"，就只能将新添加节点的指针所指向的地址中的内容返回，而不能将指针指向的地址返回。

思考题：

① 本程序只能按照学生的总分排序，不能按照学生的学号或姓名排序，请读者参考本例按总分排序的方法，在程序中增加按学生学号、学生姓名升序或降序排序的功能。

② 对本程序，每次运行程序时，学生的学号、姓名、成绩等信息都需要重新输入，因为这些数据都是存储在掉电即失的内存中的，程序一旦运行结束，这些信息也就丢失了。对一个实际系统而言，这显然是不实用的。输入这些信息后，将其以文件形式保存在永久性磁盘中，每次运行程序都可以从这些磁盘文件中读出相应的数据信息，那么这个系统才是实用的。

请读者参考主教材第 9 章内容，在上述两个程序中增加"备份学生成绩数据文件"和"恢复学生成绩数据文件"两个功能。备份数据就是将数据写入一个文件长期保存，恢复数据就是将数据从保存的数据文件中读出。

③ 函数指针通常用在菜单驱动的系统中。系统提示用户从菜单中选择一种操作（可能是1～6）。对应于每个输入选项所要完成的操作都是由不同的函数完成的，先将指向每个函数的指针存储在一个指针数组中，调用函数完成相应操作时，只要将用户输入的选择作为该指针数组的下标，再利用存储于相应数组元素中的函数指针，调用相应的函数即可完成用户选择的操作。请读者按此要求，使用函数指针修改上面的程序。

④ 上述程序仅在程序的功能上做了很多改进，但还存在一个执行效率问题。首先是排序效率低，可以考虑将交换法排序改成选择法等其他较快的排序方法，以提高程序的执行效率。

其次，每当添加、修改一个记录后，都要调用函数 TotalScore( )对所有记录（包括已计算完总分和平均分的记录和新添加或修改的记录）的平均分和总分重新进行计算，这显然是一种浪费。请读者思考如何修改程序，以提高程序的执行效率。

⑤ 本节的这个综合应用实例几乎用到了主教材中的所有章节内容，还对算法、数据结构、函数封装、代码复用、软件健壮性、代码风格、程序优化等方面的内容进行了讨论，请读者对比上面给出的两个程序，分析其优缺点。

2.7 基于 B/S 架构的 C 语言编程题考试自动评分系统简介

在国家自然科学基金项目支持下，基于程序理解技术，我们研制的基于 B/S 架构的 C 语言编程题自动评分系统具有如下特点：

❖ 能够实现主观编程题自动评分，为程序设计语言的考试提供了一种全新的模式。

❖ 从实践角度，它将"上机实验"和考试很好地结合在一起，有利于提高学生的实践能力，真实地考核学生的学习效果。

❖ 实时获得评分结果，且评分结果客观公正，更接近于教师人工评分的结果。

该编程题自动评分系统采用以下几种评分策略：

① 基于程序语义分析评分。由教师提供一系列模板程序（相当于提供编程题的参考答案）。通过将学生程序与模板程序进行匹配，计算它们的语义相似度，给出学生程序的评分结果。语义相似度越高，学生程序得分就越高。该方法保证程序运行结果不对但基本思路正确的情况下也可以得到合理的分数。

② 基于得分语句查找评分。由教师在模板程序中以程序注释的方式标定关键语句，并配置相应的分数。通过查找能与关键语句相匹配的程序语句，并累计相应的分数，使得在学生程序有严重语法错误、不能运行的情况下，也可以得到合理的分数。

③ 基于程序动态测试评分。给定程序相应的测试用例集，即输入 - 输出对的集合；通过运行学生程序来判定，对于特定的输入，程序能否得到期望的输出，根据测试用例的通过率给定分数。该方法保证在教师提供的模板不全、学生采用特殊方法正确编程的情况下，也可以得分。

该系统的主要功能如下。

1）安装和使用方便

采用 B/S 架构设计，只需一个台式机做服务器，并且只需在服务器安装应用程序，学生使用浏览器输入服务器的 IP 地址即可访问考试系统，不仅可以在公网上使用，还可以在局域网内使用。

2）具有考试全程监控和防作弊的功能

教师在考试过程中不仅可以随时查看学生登录系统和试卷提交情况，还能实时查看每个学生的答题进度和答题结果，并对学生机器和提交试卷进行锁定，防止学生反复提交试卷；还具有强大的防作弊功能，在考试过程中对学生机的 U 口禁用，同时确保每场考试每台机器和每个学生只能提交一次答题结果，并且支持 A/B 卷考试，相邻座位的学生应分配不同试卷，还可以在考试结束后对学生试卷中的试题进行查重，杜绝考试作弊现象的发生。

3）有与其配套的试卷和题库管理系统

试卷和题库管理系统具有试卷管理、题库管理、用户管理、成绩统计分析等功能。题库中有 5000 余道题目，题型包括单选题、多选题、判断题、一般填空题、程序填空题、普通编程题、复杂编程题、一般改错题、附加改错题等。

教师出题更加方便，既可以对题库中试题进行增删改，也可以根据测试用例自动验证答案程序，或者根据答案程序自动生成测试用例，还可以利用题库中的试题进行抽题组卷，形成一个试卷集。

4）支持多线程评分并具有自动存档功能

支持多线程评分，评分速度更快。此外，考试结束后，还可以对学生试卷进行自动存档，生成每个学生的 PDF 格式的成绩单及成绩汇总的数据库文件，将考试数据导回到试卷和题库管理系统。

2.8 面向学生自主学习的作业和实验在线测试系统简介

该系统打破了常规的由教师对所有学生布置相同作业和实验的传统做法，能让学生在作业和实验上具有更大的自主选择空间，让学生做到"我的学习我做主"。该系统在以下几方面支持和鼓励学生自主学习。

① 作业和实验的内容是自主的。学生可以自主选择想要练习的知识点和难度。系统自动从 C 语言试卷和题库管理系统中随机抽取相应知识点的题目给学生来做，并且利用该系统提供的程序在线评判功能对学生提交的作业和实验进行自动评测，通过对测试结果及时反馈和提示错误比对信息，引导学生自主修正程序中的错误。

② 从题库中按难度或知识点随机抽取作业题目并限时完成，有助于防止学生因完成相同作业题目而相互抄袭的现象发生。

③ 学生可以自主选择做作业的时间、题目覆盖的知识点和题目的难度，每天最多完成的题目数量是固定的，既给学生一定的自由度，也能防止学生在临考前突击完成作业。

④ 作业的完成过程是自主的。学生提交作业后，在规定时间内可以反复提交直到评分满意为止。

⑤ 通过引入习题市场机制，支持和鼓励学生自主设计题目发布到习题市场，供其他同学练习并获得奖励积分，不仅支持自主做题，还支持自主设计题目。

⑥ 成绩统计和排名。引入了多种排名机制，包括实验总分、练习总分、习题市场得分、出题数量、出题关注度等排行榜。教师可以从后台导出学生的各种分数。

⑦ 学生利用在习题市场中获得的奖励积分，可以自主选择是否要查看题目的范例代码。

⑧ 学生可以对每次做的题目的难度进行评级，题目的通过率数据反馈给题库管理系统，为教师设置每道题目的难度系数做参考。

⑨ 教师可以审核学生的注册信息，对学生的日练习次数、每道题目的练习时间和题库中试题的抽取次数进行设置。

⑩ 教师可以在系统里对学生自主学习的过程进行监督和指导，监控每个学生的练习情况或者每天学生的练习情况，并对学生的学习数据进行统计分析。

有意使用上述两个系统的教学单位，请与作者（sxh@hit.edu.cn）联系。

第 3 章　案例分析

3.1　错误案例分析

程序中为什么会有各种各样的"缺陷（Bug）"呢？

这往往是程序员开发经验不足、逻辑思维不缜密或者粗心大意造成的。以 20 世纪末爆发的"千年虫"问题为例，当时的软件开发出于节约资源、简化操作和表达习惯等原因，对年份仅记录其后两位，如 1980 年记录为 80 年，到了 20 世纪末该问题开始显现。例如，在 1999 年存入银行一笔钱，到 2001 年取出，该怎样计算利息呢？当时有专家指出，如果任由"千年虫"暴发，那么全球的金融、通信、交通都可能陷入混乱。我国的第一代身份证也遇到了急需"将 2 位年份改成 4 位年份"的问题，否则百岁老人将和出生婴儿无法区分，在第二代身份证中这个 Bug 才得以修正。

开发程序往往并不总是一帆风顺的，编译或链接时经常会出错，即便你的程序历经千辛万苦，已经"杀出重围"，正在计算机上运行着，你也不要以为可以高枕无忧了，因为它在运行中同样可能出现各种意想不到的问题，而这些问题常常会令你焦头烂额，尤其是那些在程序运行时发生得比较隐蔽的错误，可能常常使你在调试程序时感觉到无从下手。因为程序中的很多语句需要在一定的条件下才能被执行，而一个大规模程序中需要处理的各种不同条件的组合实在是太多了，以致很难在程序测试时发现所有的问题。

即使是经验最丰富的程序员也无法保证他编写的程序没有任何错误，本节通过部分错误案例分析和了解一些常见程序错误产生的原因，目的是减少程序中的错误，把错误的影响控制在可接受的范围内。程序编译未通过，说明程序中有语法错误；但如果程序编译通过后，程序的运行结果与预期的不一致，则说明程序中存在逻辑错误。逻辑错误分为致命的和非致命的两种。致命的逻辑错误会导致程序失效或提前终止；非致命的逻辑错误不影响程序运行，但会导致程序输出错误的结果。

常见的语法错误已在主教材的每章小结里介绍，这里主要对一些比较隐蔽的有逻辑错误的案例进行分析。

3.1.1　变量初始化错误

当变量未初始化时，其值是随机不确定的，所以使用未初始化的变量会引起计算结果错误，而使用未初始化的指针变量则更加危险。

【错误案例 3-1】 下面程序的功能是从键盘任意输入 n 个数，然后找出其中的最大数与最小数，并将其位置交换。

```c
#include <stdio.h>
#define     ARR_SIZE     10
void MaxMinExchang(int a[], int n)
{
    int  maxValue = a[0], minValue = a[0], maxPos, minPos;
    int  i, temp;

    for(i = 0; i < n; i++)
    {
        if(a[i] > maxValue)
        {
            maxValue = a[i];
            maxPos = i;
        }
         if(a[i] < minValue)
        {
            minValue = a[i];
            minPos = i;
        }
    }
    temp = a[maxPos];
    a[maxPos] = a[minPos];
    a[minPos] = temp;
}
int main(void)
{
    int  a[ARR_SIZE], i, n;

    printf("Input n (n <= 10) : ");
    scanf("%d", &n) ;
    printf("Input %d Numbers : \n", n);
    for(i = 0; i < n; i++)
     {
        scanf("%d", &a[i]);
     }
    MaxMinExchang(a, n);
    printf("After MaxMinExchange : \n");
    for(i = 0; i < n; i++)
    {
        printf("%d ", a[i]);
    }
    printf("\n");
    return 0;
}
```

第 1 次在 Code::Blocks 下测试的结果如下：

```
Input n (n <= 10): 10↙
Input 10 Numbers :
```

```
2 1 3 4 5 6 7 8 9 10↙
After MaxMinExchange :
2 10 3 4 5 6 7 8 9 1
```

第 2 次在 Code::Blocks 下测试的结果如下：

```
Input n (n <= 10) : 10↙
Input 10 Numbers :
1 2 3 4 5 6 7 8 9 10↙
```

程序运行到这里，立即弹出如图 3-1 所示的对话框，表示程序异常终止。

图 3-1　程序异常终止对话框

为什么第 2 次测试时结果就错了呢？这是一个比较隐蔽的运行时错误。为了检查最大值和最小值计算是否正确，我们在函数 MaxMinExchange() 的 for 循环后插入如下两条输出语句：

```
printf("maxValue = %d, minValue = %d\n", maxValue, minValue);
printf("maxPos = %d, minPos = %d\n", maxPos, minPos);
```

这时程序在弹出如图 3-1 所示的对话框前给出了如下输出结果：

```
Input %d Numbers : 10↙
1 2 3 4 5 6 7 8 9 10↙
maxValue = 10, minValue = 1
maxPos = 9, minPos = -858993460
```

这说明，最小值的下标位置计算错了。通过不断上移新插入的两条输出语句，将错误发生的位置定位到对 maxValue 和 minValue 的初始化语句，原来程序在初始化 maxValue 和 minValue 的同时，没有对 maxPos 和 minPos 进行初始化，导致它们的值都是随机数，无论输入"2 1 3 4 5 6 7 8 9 10"还是"1 2 3 4 5 6 7 8 9 10"，恰好最大值处在数组的最后，其值大于前面的元素，满足 if(a[i]>maxValue) 的条件，执行 maxPos＝i 后，maxPos 的值就不再是随机数，而是 9。而计算最小值就没那么幸运了，当输入"2 1 3 4 5 6 7 8 10 9"时，恰好后面的数组元素 a[1]<a[0]，执行 minPos＝i 后，可以将 minPos 的值修改为 1。而当输入"1 2 3 4 5 6 7 8 9 10"时，恰好所有的数组元素都不小于 a[0]，所以 minPos＝i 始终未被执行，结果 minPos 的值就是原来的随机数。最小值的位置错了，导致将最小值和最大值所在位置的元素进行交换不能得到正确的结果。注意，在不同的平台或系统里，程序运行弹出的对话框（见图 3-1）和显示的 minPos 值的乱码可能有所不同。

虽然改成下面的程序结果是正确的，但是它是有条件地初始化，不是良好的编程风格。

```
void  MaxMinExchang(int a[], int n)
{
    int  maxValue = a[0], minValue = a[0], maxPos, minPos;
    int  i, temp;

    for(i = 0; i < n; i++)
```

```
    {
        if(a[i] >= maxValue)                          // 因 a[0] 与 maxValue 相等，而为 maxPos 初始化
        {
            maxValue = a[i];
            maxPos = i;
        }
        if(a[i] <= minValue)                          // 因 a[0] 与 minValue 相等，而为 minPos 初始化
        {
            minValue = a[i];
            minPos = i;
        }
    }
    temp = a[maxPos];
    a[maxPos] = a[minPos];
    a[minPos] = temp;
}
```

思考题：下面三个程序也存在变量未初始化问题，请读者自己分析并找出其中的错误。
① 在数组元素中找最大值及其所在下标位置。

```
#include <stdio.h>

int FindMax(int num[], int n, int *pMaxPos);

int main(void)
{
    int  num[10], maxValue, maxPos, i;
    printf("Input 10 numbers : \n");

    for(i = 0; i < 10; i++)
    {
        scanf("%d", &num[i]);
    }

    maxValue = FindMax(num, 10, &maxPos);
    printf("Max = %d, Position = %d\n", maxValue, maxPos);
    return 0;
}

int FindMax(int num[], int n, int *pMaxPos)
{
    int  i, max = num[0];

    for(i = 1; i < n; i++)
    {
        if(num[i] > max)
        {
            max = num[i];
            *pMaxPos = i;
        }
    }
    return max;
}
```

提示：函数 FindMax( )中缺少指针变量初始化语句 "*pMaxPos =0;"。

② 用公式 $c(i,j) = \sum_{k=1}^{n} [a(i,k) \times b(k,j)]$ 计算 m 行 n 列矩阵 A 和 n 行 m 列矩阵 B 之积。

```c
#include <stdio.h>
#define        ROW      2
#define        COL      3

int main(void)
{
    int  a[ROW][COL], b[COL][ROW], c[ROW][ROW], i, j;

    printf("Input array a : \n");
    for(i = 0; i < ROW; i++)
    {
        for(j = 0; j < COL; j++)
        {
            scanf("%d", &a[i][j]);
        }
    }

    printf("Input array b : \n");
    for(i = 0; i < COL; i++)
    {
        for(j = 0; j < ROW; j++)
        {
            scanf("%d", &b[i][j]);
        }
    }
    MultiplyMatrix(a, b, c);
    printf("Results : \n");
    for(i = 0; i < ROW; i++)
    {
        for(j = 0; j < ROW; j++)
        {
            printf("%6d", c[i][j]);
        }
        printf("\n");
    }

    return 0;
}

void MultiplyMatrix(int a[ROW][COL], int b[COL][ROW], int c[ROW][ROW])
{
    int  i, j, k;

    for(i = 0; i < ROW; i++)
    {
        for(j = 0; j < ROW; j++)
        {
            for(k = 0; k< COL; k++)
            {
                c[i][j] = c[i][j] + a[i][k] * b[j][k];
            }
        }
    }
```

```
        }
    }
```

提示：

❖ 在函数 MultiplyMatrix( )中，c[i][j]在执行循环累加之前未初始化为 0。

❖ c[i][j] = c[i][j] + a[i][k] * b[j][k]应改成 c[i][j] = c[i][j] + a[i][k] * b[k][j]。

❖ 缺少函数 MultiplyMatrix( )的函数原型。

③ 编写一个字符串连接函数，完成两个字符串的连接。

```c
#include <stdio.h>
#include <string.h>

int main(void)
{
    char *first, *second, *result;

    printf("Input the first string : ");
    gets(first);
    printf("Input the second string : ");
    gets(second);
    result = MyStrcat(first, second);
    printf("The result is : %s\n", result);
    return 0;
}
char* MyStrcat(char *dest, char *source)
{
    int  i = 0;

    while (*(dest+i) != '\0')
    {
        i++;
    }
    for (; *(source+i) != '\0'; i++)
    {
        *(dest+i) = *(source+i);
    }
    return dest;
}
```

提示：

❖ 指针变量 first 和 second 未初始化就使用，应该修改为

```c
char str1[10], str2[10];
char *first = str1, *second = str2;
```

❖ 缺少函数 MyStrcat( )的函数原型。

❖ 使用函数 gets( )不能限制输入字符串长度，易导致缓冲区溢出，应使用函数 fgets( )。

❖ 函数 MyStrcat( )编写错误，应该修改为

```c
char* MyStrcat(char *dest, char *source)
{
    int  i = 0, j;

    while (*(dest+i) != '\0')
```

```
    {
        i++;
    }
    for (j = 0; *(source+j) != '\0'; j++, i++)
    {
        *(dest+i) = *(source+j);
    }
    *(dest+i) = '\0';
    return dest;
}
```

编程提示：一定养成在变量定义时对变量进行初始化的好习惯，不要在中间用赋值语句赋值，否则可能出现下面的情况：

❖ 在赋值前使用了一段代码去判断该变量的值。

❖ 在赋值前使用了 goto 语句跳过了该赋值语句。

另外，对 malloc 分配的动态内存，最好用函数 memset( )进行清零操作。

图 3-2 列举了一些建议和不建议的变量初始化方法。

```
// 不建议的初始化方法          // 建议的初始化方法
int factor;                     int  factor = -1;
if (condition)                  if (condition)
    factor = 2;                     factor = 2;
else
    factor = -1;
                                // 建议的初始化方法
                                int  factor = condition ? 2 : -1;
// 不建议的初始化方法
int  factor;
if (condition)                  // 建议的初始化方法
{                               int  factor = ComputeFactor();
    // code
    factor = someValue;
}                               // 可接受的初始化方法
else                            char  path[MAX_PATH];
{                               path[0] = '\0';
    // code
    factor = otherValue;
}                               // 建议的初始化方法
                                char  path[MAX_PATH] = {'\0'};
```

图 3-2 初始化方法举例

3.1.2 死循环和死语句

【错误案例 3-2】 编程计算 $1 - \dfrac{1}{3} + \dfrac{1}{5} - \dfrac{1}{7} + \cdots$，直到最后一项小于 10^{-4} 为止。

```
#include <stdio.h>
#include <math.h>

int main(void)
{
    float  pi, sum = 0, term = 1.0, sign = 1.0;
    int  count = 0, n = 1;
```

```
    while (fabs(term) >= 1e-4);
    {
        sum = sum + term;
        count++;
        sign = -sign;
        n = n + 2;
        term = sign / n;
    }
    pi = sum * 4;
    printf("pi = %f\ncount = %d\n", pi, count);
    return 0;
}
```

错误分析：运行这个程序会出现死循环，使用监视窗口并单步跟踪执行程序，可找到错误的原因，即 while 语句行尾不应该有分号，否则会使 while 循环体变成空语句而导致死循环。

如果 for 行尾有 ";"，如

```
for (n = 1; n < 100; n++);
{
                                              // 原来的循环体语句
}
```

虽然并没有导致死循环出现，但此时由于 for 的循环体变成了空语句，原来真正的循环体语句已不再是循环体语句，因此它只能被执行一次，也是错误的。同样的情形，如果在 if 后不该加 ";" 的地方加上了 ";"，就会使 if 分支变成空语句而导致出错。

此外，错误的循环条件也可能导致死循环，如

```
int Example(unsigned int x)
{
    // …
    while (--x >= 0)             // 因 x 是无符号数，永远不会为负，该条件永真，所以是死循环
    {
        // …
    }
    return x;
}
```

【错误案例 3-3】 用递归方法计算 $n!$。

```
#include <stdio.h>
unsigned long Factorial(unsigned int n)
{
    if (n < 0)
    {
        printf("data error!");
        return 0;
    }
    else if (n == 0 || n == 1)
    {
        return 1;
    }
    else
```

```
    {
        return n * Factorial(n-1);
    }
}
int main(void)
{
    int  n;
    long  x;

    printf("Input n : ");
    scanf("%d", &n);
    x = Factorial(n);
    printf("%d != %ld\n", n, x);
    return 0;
}
```

错误分析：因 n 被声明为无符号整型，n 永远不会为负数，所以 Factorial 函数中 if(n<0) 后的语句永远不会被执行，为死语句。

【错误案例 3-4】 从键盘任意输入两个符号各异的整数，直到输入的两个整数满足要求为止，然后输出这两个数。

```
#include <stdio.h>

int main(void)
{
    int  x1, x2;
    int  ret = 1;

    do {
        printf("Please input x1, x2 : ");
        scanf("%d,%d", &x1, &x2);
    } while (x1*x2 > 0);
    printf("x1 = %d, x2 = %d\n", x1, x2);
    return 0;
}
```

错误分析：如果用户没有按照格式控制要求输入两个整数，那么仅仅是输出的结果不对，但是如果输入第一个数据时用户不慎输入了非法字符，就糟糕了，程序会立即进入死循环。这个错误是由 scanf()不进行参数类型匹配检查导致的，原因在主教材的 3.4 节已经介绍过，采用该节介绍的解决方法，可以避免函数 scanf()在读入数据时遇到这个问题。

修改后的程序如下：

```
#include <stdio.h>

int main(void)
{
    int  x1, x2;
    int  ret = 1;

    do {
        printf("Please input x1, x2 : ");
        ret = scanf("%d, %d", &x1, &x2);
        if (ret != 2)
```

```
        {
            printf("Input data error!\n");
            while(getchar() != '\n')       // 读走回车及其之前的所有无用字符
                ;
        }
    } while(x1*x2 > 0 || ret != 2);
    printf("x1=%d,x2=%d\n", x1, x2);
    return 0;
}
```

程序中，循环体为空语句的循环"while(getchar() != '\n');"是读走回车及其之前的所有无用字符，即把输入缓冲区清空，目的是不对后续输入造成影响，虽然也可用 fflush(stdin)来代替，但是从程序可移植性的角度考虑，不建议使用 fflush(stdin)。

3.1.3 与 0 比较问题

【错误案例 3-5】 编程判断整数 m 是否为素数。

```
#include <stdio.h>
#include <math.h>

int isprime(int m);

int main(void)
{
    int  n, flag;

    printf("Input n : ");
    scanf("%d", n);
    flag = isprime(n);

    if (flag)                              // 布尔变量与 0 比较
    {
        printf("Yes!\n");
    }
    else
    {
        printf("No!\n");
    }
    return 0;
}
int isprime(int m)
{
    int  i, k;

    if (m <= 1)
    {
        return 0;
    }
    for (i = 2; i <= sqrt(m); i++)
    {
        k = m % i;
        if (k = 0)                         // 整数与 0 比较，但该语句有错
        {
```

```
            return 0;
        }
    }
    return 1;
}
```

错误分析：在 Code::Blocks 下运行这个程序时，编译程序会提示如下警告信息：

```
warning: format '%d' expects argument of type 'int *', but argument 2 has type 'int'
```

提示语句 "scanf("%d",n);" 中的第 2 个参数 n 期望为 int*类型，但这里给的是 int 类型，原因是 n 的前面缺少&，&n 是 int*类型，而 n 是 int 类型。此时如果忽视这个警告，那么运行程序后也会弹出如图 3-1 所示的对话框，导致程序异常终止。

此外，程序中还有一个警告信息：

```
warning: suggest parentheses around assignment used as truth value
```

当 if 语句中的表达式为赋值表达式时，经常会出现这个警告，这里 if (k=0)中将==错用为=，当程序执行语句 "if(k = 0)   return 0;" 时，无论 k 为何值，k 都会被赋值为 0，if 条件为假，于是其分支后的语句 return 0 成为死语句，永远不会被执行，当 for 循环结束时，执行 return 1，于是在主函数中 flag 为 1，即为真，所以输出了 Yes。对于这个错误，如果将 if 语句写为 if(0==k)，则可避免该错误的发生，因为一旦错写为 if(0=k)，那么编译时就会提示错误信息。

编程提示：

① 布尔变量与 0 比较不应写成 "if (flag == 0)" 或 "if (flag != 0)"，而应写成 "if (flag)"，表示 "如果 flag 为真"，或写成 "if (!flag)"，表示 "如果 flag 为假"。

② 整型变量与 0 比较不应写成 "if(value)" 或 "if(!value)"，这样容易将 value 误解为布尔变量，应写成 "if (value == 0)" 或者 "if (value != 0)"，写成 "if (0 == value)" 或 "if (0 != value)" 能防止==被误写为=。

③ 因为 float 和 double 型数据的计算结果都有精度限制，所以实型变量与 0 比较不应写成 "if (x == 0.0)"，应写成 "if ((x >= -EPS) && ((x <= EPS))" 或 "if (fabs(x) <= EPS)"。

④ 指针变量与 0 比较不应写成 "if (p == 0)" 或 "if (p != 0)"，这样容易将 p 误解为整型变量，也不应写成 "if(p)" 或者 "if(!p)"，这样容易将 p 误解为布尔变量，而应写成 "if(p == NULL)" 或 "if (p != NULL)"，表示 p 是指针变量。

3.1.4 复杂情形的关系判断问题

【错误案例 3-6】 输入一行字符，统计其中英文字符、数字字符、空格及其他字符的个数。

```
#include <stdio.h>
#include <string.h>

int main(void)
{
    char  str[80];
    int  len, i, letter = 0, digit = 0, space = 0, others = 0;

    printf("Please input a  string : ");
    gets(str);
    len = strlen(str);
```

```
    for (i = 0; i < len; i++)
    {
        if ('a' <= str[i] <= 'z' || 'A' <= str[i] <= 'Z')
        {
            letter ++;                                  // 统计英文字符个数
        }
        else if ('0' <= str[i] <= '9')
        {
            digit ++;                                   // 统计数字字符个数
        }
        else if (str[i] == ' ')
        {
            space ++;                                   // 统计空格数
        }
        else
        {
            others ++;                                  // 统计其他字符的个数
        }
    }
    printf("English character : %d\n", letter);
    printf("digit character : %d\n", digit);
    printf("space : %d\n", space);
    printf("other character : %d\n", others);
    return 0;
}
```

错误分析：上面程序中，if ('a' <= str[i] <= 'z' || 'A' <= str[i] <= 'Z') 和 if ('0' <= str[i] <= '9') 虽然不是语法错误，但是并未起到判断"字符是大写字符或者小写字符"及判断"字符是数字字符"的作用，即不符合题意。对这种情况，编译系统一般不会给出错误提示，只是导致运行结果错误，一般初学者容易犯这样的错误。正确的应为"if ((str[i] >= 'a' && str[i] <= 'z') || (str[i] >= 'A' && str[i] <= 'Z'))"和"if (str[i] >='0' && str[i] <= '9')"。

【错误案例 3-7】 编程判断三角形类型。

```
#include <stdio.h>
#include <math.h>

int main(void)
{
    float  a, b, c;

    printf("Input a, b, c : ");
    scanf("%f, %f, %f", &a, &b, &c);

    if (a + b > c && b + c > a && a + c > b)
    {
        if (a == b || b == c || c == a)
        {
            printf("isosceles triangle\n");             // 等腰三角形
        }
        else if (a*a+b*b == c*c || a*a+c*c == b*b || c*c+b*b == a*a)
        {
            printf("right angled triangle\n");          // 直角三角形
```

```
        }
        else
        {
            printf("general triangle\n");              // 一般三角形
        }
    }
    else
    {
        printf("not triangle\n");                      // 不是三角形
    }
    return 0;
}
```

错误分析：对于程序输入等腰直角三角形的测试用例"10, 10, 14.14"，程序的判断结果却是等腰三角形。为什么呢？先来看各种三角形之间的关系，如图 3-3 所示。

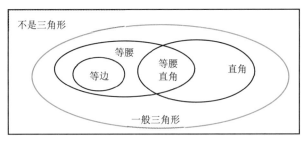

图 3-3　各种三角形之间的关系

一般地，只有非此即彼关系的分支采用 if-else 语句，而对于有交叉关系的，应用两个并列的 if 语句。在本例中，读者仔细分析后不难发现，该程序存在一个逻辑错误，由于等腰三角形、直角三角形以及一般三角形不是非此即彼的关系，因此不能用 if-else 语句来依次判断是否是等腰三角形、直角三角形和一般三角形。因为直角三角形和等腰三角形之间有交叉，所以应该用三个并列的 if 语句来判断，不能用 if-else 语句。同时，应定义一个标志变量 flag，初始化为 1。如果三角形是等腰三角形或直角三角形，就将 flag 置为 0，表示它不再是一般三角形，如果 flag 值始终为 1，就为一般三角形。

但是将此错误改正以后，输入"10, 10, 14.14"时，程序仍然判断是等腰三角形，为什么？这里还存在一个实数比较的错误。因为实数运算的结果是有精度限制的，如按照勾股定理，先计算两个直角边的边长 10 和 10 的平方和，再计算其开方得到的斜边边长，其只能是近似值，究竟是取 14.14 还是取 14.142135，完全取决于精度要求，因此不能直接判断经计算得到的实型数 a 与 b 是否相等，应该使用 if(fabs(a-b)<= EPS)来判断。对于本例，"if(a*a+b*b==c*c || a*a+c*c==b*b || c*c+b*b==a*a)"应该修改为"if (fabs(a*a+b*b-c*c)<= EPS || fabs(a*a+c*c==b*b)<=EPS || fabs(c*c+b*b==a*a)<=EPS)"，如果计算精度要求不高，EPS 取值 1e-1 即可。

思考题：如果增加一个是否是等边三角形的判断，请分析下面的程序存在什么问题，应该如何修改程序才能得到正确的测试结果？

```
#include <stdio.h>
#include <math.h>
#define        EPS        1e-1

int main(void)
```

```c
{
    float  a, b, c;
    int   flag = 1;

    printf("Input a, b, c : ");
    scanf("%f, %f, %f", &a, &b, &c);
    if (a + b > c && b + c > a && a + c > b)
    {
        if (fabs(a-b) <= EPS || fabs(b-c) <= EPS || fabs(c-a) <= EPS)
        {
            printf("isosceles triangle\n");          // 等腰三角形
            flag = 0;
        }
        else if (fabs(a-b) <= EPS && fabs(b-c) <= EPS && fabs(c-a) <= EPS)
        {
            printf("equilateral triangle\n");         // 等边三角形
            flag = 0;
        }
        if (fabs(a*a+b*b-c*c) <= EPS || fabs(a*a+c*c == b*b) <= EPS || fabs(c*c+b*b == a*a) <= EPS)
        {
            printf("right angled triangle\n");        // 直角三角形
            flag = 0;
        }
        if (flag)
        {
            printf("general triangle\n");             // 一般三角形
        }
    }
    else
    {
        printf("not triangle\n");                     // 不是三角形
    }
    return 0;
}
```

3.1.5 遗漏边界条件测试

【错误案例 3-8】 编程将成绩由百分制转换为五分制。

```c
#include <stdio.h>

int main(void)
{
    int  score, mark;

    printf("Please enter score : ");
    scanf("%d", &score);
    mark = score / 10;

    switch (mark)
    {
        case10:
        case9:      printf("%d--A\n", score);    break;
        case8:      printf("%d--B\n", score);    break;
```

```
case7:      printf("%d--C\n", score);    break;
case6:      printf("%d--D\n", score);    break;
case5:
case4:
case3:
case2:
case1:
case0:      printf("%d--E\n", score);    break;
default:    printf("Input error!\n");
    }
    return 0;
}
```

错误分析：该程序的第一个问题是 case 后缺少空格，在所有 case 后添加空格后，当输入
101～109 之间的分数时，测试结果不对。原因是，当 101<score<109 时，执行语句 "mark =
score/10;" 后，由于整型数运算的结果仍为整数，因此 mark 值为 10，于是执行 switch 语句后
就输出了等级为 A，从而导致输入 101～109 之间的非法数据时，程序不能与 90～100 之间的
合法数据区分。

编程提示：对每段代码都要求进行严格的测试，特别是一些功能函数要对其各种临界点
（如零值、无穷大值等）进行测试。选择测试用例应尽量使其覆盖每一个分支。

3.1.6　非所有控制分支都有返回值错误

【错误案例 3-9】　计算两个整数的最小公倍数。

```
#include <stdio.h>

int MinCommonMultiple(int a, int b);

int main(void)
{
    int  a, b, x;

    printf("Input a, b : ");
    scanf("%d, %d", &a, &b);
    x = MinCommonMultiple(a, b);
    printf("MinCommonMultiple = %d\n", x);
    return 0;
}

int MinCommonMultiple(int a, int b)
{
    for (int i = 1; i <= b; i++)
    {
        if ((i*a) % b == 0)
        {
            return i*a;
        }
    }
}
```

错误分析：本例程序在 Code::Blocks 下编译会给出如下警告：

原因是：在返回值不是 void 的函数 MinCommonMultiple( )中，不是所有控制分支都有返回值。要想消除这个警告信息，其实很简单，只要将函数 MinCommonMultiple( )改成如下形式即可。

```
int MinCommonMultiple(int a, int b)
{
    for (int i = 1; i < b; i++)                    // 原来的 i<=b 改成了 i<b
    {
        if ((i*a) % b == 0)
        {
            return i*a;
        }
    }
    return b*a;                                     // 增加的 return 语句
}
```

虽然本例的警告信息并未影响程序的运行结果，但是在某些情况下，这种不良习惯会在程序中埋下隐患。请看下例。

【错误案例 3-10】 计算并输出一个整数的阶乘。

```
#include <stdio.h>

long Factorial(int n);

int main(void)
{
    int  a;
    long  x;

    printf("Input a : ");
    scanf("%d", &a);
    x = Factorial(a);
    printf("a! = %ld\n", x);
    return 0;
}

long Factorial(int n)
{
    if (n < 0)
    {
        printf("Input data error!\n");
    }
    else if (n == 0 || n == 1)
    {
        return 1;
    }
    else
    {
        return n * Factorial(n-1);
    }
}
```

错误分析：编译这个程序也会给出警告，提示"不是所有控制分支都有返回值"。同时，

运行程序后如果输入了一个负数，程序运行结果为

```
Input a:-1↙
Input data error!
a! = 11
```

虽然程序也给出了错误提示信息，但是仍然不能避免给出一个错误的运行结果。也就是说，编译警告并没有起到真正防范错误的作用，因为我们不能保证是否还有别的代码要使用这个结果，一旦使用，显然会产生连锁反应，导致一连串的错误发生。

编程提示：

① 如果某函数需要返回值，那么一定要确保该函数的所有控制分支都有返回值。

② 重视编译器的所有警告信息，并将它们排除掉，让程序一点警告信息都没有。因为很多警告信息在不同的编译环境中会有不同的结果，更重要的是，许多警告信息往往都指示了程序中潜在的错误危险。所以要认真检查每个警告信息，查看是否有某种隐患。要通过修改代码消除警告信息，不要通过"reducing the warning level"消除警告信息。

③ "Replace run-time check with compile-time checks"，即尽量让错误检查发生在程序编译或者链接时，而不是发生在运行阶段。

3.1.7　数值溢出和精度损失错误

【错误案例 3-11】　利用 $\dfrac{\pi}{2}=\dfrac{2}{1}\times\dfrac{2}{3}\times\dfrac{4}{3}\times\dfrac{4}{5}\times\dfrac{6}{5}\times\dfrac{6}{7}\times\cdots$ 的前 100 项之积，编程计算 π 的值。

```c
#include <stdio.h>

int main(void)
{
    float  term, result = 1;
    for (int n = 2; n <= 100; n = n + 2)
    {
        term = (n * n) / ((n - 1) * (n + 1));
        result = result * term;
    }
    printf("result = %f\n", 2 * result);
    return 0;
}
```

错误分析：该程序的问题貌似精度不够，但是将变量 term 和 result 的类型改为 double 后，运行结果还是不对。原来问题出在(n * n) / ((n - 1) * (n + 1))的计算上，虽然这个计算结果不会溢出，但是如果 n 被声明为 int 类型，因为整型数相除的结果还是整型数，所以会发生计算精度损失。为解决这个问题，应将两个相除运算的操作数强制转换为 double 类型。

3.1.8　类型匹配错误

【错误案例 3-12】　用函数计算自然数的立方和，直到大于 10^6 为止。

```c
#include<stdio.h>

int CubicSum(int n);
```

```
int main(void)
{
    int  m = CubicSum(10000000000);
    printf("m = %d\n", m);
    return 0;
}
int CubicSum(int n)
{
    long  sum = 0;

    for (long i = 1; ; i++)
    {
        sum = sum + i*i*i;
        if (sum >= n)
            return i-1;
    }
}
```

错误分析：在 Code::Blocks 下运行该程序，结果为 m=273，这个结果是错误的，原因是 10000000000 这个数超出了 4 字节 int 类型所能表示的整数范围，发生了数值溢出，让我们在函数 CubicSum 入口处插入一条输出语句输出 n 的值。可以发现，由于类型错误而导致实参值传给形参 n 的值变成了 1410065408，因而导致了运算结果的错误，事实上该程序在编译时，已经给出了数值溢出的警告。

如果将程序修改如下：

```
#include <stdio.h>

int CubicSum(long long n);

int main(void)
{
    int  m = CubicSum(10000000000);
    printf("m = %d\n", m);
    return 0;
}

int CubicSum(long long n)
{
    long long  i, sum = 0;

    for (i = 1; ; i++)
    {
        sum = sum + i*i*i;
        if(sum >= n)
            return i-1;
    }
}
```

尽管程序可以得到正确的运行结果，但存在另一个类型匹配错误，由于 CubicSum 函数中的变量 i 被声明为 long long 类型，因此，函数返回值 i-1 的类型与函数定义的返回值类型 int 不匹配，因为 i-1 的实际值并未超出 4 字节 int 类型的范围，所以对程序的运行结果并未造成影响，却给程序埋下了一个隐患。对于这种类型不匹配的错误，某些编译器是保持沉默的，仅当函数原型与函数定义中的参数类型不一致时，编译器才会"大喊大叫"，告诉你出现了参数不匹配错误。更糟糕的是，如果函数形参为指针类型，却接收了一个整型实参数据，这时某些编译器会将这个整数值当做指针值来使用，从而在程序运行时发生非法内存访问的错误。当然，有些编译器可以捕获实参与形参类型不匹配的错误，给出错误提示。

3.1.9　越界访存错误

【错误案例 3-13】 打印 5 行杨辉三角形。

```c
#include <stdio.h>
#define        ARR_SIZE        5

void  YH(int a[][ARR_SIZE], int  n);
void  PrintYH(int a[][ARR_SIZE], int  n);

int main(void)
{
    int  a[ARR_SIZE][ARR_SIZE];

    YH(a, ARR_SIZE);
    PrintYH(a, ARR_SIZE);
    return 0;
}
void YH(int a[][ARR_SIZE], int n)
{
    for (int i = 1; i <= n; i++)
    {
        a[i][1] = 1;
        a[i][i] = 1;
    }
    for (int i = 3; i <= n; i++)
    {
        for (int j = 2; j <= i-1; j++)
        {
            a[i][j] = a[i-1][j-1] + a[i-1][j];
        }
    }
}

void PrintYH(int a[][ARR_SIZE], int n)
{
    for (int i = 1; i < n; i++)
    {
        for (int j = 1; j <= i; j++)
        {
            printf("%4d", a[i][j]);
        }
         printf("\n");
    }
}
```

错误分析：这个程序编译没有错误，但是运行结果并没有打印出 5 行杨辉三角形，错误的原因是，C 语言规定数组的下标从 0 开始，但是函数 YH 是从下标 1 开始使用的，从而导致数组下标越界。不使数组下标越界，需要程序员自己来保证。对于本例，只要修改两行语句即可。

首先，将"#define   ARR_SIZE   5"修改为"#define   ARR_SIZE   6"；其次，将主函数中的函数调用语句"YH(a, ARR_SIZE);"修改为"YH(a, ARR_SIZE-1);"。

【错误案例 3-14】 从键盘任意输入 *m* 个学生 *n* 门课程的成绩，然后计算每个学生各门课的总分 sum 和平均分 aver。

```c
#include <stdio.h>
#define      STUD      30           // 最多可能的学生人数
#define      COURSE    5            // 最多可能的考试科目数
void  Total(int *score, int sum[], float aver[], int m, int n);
void  Print(int *score, int sum[], float aver[], int m, int n);

int main(void)
{
    int   m, n, score[STUD][COURSE], sum[STUD];
    float  aver[STUD];

    printf("Enter the total number of students and courses : ");
    scanf("%d %d", &m, &n);
    printf("Enter score\n");
    for (int i = 0; i < m; i++)
    {
        for (int j = 0; j < n; j++)
        {
            scanf("%d", &score[i][j]);
        }
    }

    Total(*score, sum, aver, m, n);
    Print(*score, sum, aver, m, n);
    return 0;
}

void Total(int *score, int sum[], float aver[], int m, int n)
{
    for (int i = 0; i < m; i++)
    {
        sum[i] = 0;
        for (int j = 0; j < n; j++)
        {
            sum[i] = sum[i] + *(score + i * n + j);
        }
        aver[i] = (float) sum[i] / n;
    }
}

void  Print(int *score, int sum[], float aver[], int m, int n)
{
    printf("Result : \n");
    for (int i = 0; i < m; i++)
```

```
{
    for (int j = 0; j < n; j++)
    {
        printf("%4d\t", *(score + i * n + j));
    }
    printf("%5d\t%6.1f\n", sum[i], aver[i]);
}
}
```

错误分析：在 Code::Blocks 下，程序的运行结果如下：

```
Enter the total number of students and courses : 4 3↙
Enter score
60 60 60↙
80 80 80↙
90 90 90↙
70 70 70↙
Result :
60        60        60        180        60.0
4011994   3998072   80        8010096    2670032.0
80        80        0         160        53.3
2         90        90        182        60.7
```

由运行结果可知，只有第 1 个学生的统计结果是正确的，其余各行的统计结果有一些乱码（在不同的平台或系统下显示的乱码可能有所不同），而总分和平均分又的确是按照这些乱码值计算的，看来总分和平均分的计算是没有错误的，错误很可能是从主函数传给函数 Total 的成绩值发生了变化。

经分析发现，主函数中的成绩存放在二维数组 score 中，该数组定义为 STUD 行、COURSE 列，是按行连续存放在内存中的，而在函数 Total( )中，是通过实参传过来的首地址 score 通过间接寻址"*(score＋i * n＋j)"来访问成绩数组的，这种寻址是假设成绩按照每行 n 列存放在内存中的，如果我们从键盘输入的 n 的值等于 COURSE 的值，那么错误也许不会发生，但是恰恰它们的值不等（这里 n<COURSE）。也就是说，数据原本是按照每行 COURSE 列分配的内存，从每一行的行首开始每行存入了 n 个数据（后面的 COURSE-n 个数据当然是乱码了），然而读取数据时是按照每行 n 列从首地址开始读的，结果导致读出的数据发生了错位。

为了检验这个猜想，我们在函数 Total( )的入口处插入输出语句，分别按照每行 COURSE 列和 n 列，从首地址 score 开始输出内存中的数组元素，对比其结果。

```
void Total(int *score, int sum[], float aver[], int m, int n)
{
    printf("COURSE column results:\n");          // 按每行 COURSE 列输出数组元素
    for (int i = 0; i < m; i++)
    {
        for (int j = 0; j < COURSE; j++)
        {
            printf("%4d\t", *(score + i * COURSE + j));
        }
        printf("\n");
    }
    printf("n column results:\n");               // 按每行 n 列输出数组元素
```

```
        for (int i = 0; i< m; i++)
        {
            for (int j = 0; j < n; j++)
            {
                printf("%4d\t", *(score + i * n + j));
            }
            printf("\n");
        }
        for (int i = 0; i < m; i++)
        {
            sum[i] = 0;
            for (int j = 0; j < n; j++)
            {
                sum[i] = sum[i] + *(score + i * n + j);
            }
            aver[i] = (float) sum[i] / n;
        }
    }
```

此时，程序的运行结果如下：

```
    Enter the total number of students and courses:4 3↙
    Enter score
    60 60 60↙
    80 80 80↙
    90 90 90↙
    70 70 70↙
    COURSE column results :
    60          60          60          4011944     3998072
    80          80          80          0           2
    90          90          90          88          16
    70          70          70          4011952     3997696
    n column results :
    60          60          60
    4011944     3998072     80
    80          80          0
    2           90          90
    Result :
    60          60          60          180         60.0
    4011994     3998072     80          8010096     2670032.0
    80          80          0           160         53.3
    2           90          90          182         60.7
```

上述结果验证了我们对错误原因的分析，修正这个错误，有很多方法。

一是将函数 Total( )和函数 Print( )中的*(score + i * n + j)改成*(score + i * COURSE + j)。

二是删除函数 Print( )，将主函数改为如下：

```
int main(void)
{
    int  m, n, score[STUD][COURSE], sum[STUD];
    float  aver[STUD];

    printf("Enter the total number of students and courses : ");
```

```
        scanf("%d %d", &m, &n);
        printf("Enter No. and score\n");

        for (int i = 0; i < m; i++)
        {
            for (int j = 0; j < n; j++)
            {
                scanf("%d", &score[i][j]);
            }
        }
        Total(*score, sum, aver, m, n);
        printf(" Result : \n");

        for (int i = 0; i < m; i++)
        {
            for (int j = 0; j < n; j++)
            {
                printf("%4d\t", score[i][j]);
            }
            printf("%5d\t%6.1f\n", sum[i], aver[i]);
        }
        return 0;
}
```

三是将程序改为如下形式:

```
#include <stdio.h>
#define      STUD     30              // 最多学生人数
#define      COURSE   5               // 考试科目数
void  Input(int *score, int m, int n);
void  Total(int *score, int sum[], float aver[], int m, int n);
void  Print(int *score, int sum[], float aver[], int m, int n);

int main(void)
{
    int  m, n, score[STUD][COURSE], sum[STUD];
    float  aver[STUD];

    printf("Enter the total number of students and courses : ");
    scanf("%d %d", &m, &n);
    Input(*score, m, n);
    Total(*score, sum, aver, m, n);
    Print(*score, sum, aver, m, n);
    return 0;
}

void Input(int *score, int m, int n)
{
    printf("Enter No. and score\n");
    for (int i = 0; i < m; i++)
    {
        for (int j = 0; j < n; j++)
        {
            scanf("%d", score + i * n + j);
        }
    }
```

```
        }
    }

    void Total(int *score, int sum[], float aver[], int m, int n)
    {
        for (int i = 0; i < m; i++)
        {
            sum[i] = 0;
            for (int j = 0; j < n; j++)
            {
                sum[i] = sum[i] + *(score + i * n + j);
            }
            aver[i] = (float) sum[i] / n;
        }
    }

    void Print(int *score, int sum[], float aver[], int m, int n)
    {
        printf("Result : \n");

        for (int i = 0; i < m; i++)
        {
            for (int j = 0; j < n; j++)
            {
                printf("%4d\t", *(score + i * n + j));
            }
            printf("%5d\t%6.1f\n", sum[i], aver[i]);
        }
    }
```

【错误案例 3-15】 编写字符串连接程序。

```
#include <stdio.h>
#include <string.h>
char* MyStrCat(char *dest, char *source)
{
    unsigned int  i;

    for (i = 0; i < strlen(source) + 1; i++)
    {
        *(dest + strlen(dest) + i) = *(source + i);
    }
    return dest;
}

int main(void)
{
    char  *first = "Hello";
    char  *second = "xWorld";
    char  *result;

    result = MyStrCat(first, second);
    printf("\nThe result is : %s", result);
    return 0;
}
```

错误分析：在 Code::Blocks 下运行，程序会异常终止，出现如图 3-4 所示的对话框，相当于宣布程序"安乐死"。

图 3-4　异常终止对话框

出现该提示，往往是出现了非法内存访问问题。本例的原因就出在如下声明语句上：

```
char  *first = "Hello";
```

如果操作系统支持只读存储区，那么常量字符串（如本例中的"Hello"）通常存储在只读存储区。因此在函数 MyStrCat( )中，对其进行写操作被视为非法。现代流行的操作系统都支持只读存储区，但很多嵌入式和很早以前的操作系统（如 DOS）不支持。例如，本例在 Turbo C 2.0 下运行，就不会出现如上所示的异常终止错误。如果修改该语句为

```
char  first[20]="Hello";          // 字符串"Hello"后的 15 字节被初始化为'\0'
```

那么，虽然非法内存访问的错误提示消失，但运行结果只输出"Hellox"，并未实现字符串连接。原来函数 MyStrCat()也有错误，在语句"*(dest + strlen(dest) + i) = *source;"中，如果 strlen(dest) 的值是定值，那么它可以实现字符串的连接。

然而遗憾的是，在第 1 次循环中，source 字符串的第 1 个字符'x'复制到字符串 dest 末尾，字符串的长度发生了变化，由原来的 5 变成了 6，在第 2 次循环中，由于 strlen(dest)和 i 的值均增加了 1，因此执行语句"*(dest + strlen(dest) + i) = *source;"，相当于将目标地址连续后移 2 字节，再向其复制字符'W'，被跳过的这个字节单元存储的恰恰是数组初始化时的值'\0'，这个被跳过的字符'\0'宣布了字符串 dest 的结束。

所以，尽管后续循环在'\0'后也复制了字符串"World"，但按%s 格式输出该字符串时遇到字符串结束标志，输出终止，从而导致输出的字符串连接结果是"Hellox"，而不是"HelloxWorld"。

为了验证上述分析结果，可在主函数中增加以%c 格式输出字符串的语句，程序如下：

```
int main(void)
{
    char  first[20]="Hello";
    char  *second="xWorld";
    char  *result;

    result = MyStrCat(first, second);
    for (int i = 0; i < 20; i++)
    {
        printf("%c", *(result + i));
    }
    printf("\n");
    printf("The result is : %s\n", result);
    return 0;
}
```

其实，要修改这个程序，得到正确的运行结果，只要将 strlen(dest) 的计算移到 for 循环的前面，结果存于变量 destLen 中，这样在 for 循环中使用的字符串长度就是定值了。程序如下：

```c
char* MyStrCat(char *dest, char *source)
{
    unsigned int  i, destLen;
    destLen = strlen(dest);

    for (i = 0; i < strlen(source) + 1; i++)
    {
        *(dest + destLen + i) = *(source + i);
    }
    return dest;
}
```

字符串连接过程如图 3-5 所示。

（a）目的字符串 dest 连接开始前（字符串长度为 5）

（b）目的字符串 dest 连接开始后第 1 次循环（字符串长度为 6）

（c）目的字符串 dest 连接开始后第 2 次循环（字符串长度为 6）

（d）目的字符串 dest 连接结束后（字符串长度为 6）

图 3-5　字符串连接过程

3.1.10　缓冲区溢出问题

【错误案例 3-16】　试分析下面这段程序可能存在什么漏洞。

```c
#include <string.h>
#include <stdio.h>
#define      MAX_LEN       10

int main(void)
{
    char  str[MAX_LEN];

    gets(str);
    puts(str);
    return 0;
}
```

错误分析：这是一段再简单不过的程序了，殊不知其中存在着"缓冲区溢出"的隐患。原因就出在函数 gets( )上，scanf( )也存在类似的问题，它们虽然简便好用，但是因其不能限制用户输入字符串的长度，当用户输入的字符串长度超过 MAX_LEN 时，就因发生缓冲区溢出而产生了非法内存访问。因此，这两个函数常常成为黑客攻击的对象。

明智的选择是将语句"gets(str);"改成能限制输入字符串长度的函数：

```
fgets(str, MAX_LEN*sizeof(char), stdin);
```

很多黑客攻击是从造成缓冲区溢出开始的，这也常被称为缓冲区溢出攻击。一方面利用了操作系统中函数调用和局部变量存储的基本原理；另一方面利用了应用程序中的内存操作漏洞，使用特定的参数造成应用程序内存异常，并改变操作系统的指令执行序列，让系统执行攻击者预先设定的代码，进而完成权限获取、非法入侵等攻击使命。

再看如下例子：

```c
#include <string.h>
int main(int argc, char *argv[])
{
    char buffer[1024];
    if (argc > 1)
    {
        strcpy(buffer, argv[1]);
    }
    return 0;
}
```

函数调用时，操作系统一般要完成如下几项工作：

① 将函数参数 argc 和 argv 压入堆栈。

② 堆栈中，保存函数调用的返回地址（函数调用结束后要执行的语句地址）。

③ 堆栈中，保存一些其他内容（如有用的系统寄存器等）。

④ 堆栈中，为函数的局部变量分配存储空间（如本例中，要为数组 buffer 分配 1024 字节）。

⑤ 执行函数代码。

执行函数代码前的系统堆栈使用情况如图 3-6 所示。

假设攻击者调用这段程序时传入的字符串 argv[1]的

栈顶（低端地址）

| buffer:1024字节 |
| 有用的系统寄存器 |
| 函数调用返回地址 |
| 参数 argc, argv |
| …… |
| …… |

栈底（高端地址）

图 3-6　函数调用时系统堆栈使用情况

长度大于 1024 字节，由于复制操作与参数压入堆栈的方向相反，因此执行"strcpy(buffer, argv[1])"后，就会将多于 1024 字节的内容复制到堆栈从栈顶开始向栈底延伸的地方，超出 1024 字节的内容依次覆盖了堆栈中有用的系统寄存器、函数调用的返回地址等。如果攻击者精心设计传入的参数，在 1024 字节以内的地方写上一段攻击代码，然后在恰巧能覆盖堆栈中函数调用的返回地址的位置写上一个经过周密计算得到的地址，该地址精确地指向前面的攻击代码，函数执行完毕，系统就返回到攻击代码中，进而夺取系统的控制权，完成攻击任务。

函数 strcpy( )不限制复制字符的长度，因而给黑客以非法内存访问的可乘之机。ANSI C 定义了一些"n 族"字符处理函数，包括 strncpy( )、strncat( )等，通过增加一个参数来限制字符串处理的最大长度，在本例中使用它们可以消除这个漏洞。

3.1.11　内存泄露问题

如果程序向系统动态申请了内存，在不使用时忘记了释放已申请的内存，就会造成内存泄露（Memory Leak），好比借了人家的东西不归还一样。想想看，长此以往，谁还会借东西给你呢？Java 语言增加了垃圾内存回收机制，不存在这个问题，但是 C 语言则不然。

【错误案例 3-17】　分析下面程序存在什么漏洞。

```c
void Init(void)
{
    char *pszMyname = NULL;
    char *pszHerName = NULL;
    char *pszHisName = NULL;

    pszMyName = (char*)malloc(256);
    if(pszMyName == NULL)
    {
        return;
    }
    pszHerName = (char*)malloc(256);
    if (pszHerName == NULL)
    {
        return;
    }
    pszHisName = (char*)malloc(256);
    if (pszHisName == NULL)
    {
        return;
    }
    ......                              // 正常处理的代码
    free(pszMyName);
    free(pszHerName);
    free(pszHisName);
    return;
}
```

错误分析：虽然程序中使用的 malloc() 和 free() 是配对的，但也许你已经发现，当前面的 malloc() 成功分配了内存，而后面的 malloc() 未能成功分配内存时，直接退出函数将导致前面已成功申请的内存未被 free()。为此，我们修改程序如下：

```c
void Init(void)
{
    char  *pszMyname = NULL;
    char  *pszHerName = NULL;
    char  *pszHisName = NULL;

    pszMyName = (char*)malloc(256);
    if (pszMyName == NULL)
    {
        return;
    }
    pszHerName = (char*)malloc(256);
    if (pszHerName == NULL)
```

```
    {
        free(pszMyName);
        return;
    }
    pszHisName = (char*)malloc(256);
    if (pszHisName == NULL)
    {
        free(pszMyName);
        free(pszHerName);
        return;
    }
    ......                                    // 正常处理的代码
    free(pszMyName);
    free(pszHerName);
    free(pszHisName);
    return;
}
```

这样编写的程序存在一个问题：有重复的语句，而且如果再增加其他 malloc( )函数调用语句，需要相应地增加 free( )函数调用语句。而使用 goto 语句重用一段"重用率很高、但很难写成单一函数"的代码，可以使程序更简洁，结构更清晰。在本例中，也符合"尽量把 malloc( )集中在函数的入口处，free( )集中在函数的出口处"的原则。

```
        void Init(void)
        {
            char  *pszMyname = NULL;
            char  *pszHerName = NULL;
            char  *pszHisName = NULL;

            pszMyName = (char*)malloc(256);
            if (pszMyName == NULL)
            {
                goto Exit;
            }
            pszHerName = (char*)malloc(256);
            if (pszHerName == NULL)
            {
                goto Exit;
            }
            pszHisName = (char*)malloc(256);
            if (pszHisName == NULL)
            {
                goto Exit;
            }
            ......                                    // 正常处理的代码
Exit:
            if (pszMyName != NULL)
            {
                free(pszMyName);
            }
            if (pszHerName != NULL)
            {
```

```
        free(pszHeName);
    }
    if (pszHisName != NULL)
    {
        free(pszHiName);
    }
    return;
}
```

这个例子告诉我们，goto 并非罪大恶极，在解决对异常进行统一的错误处理问题时，是非常好用的；它的另一个应用就是常常被作为跳出多重循环的一条捷径。注意，尽量使用单向跳转的 goto 语句，切莫使用交叉的 goto 语句。

【错误案例 3-18】 编写一个将字符串倒序存放的函数。

```
#include <stdio.h>
#include <string.h>
#include <stdlib.h>
char *Invert(char *str)
{
    char  *p;
    int  num = strlen(str);                     // 求出 string 中包含的字符长度
    p = (char *)malloc(num*sizeof(char) + 1);   // 申请 num+1 个内存单元
    for (int i = 0; i < num; i++)
    {
        *(p+num-i-1) = *(str+i);                // 将字符串倒置
    }
    *(p+num) = 0;                               // 置字符串结尾标志
    return p;                                   // 返回指针 p 到调用者
}
int main(void)
{
    char  *str = "teststring", *result;
    printf("Before invert string : %s\n", str);
    result = Invert(str);
    printf("After invert string : %s\n", result);
    return 0;
}
```

错误分析：这个程序虽然运行结果正确，但是存在内存泄露的隐患，函数 Invert()中申请的动态内存始终未被释放。

含有内存泄露错误的函数，在每次函数调用时都会丢失一块内存，刚开始时，系统内存充足，看不到任何错误，系统运行相当一段时间后，就会因发生内存耗尽而突然死掉。其严重程度取决于每次遗留内存垃圾的多少和代码被调用的次数。

不要以为少量内存未被释放没什么影响，程序运行结束后都会被系统一并回收，一旦这段代码被复制并粘贴到需要长期稳定运行的服务程序中，将严重影响系统的稳定性。显然，需要长期稳定运行的服务程序对内存泄露最敏感。

编程提示：内存泄露错误的解决对策如下。

① 仅在需要的时候才调用 malloc( )，并尽量减少 malloc( )调用的次数，能用自动变量解决的问题，就不要用 malloc( )来解决（如错误案例 3-20），仅在大块内存分配和动态内存分配时使用 malloc( )。

② 配套使用 malloc( )和 free( )，而且尽量让 malloc( )和与之配套的 free( )集中在一个函数内，尽量把 malloc( )集中在函数的入口处，free( )集中在函数的出口处。

③ 如果 malloc( )和 free( )无法集中在一个函数中，就要分别编写申请内存和释放内存的函数，然后使其配对使用。

④ 可以重复利用 malloc( )申请到的内存，这样可以减小内存泄露发生的概率。

切记：以上原则只能降低内存泄露发生的概率，不能保证完全杜绝内存泄露的发生。

3.1.12　使用野指针的问题

非法内存操作的一个共同特征就是代码访问了不该访问的内存地址。其起因除了使用未分配成功的内存、引用未初始化的内存、越界访问内存这几种情形，还有另一种情形，即释放了内存却需要继续使用它。

千万不要以为指针所指的内存被释放以后，指针就会变成 NULL 或者消亡了，其实它的地址并没有改变，仍然指向这块内存，只不过该地址所对应的内存是乱码而已。释放内存的结果只是改变了内存内容，使其变成了垃圾内存。指向垃圾内存的指针被称为"野指针"。因此，用判断指针是否为 NULL 不能避免使用野指针的问题，除非在释放指针所指向的内存后，立即人为地在程序中将该指针置为 NULL。

【错误案例 3-19】　从键盘任意输入一串字符，然后在屏幕上输出。

```c
#include <stdio.h>

char* GetStr(void);

int main(void)
{
    char  *ptr = NULL;

    ptr = GetStr();
    puts(ptr);
    return 0;
}

char* GetStr(void)
{
    char  s[80];

    scanf("%s", s);
    return s;
}
```

【错误分析】在 Code::Blocks 下编译，显示如下警告：

   warning:function returns address of local variable

其含义是"返回了局部变量的地址"。虽然这个警告并不影响程序运行，但运行这个程序，当用户从键盘输入一串字符后，屏幕显示的字符串输出结果就会为乱码。

野指针错误通常都发生在试图从一个函数返回指向局部变量的地址，因为系统给函数中声明的局部变量分配的内存，在函数调用结束后就被自动释放了，也就是说，该内存中的数据将变成随机数，即乱码。

为了得到正确的运行结果，应将程序改为：

```c
#include <stdio.h>

void GetStr(char *);

int main(void)
{
    char  s[80];
    char  *ptr = s;

    GetStr(ptr);
    puts(ptr);
    return 0;
}

void GetStr(char *s)
{
    scanf("%s", s);
}
```

但是如果将程序改为：

```c
#include <stdio.h>

void GetStr(char *);

int main(void)
{
    char  *ptr = NULL;

    GetStr(ptr);
    puts(ptr);
    return 0;
}

void GetStr(char *s)
{
    scanf("%s", s);
}
```

程序就会因使用没有明确指向的空指针变量而异常终止，这与引用没有初始化的指针变量的效果是一样的。

如果将程序改为：

```c
#include <stdio.h>
#include <stdlib.h>

void GetStr(char *);

int main(void)
{
    char  *ptr = NULL;

    GetStr(ptr);
    puts(ptr);
```

```
        return 0;
    }
    void GetStr(char *s)
    {
        s = (char *)malloc(100);
        scanf("%s", s);
    }
```

同样会导致程序崩溃。原因是，函数参数不能传递动态内存地址。

虽然将程序改为：

```
    #include <stdio.h>
    #include <stdlib.h>

    char* GetStr(char *s);

    int main(void)
    {
        char *ptr = NULL;

        ptr = GetStr(ptr);
        puts(ptr);
        return 0;
    }

    char* GetStr(char *s)
    {
        s = (char *)malloc(100);
        scanf("%s", s);
        return s;
    }
```

可以得到正确的运行结果，也避免了函数参数不能传递动态内存地址的问题，但是存在着动态申请的内存未被释放、有可能造成内存泄露的隐患。

【错误案例 3-20】 建立一个链表，然后删除该链表中的节点。该程序也犯了使用野指针的错误，只是相对隐蔽一些。

```
    #include <stdio.h>
    #include <stdlib.h>

    struct Link  *AppendNode(struct Link *head);
    void DispLink(struct Link *head);
    struct Link *DelNode(struct Link *head, int nodeData);
    struct Link
    {
        int  data;
        struct Link  *next;
    };

    int main(void)
    {
        int  i, total;
        char  c;
        struct  Link  *head = NULL;        // 指向链表头
```

```
    int  data;

    printf("Do you want to append a new node(Y/N)?");
    scanf(" %c", &c);                          // %c 前有一个空格
    i = 0;
    while (c=='Y' || c=='y')
    {
        head = AppendNode(head);
        DispLink(head);                        // 显示当前链表中各节点的信息
        printf("Do you want to append a new node(Y/N)?");
        scanf(" %c", &c);                      // %c 前面有一个空格
        i++;
    }
    printf("%d new nodes have been apended!\n", i);
    total = i;
    printf("Do you want to delete a node(Y/N)?");
    scanf(" %c", &c);                          // %c 前有一个空格
    i = 0;

    while ((c=='Y'||c=='y') && i!=total)     // 待删节点不能超过链表总节点数
    {
        printf("Input node data that you want to delete : ");
        scanf("%d", &data);
        DelNode(head, data);
        DispLink(head);
        printf("Do you want to delete a new node(Y/N)?");
        scanf(" %c", &c);                      // %c 前有一个空格
        i++;
    }
    printf("%d new nodes have been deleted!\n", i);
    return 0;
}
// 函数功能：新建一个节点并添加到 head 指向的链表的末尾，返回添加节点后的链表的头节点指针
struct Link *AppendNode(struct Link *head)
{
    struct Link  *p = NULL;
    struct Link  *pr = head;
    int  data;

    p = (struct Link *)malloc(sizeof(struct Link));          // 为新节点申请内存
    if (p == NULL)                             // 若申请内存失败，则输出错误信息，退出程序
    {
        printf("No enough memory to alloc");
        exit(0);
    }
    if (head == NULL)                          // 若原链表为空表，则将新建节点置为首节点
    {
        head = p;
    }
    else                                       // 若原链表为非空，则将新建节点添加到表尾
    {
        while (pr->next != NULL)               // 移动指针 pr，直至 pr 指向表尾
        {
```

```
            pr = pr->next;
        }
        pr->next = p;                        // 将新建节点添加到链表的末尾
    }
    pr = p;                                  // 让 pr 指向新建节点
    printf("Input node data : ");
    scanf("%d", &data);
    pr->data = data;
    pr->next = NULL;                         // 将新建节点置于表尾
    return head;                             // 返回添加节点后的链表的头节点指针
}
// 函数的功能：显示 head 指向的链表中所有节点的节点号和该节点中数据项内容
void DispLink(struct Link *head)
{
    struct Link  *p = head;
    int  j = 1;

    while (p != NULL)                        // 若不是表尾，则循环输出
    {
        printf("%5d%10d\n", j, p->data);     // 输出第 j 个节点的数据
        p = p->next;                         // 让 p 指向下一个节点
        j++;
    }
}
// 函数功能：从 head 指向的链表中删除一个节点数据为 nodeData 的节点，返回删除节点后的链表的头节点指针
struct Link *DelNode(struct Link *head, int nodeData)
{
    struct Link  *p = head, *pr = head;

    if (head == NULL)                        // 若链表为空，则表示没有节点
    {
        printf("No Linked Table!\n");
        return(head);
    }
    // 若没找到节点 nodeData 且未到表尾，则继续查找
    while (nodeData != p->data && p->next != NULL)
    {
        pr = p;
        p = p->next;
    }
    if (nodeData == p->data)                  // 若找到节点 nodeData，则删除该节点
    {
        if (p == head)                        // 若该节点为首节点，则让 head 指向第 2 个节点
        {
            head = p->next;
        }
        else                                  // 若为中间节点，则将前一节点指针指向当前节点的下一节点
        {
            pr->next = p->next;
        }
        free(p);                              // 释放为已删除节点分配的内存
    }
    else
```

```
    {
        printf("This Node has not been found!\n");
    }
    return head;
}
```

错误分析：在 Code::Blocks 环境下，这个程序的运行结果如下：

```
Do you want to append a new node(Y/N)?y✓
Input node data : 10✓
1        10
Do you want to append a new node(Y/N)?y✓
Input node data : 20✓
1        10
2        20
Do you want to append a new node(Y/N)?y✓
Input node data : 30✓
1        10
2        20
3        30
Do you want to insert a new node(Y/N)?n✓
3 new nodes have been apended!
Do you want to delete a node(Y/N)?y✓
Input node data that you want to delete : 20✓
1        10
2        30
Do you want to delete a node(Y/N)?y✓
Input node data that you want to delete : 30✓
1        10
Do you want to delete a node(Y/N)?y✓
Input node data that you want to delete : 10✓
1 4007168
Do you want to delete a node(Y/N)?n✓
3 nodes have been deleted!
```

这个结果是不是很奇怪呢？删除中间节点和表尾节点，都没有显示错误，但是删除首节点时就有问题了，明明删掉了，怎么还会显示呢？而且显示的节点数据显然是乱码。

现在再运行一次，结果如下：

```
Do you want to append a new node(Y/N)?y✓
Input node data : 10✓
1        10
Do you want to append a new node(Y/N)?y✓
Input node data : 20✓
1        10
2        20
Do you want to append a new node(Y/N)?y✓
Input node data : 30✓
1        10
2        20
```

```
3            30
Do you want to insert a new node(Y/N)?n↙
3 new nodes have been apended!
Do you want to delete a node(Y/N)?y↙
Input node data that you want to delete : 10↙
1            0
2            20
3            30
Do you want to delete a node(Y/N)?y↙
Input node data that you want to delete : 0↙
1 4014008
2            20
3            30
Do you want to delete a node(Y/N)?y↙
3 nodes have been deleted!
```

上述信息告诉我们,问题一定是出在函数 DelNode( )中被删除节点为首节点时的那段代码里。在这段代码里,只有一条执行语句"head = p->next;",其含义是:让链表头指针 head 指向首节点的下一个节点。原来这条语句改变了 head 的指向,但是指针参数 head 只能向被调函数传递指针 head 的值,即地址值,如果其值被修改,修改后的值不能通过指针参数 head 返回(除非被声明为二级指针)。另外,我们看看节点被删除后程序做了什么?原来接下来还执行了 free(p),将被删除的节点(这里为原链表首节点)内存给释放了,从而导致其内容为乱码。在执行函数调用语句"DelNode(head, data);"后,仍然使用原来链表的头指针 head,而这个指针指向的节点内存其实已经被释放了,于是犯了释放内存以后还继续使用它的错误。

由于从函数 DelNode( )返回值传回的 head 指针才是指向删除节点后链表的头指针,参数 head 指向的是原来的链表头指针,因此需要将主函数中的函数调用语句"DelNode(head, data);"修改为"head = DelNode(head, data);",也就是保存函数 DelNode( )返回的删除节点后的链表的头指针,以备后续代码使用。

同理,如果待插入的节点要放在首节点前,也会出现 head 指针改变的情况,只不过插入节点操作中不会出现使用野指针的问题,但会因使用了 malloc( )而容易出现为插入节点申请的内存未被释放的问题。

事实上,不仅为插入节点申请的内存需要释放,所有已建立的链表中的节点内存都需要释放,因此上面程序同样存在内存泄露的隐患,所以需要单独编写一个函数 DeleteMemory( ),用于释放所有已分配的动态内存,在主函数前增加该函数的原型:

```
void DeleteMemory(struct Link *head);
```

同时,为了在程序运行结束前释放所有已分配的内存,在主函数中增加如下语句:

```
DeleteMemory(head);
```

其中,函数 DeleteMemory( )的源代码如下:

```
// 函数功能:释放 head 指向的链表中所有节点占用的内存
void DeleteMemory(struct Link *head)
{
    struct Link  *p = head, *pr = NULL;
```

```
    while (p != NULL)                      // 若不是表尾，则释放节点占用的内存
    {
        pr = p;                            // 在 pr 中保存当前节点的指针
        p = p->next;                       // 让 p 指向下一个节点
        free(pr);                          // 释放 pr 指向的当前节点占用的内存
    }
}
```

编程提示：野指针错误的解决对策如下。

① 不要把局部变量的地址作为函数的返回值返回，因为该内存在函数体结束时会被自动释放。

② 尽量把 malloc( )集中在函数的入口处，free( )集中在函数的出口处。

③ 如果 free( )不能放在函数出口处，则指针被 free( )后，应立即将其设置为 NULL，这样在使用指针之前检查其是否 NULL 才有效。

④ 指针要么初始化为 NULL，要么使其指向合法的内存。

3.1.13 参数非法问题

【错误案例 3-21】 计算数组元素的平均数。

```
int Average(int a[], int n)
{
    int  sum = 0;

    for (int i = 0; i < n; i++)
    {
        sum += a[i];
    }
    return  sum / n;
}
```

错误分析：初看，这个函数没有任何问题，但是如果不小心将函数 Average( )传入的参数 n 的值为 0，那么程序会发生"除 0 溢出"错误。这种错误明显是调用该函数的程序错误，而不是该函数的错误。虽然外界是否传入非法数值不是函数 Average( )所能预料和决定的，但是我们可以让它具有遇到不正确使用或非法数据输入时仍能保护自己避免出错的能力，即增强程序的健壮性。方法是：在函数的入口处，检查输入参数的合法性。

可以在函数入口处，增加一条判断语句：

```
if (n <= 0)
    return -1;
```

或者将语句

```
return  sum / n;
```

修改成

```
return  n>0 ? sum/n : -1;
```

采用判断的方法，固然可以检查传入参数的错误，但是这样的判断使程序最终的编译代码体积变大，也降低了最终发布的程序的执行效率。事实上，可以利用断言即 assert( )函数（该

函数在头文件 assert.h 中定义）检查错误，即在函数 Average( )的入口处增加一条语句：

```
assert(n > 0);
```

如果其他函数在调用 Average( )时不小心给 n 传入了 0 值或无意义的负值，那么程序在 Code::Blocks 环境下运行时会显示：

```
Assertion failed: n > 0, file E:\新建文件夹\Debug\ave.C, line 8
This application has requested the Runtime to terminate it in an unsual way.
Please contact the application's support team for more information.
```

编程提示：对于程序中的某种假设或防止某些参数的非法值，利用断言帮助查错是一种比较好的方法。这样只会在 Debug 版中才会产生检查代码，而在正式发布版中不会带有这些代码，并且便于在程序调试和测试时发现错误，同时不影响程序的效率。

在下列情况下应首先考虑利用断言：

❖ 函数的参数，特别是指针参数，利用断言进行确认。

❖ 利用断言检查程序中的各种假设的正确性。

❖ 在程序设计中不要轻易认为某种情况不可能发生，对你认为不可能发生的情况都必须用断言来证实。

与此相关联的问题还有：不能认为调用一个函数总会成功（如动态内存分配、打开文件等函数调用都有调用失败的可能），要考虑到如果失败应该如何处理，方法是校验函数的返回值。

3.1.14 不良代码风格问题

要使程序实现某个预定的功能，可能有多种方法，但是其中只有一种或两种方法是最好的，优秀的程序员往往有足够的耐心和细心去找到这个最好的方法。喜欢"卖弄技巧"、编写出一些稀奇古怪、只有少数"聪明人"才能看得懂的程序，其实是一种很不好的编程习惯。如果写出来的代码别人都看不懂，那无异于垃圾。

【错误案例 3-22】 利用数组实现字符串的逆序存放。

```
#include <stdio.h>
#include <string.h>

void Inverse();

int main(void)
{
    char   a[10];

    printf("Please enter ten strings : ");
    gets(a);
    Inverse(a);
    puts(a);
    return 0;
}
void Inverse(char str[])
{
    int   len, i;
    char   temp;
    len = strlen(str)-1;
```

```
    for (i = 0; i < len; i++, len--)
    {
        temp = str[i];
        str[i] = str[len];
        str[len] = temp;
    }
}
```

错误分析：本程序在 Code::Blocks 下编译，不会有任何错误提示，程序的运行结果也是正确的，但是存在如下问题：

① 数组 a 的定义使用了幻数 10，这是一种不良的代码风格。

② 用 gets() 输入，不能限制用户输入字符串的长度，容易导致缓冲区溢出。

③ 在函数 Inverse() 的原型中，省略了对参数类型的说明（这样有些编译器就不再检查参数类型是否匹配了），是一种不良的代码风格。

如果将该程序保存为.cpp 文件，在 Code::Blocks 下编译，则会给出如下错误提示：

```
error: too many arguments to function 'void Inverse()'
error: at this point in file
```

还能精确地定位每个 error 的所在行（分别是第 4 行和第 12 行）。

要知道，C++程序这种"铁面无私"般的严格，似乎暂时带来了麻烦，然而其实是帮助我们避免了很多以后可能出现的更大的麻烦。

④ 在函数 Inverse() 中，每次循环都改变循环终值 len 的值，相当于在循环体内改变了循环结束条件，使用了一个难懂的技巧，实现了字符串的逆序排列，是一种不良的代码风格。

在多数情况下，在循环体内改变循环终值会导致错误的运行结果。虽然本例程序的运行结果正确，但是通过在循环体内改变循环终值 len 实现字符串逆序存放，属于滥用技巧，极易引起误解，导致程序可读性差，不是良好的编程风格。请读者将 for(i = 0; i<len; i++, len--)改为 for(i = 0, j = len - 1; i<j; i++, j--)，重新编写函数 Inverse()，比较程序修改前后的可读性。

编程提示：当函数返回值为 int 类型时，虽然函数定义时允许省略对函数返回值类型的说明，这时系统默认为 int。与此同时，允许省略函数原型，但这些都是不良的代码风格。

代码风格（Coding Style）虽然不影响程序的功能，但影响程序的可读性，它代表着一种习惯，是最易获得和实践的软件工程规则，相当于程序员的书法，但比书法好学得多，基本不需要特别练习。然而，坏习惯一旦养成，就像书法一样难以改变。好的代码风格追求的是程序的清晰、整洁、美观和一目了然，使程序易于阅读、测试和修改。从一开始学习编程就养成好的编程习惯，对设计程序结构、培养团队精神都大有裨益。

真正的商业程序绝对都是规范的。代码本身体现不出其真正的价值，有价值的代码不仅书写格式规范，还有很详细的设计文档和必要的注释。

编写本书的指导原则之一就是不让读者看到任何一个风格糟糕的例子。为了让读者通过对比体会代码风格的重要性，下面列举一个程序的两种版式，如图 3-7 所示。

最后一点建议是：维护别人的程序时，不要按自己的主观臆断随意删除别人的程序代码，如果觉得别人的代码不妥，请注释掉，然后添加自己的处理代码，毕竟你不可能 100%知道别人的意图，所以为了便于恢复原有代码，请在源代码上让别人看到你修改程序的意图和步骤。这是一个具有良好修养的程序员在程序维护时所应该做的。

```
// 不良的风格
// 打印 100 以内的素数
#include <stdio.h>
#include <math.h>
int main(void)
{int i;
for(i=2;i<100;i++)
{if(isprime(i))
printf("%d\t",i); }
return 0;
}
int isprime(int n)
{int k,i;
if(n==1) return 0;
k=sqrt((double)n);
for(i=2;i<=k;i++)
{if(n%i==0) return 0;}
return 1;
}
```

```
// 良好的风格
// 打印 100 以内的素数
#include <stdio.h>
#include <math.h>

#define        LIMIT      100

int isprime(int n);

int main(void)
{
   int  i;

   for(i = 2; i < LIMIT; i++)
   {
      if(isprime(i))
      {
         printf("%d\t", i);
      }
   }
   return 0;
}
```

```
int isprime(int n)
{
   int  k, i;

   if(n == 1)
   {
      return 0;
   }

   k = (int)sqrt((double)n);

   for(i = 2; i <= k; i++)
   {
      if(n % i == 0)
      {
         return 0;
      }
   }
   return 1;
}
```

图 3-7   代码风格示例

3.2 趣味经典实例分析

3.2.1 骑士游历问题

有些问题的解决不是基于某种确定的计算法则，而是通过大量反复的试验。当一个问题分解为有限多个具有相同性质的子问题时，对这些子问题就可以实施相同的算法。继续这种分解，子问题数将按指数规律增长。但是，根据特定问题的性质，可以决定某些检查准则，使得某些子问题中途"夭折"，而无须再继续分解下去，这样就可以大大降低计算量。这种方法被称为试探算法或回溯算法。骑士游历和八皇后问题是这类问题最经典的两个例子。

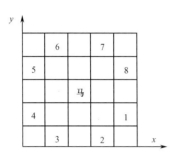

图 3-8　骑士游历问题

【问题描述】　给出一块具有 N^2 个格子的 $N \times N$ 棋盘，如图 3-8 所示，一位骑士从初始位置 (x_0, y_0) 开始，按照"马跳日"规则在棋盘上移动。问：能否在 $N^2 - 1$ 步内遍历棋盘上的所有位置，即每个格子刚好游历一次；如果能，请找出这样的游历方案来。

问题分析：首先，确定数据的表示方法。这里我们用二维数组来表示 $N \times N$ 的棋盘格子，例如，用 h[i][j]记录坐标为 (i, j) 的棋盘格子被游历的历史，其值为整数，表示格子 (i, j) 被游历的情况，约定 h[x][y]=0，表示格子 (x, y) 未被游历过，h[x][y]=i（$1 \leqslant i \leqslant N^2$）表示格子 (x, y) 在第 i 步移动中被游历，或者说在第 i 步移动的移动位置为 (x, y)。

其次，设计合理的函数入口参数和出口参数。本问题可以简化为考虑下一步移动或发现无路可走的子问题，用回溯算法来求解，用递归算法来实现，若有候选者，则递归，尝试下一步移动；如果发现该候选者走不通，进入"死胡同"，不能最终解决问题，那么抛弃该候选者，将其从记录中删掉，回溯到上一次，从移动表中选择下一个候选者，直到试完所有候选者。因此，该递归函数的入口参数应包括：确定下一步移动的初始状态，即出发点坐标位置 (x, y)，骑士已经移动了多少步，即移动次数 i，记录棋盘格子被游历历史的数组 h[][]。出口参数应为报告游历是否成功的信息，用返回值 1 表示游历成功，用返回值 0 表示游历失败。

算法设计：在上述分析基础上，按照"自顶向下、逐步求精"的方法，设计该问题的抽象算法。

```
HorseTry(尝试下一步移动)
{
    做移动前的准备(预置游历标志变量为不成功，计算下一步移动候选者的位置);
    do {
        从下一步移动表中挑选下一步移动的候选者;
        if (该候选者可接受)
        {
            记录本步移动的移动位置;
            if (棋盘未遍历完毕)
            {
                尝试下一步移动;
                if (移动不成功)
                    删去以前的记录;
            }
            else
            {
                置游历标志变量为成功;
            }
        }
    } while (移动不成功 && 移动表中还有候选者);
    return 游历标志变量记录的成功与否信息;
}
```

考虑"马跳日"的规则，若给定起点坐标(x, y)，则移动表中最多可有 8 个移动的候选者，它们的坐标可用如下方法进行计算：

```
u = x + a[count];
v = y + b[count];
```

其中，数组 a[]和 b[]分别用于存放 x 和 y 方向上的相对位移量，即：

```
static int  a[9] = {0, 2, 1, -1, -2, -2, -1, 1, 2};
static int  b[9] = {0, 1, 2, 2, 1, -1, -2, -2, -1};
```

根据以上分析，对上述抽象算法进行求精，得到如下代码：

```
int HorseTry(int i, int x, int y, int h[N+1][N+1])
{
    int  u, v, flag, count = 0;

    do {
        count++;
        flag = 0;
        u = x + a[count];
        v = y + b[count];
        if ((u >= 1 && u <= N) && (v >= 1 && v <= N) && h[u][v] == 0)
        {
            h[u][v] = i;
            if (i < NSQUARE)
            {
                flag = HorseTry(i + 1, u, v, h);
                if (!flag)
                {
                    h[u][v] = 0;
                }
            }
            else
            {
                flag = 1;
            }
        }
    } while (!flag && count < 8);
    return flag;
}
```

其中，NSQUARE 为 $N \times N$ 棋盘格子的总数。

编写主函数如下：

```
#include <stdio.h>
#define          N         5
#define          NSQUARE   N*N

int HorseTry(int i, int x, int y, int h[N+1][N+1]);
static int a[9] = {0, 2, 1, -1, -2, -2, -1, 1, 2};
static int b[9] = {0, 1, 2, 2, 1, -1, -2, -2, -1};

int main(void)
{
```

```
int  i, j, flag, x, y;
static int  h[N+1][N+1] = {0};
printf("Input the initial position x, y : ");
scanf("%d, %d", &x, &y);
h[x][y] = 1;
flag = HorseTry(2, x, y, h);

if (flag)
{
    printf("Output : \n");
    for (i = 1; i <= N; i++)
    {
        for (j = 1; j <= N; j++)
        {
            printf("%5d", h[i][j]);
        }
        printf("\n");
    }
}
else
{
    printf("No solution!\n");
}
return 0;
}
```

程序的运行结果如下：

```
Input the initial position x, y : 1, 1↙
Output :
 1    6   15   10   21
14    9   20    5   16
19    2    7   22   11
 8   13   24   17    4
25   18    3   12   23
```

3.2.2 八皇后问题

八皇后问题是 1850 年由数学家 Gauss 首先提出的。由于八皇后在棋盘上分布的各种可能的布局数目非常大，有 $C_{64}^8 = 2^{32}$ 种，求解该问题需要大量的试验和计算，手工计算难以胜任，因此当时 Gauss 本人并未完全解决该问题。

【问题描述】 在一个 8×8 的国际象棋棋盘上放置 8 个皇后，要求每个皇后两两之间不"冲突"，即没有一个皇后能"吃掉"其他皇后。简单地说，就是没有任何两个皇后占据棋盘上的同一行或同一列或同一对角线，即在每个横行、竖列、斜线上都只有一个皇后。

问题分析：先规定每行只放置一个皇后，在此前提下放置皇后，可以减少判断皇后是否冲突的次数，再确定数据的表示方法。

与骑士游历问题不同的是：本问题中最常用的信息不是每个皇后的位置，而是每列和每条对角线上是否已经放置了皇后。因此，不用二维数组表示棋盘，而选用 4 个一维数组：

```
int  rowPos[8], col[8], leftDiag[15], rightDiag[15];
```

其中，rowPos[i]表示第 i 行上皇后的位置（位于第 i 行的第几列），col[j]表示第 j 列上没有皇后占据，leftDiag[k]表示第 k 条左对角线╱上没有皇后占据，rightDiag[k]表示第 k 条右对角线（╲）上没有皇后占据。

仍然用回溯法求解，用递归函数来实现，分别测试每种摆法，直到得出满足题目约束条件的答案。

算法设计：在上述分析基础上，按"自顶向下、逐步求精"方法，设计该问题的抽象算法。

```
QueenTry(尝试第 i 种摆法)
{
    做选择第 i 行皇后位置的准备;
    do {
        选择下一个位置;
        if (该位置安全)
        {
            在该位置放置皇后;
            if (i < 7)
            {
                尝试第 i+1 种摆法;
                if (不成功)
                {
                    移走该位置上的皇后;
                }
            }
            else
            {
                置标志变量为成功;
            }
        }
    } while (不成功 && 位置未试完);
    return 标志变量记录的成功与否信息;
}
```

由于对角线有两个方向，在同一对角线上的所有点（设其坐标为 (i, j)），要么行、列坐标之和 i+j 是常数，要么行、列坐标之差 $i-j$ 是常数。其中，行、列坐标之和（在 0～14 范围内）相等的诸方格在同一条╱对角线上，而行、列坐标之差（在-7～7 范围内）相等的诸方格在同一条╲对角线上。因此，可用 b[i+j]的值表示位置为 (i, j) 的╱对角线上是否有皇后占据（若无皇后占据，则置 b[i+j]为真，否则置 b[i+j]为假），用 c[i-j+7]表示位置为 (i, j) 的╲对角线上是否有皇后占据（若无皇后占据，则置 c[i-j+7]为真，否则置 c[i-j+7]为假）。如果 col[j], leftDiag[i+j]和 rightDiag[i-j+7]都为真，则说明位置 (i, j) 是安全的，可以放置一个皇后。而在位置 (i, j) 放置皇后，就是置 col[j], leftDiag[i+j]和 rightDiag[i-j+7]为假；从位置 (i, j) 移走皇后，就是置 col[j], leftDiag[i+j]和 rightDiag[i-j+7]为真。

根据以上分析，对上述抽象算法进行求精得到如下代码：

```
int QueenTry(int i, int rowPos[], int col[], int leftDiag[], int rightDiag[])
{
    int  flag, j = -1;
    do {
        j++;
```

```
        flag = 0;
        if (col[j] && leftDiag[i+j] && rightDiag[i-j+7])
        {
            rowPos[i] = j;
            col[j] = 0;
            leftDiag[i+j] = 0;
            rightDiag[i-j+7] = 0;
            if (i < 7)
            {
                flag = QueenTry(i+1, rowPos, col, leftDiag, rightDiag);
                if (!flag)
                {
                    col[j] = 1;
                    leftDiag[i+j] = 1;
                    rightDiag[i-j+7] = 1;
                }
            }
            else
            {
                flag = 1;
            }
        }
    } while (!flag && j<7);
    return flag;
}
```

编写主函数如下：

```
#include <stdio.h>

int QueenTry(int i, int rowPos[], int col[], int leftDiag[], int rightDiag[]);

int main(void)
{
    int  flag;
    static int  rowPos[8];
    static int  col[8] = {1, 1, 1, 1, 1, 1, 1, 1};
    static int  leftDiag[15] = {1, 1, 1, 1, 1, 1, 1, 1, 1, 1, 1, 1, 1, 1, 1};
    static int  rightDiag[15] = {1, 1, 1, 1, 1, 1, 1, 1, 1, 1, 1, 1, 1, 1, 1};

    flag = QueenTry(0, rowPos, col, leftDiag, rightDiag);

    if (flag)
    {
        printf("Result : \n");
        for (int i = 0; i < 8; i++)
        {
            printf("%4d", rowPos[i]);
        }
        printf("\n");
    }
    return 0;
}
```

程序的运行结果如下：

```
Result:
 0    4    7    5    2    6    1    3
```

思考题：上面这个程序是用来求一个解的，若要计算出所有可能的解，需要对上述算法进行一些修改。下面是计算全部 92 个解的程序，请读者自己分析其设计原理。

```c
#include <stdio.h>

void QueenTry(int i, int rowPos[], int col[], int leftDiag[], int rightDiag[]);
int  m = 0;

int main(void)
{
    static int  rowPos[8];
    static int  col[8] = {1,1,1,1,1,1,1,1};
    static int  leftDiag[15] = {1,1,1,1,1,1,1,1,1,1,1,1,1,1,1};
    static int  rightDiag[15] = {1,1,1,1,1,1,1,1,1,1,1,1,1,1,1};

    QueenTry(0, rowPos, col, leftDiag, rightDiag);
    return 0;
}

void QueenTry(int i, int rowPos[], int col[], int leftDiag[], int rightDiag[])
{
    for (int j = 0; j < 8; j++)
    {
        if (col[j] && leftDiag[i+j] && rightDiag[i-j+7])
        {
            rowPos[i] = j;
            col[j] = 0;
            leftDiag[i+j] = 0;
            rightDiag[i-j+7] = 0;

            if (i < 7)
            {
                QueenTry(i+1, rowPos, col, leftDiag, rightDiag);
            }
            else
            {
                m++;
                printf("<%d> ", m);
                for (int k = 0; k < 8; k++)
                {
                    printf("%d\t", rowPos[k]);
                }
                printf("\n");
            }

            col[j] = 1;
            leftDiag[i+j] = 1;
            rightDiag[i-j+7] = 1;
        }
    }
}
```

3.3 程序优化及解决方案

提高软件性能的方法，除了使用速度更快的硬件，选择比较好的编程语言、编译器、高效的数据结构和算法，再就是对代码进行优化，主要是指优化程序的质量属性，包括提高运行速度、提高对内存资源的利用率、使用户界面更友好等。

现代的 C/C++编译器提供了一定程度上的代码优化功能，但大部分由编译器执行的优化仅涉及执行速度和代码大小的一个平衡，编写的程序能够变得更快或者更小，但是不可能又变快又变小。当不能使所有目标都得到优化时，就需要折中。折中就是指协调各质量属性，以实现程序整体质量的最优。折中原则是：不能使某一方损失关键的功能，更不能抛弃一方，应该在保证其他质量属性可接受的前提下，使某些重要质量属性变得更好。

长期以来，C 语言和汇编语言在嵌入式领域占据了广阔的市场。但一提到嵌入式系统，人们可能首先联想到的是：慢得可怜的处理器和少得可怜的内存及外存。通常，我们称其为资源受限的环境。在资源受限的环境下，程序员最关注的因素主要是代码的体积和代码执行的效率。关注效率与性能的嵌入式系统开发人员不愿意使用 C++，主要是因为一些 C++编译器在具体实现上，C++的某些语法特性直接导致代码体积膨胀和执行效率下降。所以，我们永远不会用 C++在 4 位芯片上编程控制彩灯闪烁，因为用几条汇编语句即可实现，用 C++无异于"高射炮打蚊子"。

下面总结出一些性能优化方面的条款，还很不全面，仅供想进行代码优化的初学者参考。

条款 1：优化算法

不要认为 CPU 运算速度快就把所有的问题都推给它去做。程序员应将代码优化再优化，我们自己能做的绝不要让 CPU 做，因为 CPU 是为用户服务的，不是为我们程序员服务的。

【程序实例 3-1】 写一个函数计算$1-2+3-4+5-6+\cdots+n$的值。

```c
long fn(long n)
{
    long  temp = 0;
    int  i, flag = 1;

    if (n <= 0)
    {
        printf("error : n must > 0");
        exit(1);
    }
    for (i = 1; i <= n; i++)
    {
        temp = temp + flag * i;
        flag = -flag;
    }
    return temp;
}
```

这个程序的运行结果没有错，但当 n 很大时，执行效率却很低。在某些对程序执行效率要求很高的场合，能让 CPU 少执行一条指令都是好的。请看下面这个程序。

```c
long fn(long n)
```

```
{
    if (n <= 0)
    {
        printf("Error : n must > 0");
        exit(1);
    }
    if (0 == n % 2)
    {
        return (n/2) * (-1);
    }
    else
    {
        return (n/2) * (-1) + n;
    }
}
```

显然，当 n 很大很大时，这两个程序的运行效率会是天壤之别。

条款 2：简单为美，以空间换时间

最简单的是最好的。这是因为简单的方法更容易被人理解，更容易实现，也更容易维护。遇到问题时要优先考虑最简单的方案，只有简单方案不能满足要求时再考虑复杂的方案。设计和编程的真正目标在于产生能够完成工作的最简单的解决方案，并且对该解决方案的表达尽可能清晰。理想的境界不是让那些看到你代码的人惊呼"哇塞，好聪明耶！"，而是"哈哈，原来这么简单？"

C 语言是用来实践的。能应用，比掌握一些生僻的用法更重要，而应用首先应遵循的一条原则就是"简单为美"。软件工程思想在应用中也非常重要，因为单纯的运行结果正确，并不能说明程序质量高。

一定要以直截了当的方式来编写程序，尽量避免编写较长的函数，避免过深的嵌套，不写别人看不懂的代码，这就是所谓"KISS（Keep It Simple & Stupid）"原则。除了有"Simple is better than complex"之意外，还有"Correct is better than fast""Clear is better than cute""Safe is better than insecure""Short is better than long""Flat is better than deep"之内涵。

【程序实例 3-2】 使用一种技巧性的编程方法，用函数 fn(int n, int flag)实现两个函数的功能：当 flag 为 0 时，实现计算函数 fn1(n)的功能；当 flag 为 1 时，实现计算函数 fn2(n)的功能。要求程序具有较高的运行效率。

```
fn1(n) = n/2! + n/3! + n/4! + n/5! + n/6!
fn2(n) = n/5! + n/6! + n/7! + n/8! + n/9!
```

首先，定义一个 float 型二维数组 t；然后，用 t[0][5]存放 2!、3!、4!、5!、6!的值，用 t[1][5]存放 5!、6!、7!、8!、9!的值；最后，设计如下循环语句来完成计算。这是一个典型的以空间换时间的算法。

```
sum = 0;
for (i = 0; i < 6; i++)
{
    sum += n / t[flag];
}
```

主教材（《C 语言大学实用教程（第 5 版）》）的例 7-4 用数组 dayTab[2][13]第 0 行元素存放平年各月份的天数，第 1 行元素存放闰年各月份的天数，也是用了类似的技巧。

```
static int  dayTab[2][13] = {{0,31,28,31,30,31,30,31,31,30,31,30,31},
                             {0,31,29,31,30,31,30,31,31,30,31,30,31}};
```

条款 3：使用内联函数

使用内联（Inline）函数，请求编译器用函数内部的代码替换所有指定的函数调用。其优点是：内联函数省去了调用指令需要的执行时间，省去了传递变元和传递过程（函数调用参数入栈和函数完成后参数出栈）需要的时间，因而可以提高程序的运行效率。除了能去除函数调用所带来的效率负担，内联函数还保留了一般函数的优点，比带参数的宏更安全、更容易调试。

注意：内联函数并不是一个增强性能的灵丹妙药。只有当内联函数被频繁调用且非常短小（如只包含几行代码）的时候才是最有效的。如果函数并不是很短而且被频繁调用，那么将会使可执行程序的体积增大。最令人烦恼的事情还是当编译器拒绝内联的时候。新、老版本的编译器为解决函数被重定义的错误而采取的措施还不尽完善。一些编译器"足够聪明"，能指出哪些函数可以内联，哪些不能；但是，大多数编译器就"不那么聪明"了，因此需要我们的经验来判断，如果内联函数不能增强性能，就应避免使用它。

条款 4：用迭代代替递归

从编程角度，用递归算法编写的程序比较直观、精练，逻辑清楚，逼近数学公式的表示，能更自然地描述问题，符合人的思维习惯，使程序更容易理解，尤其适合非数值计算领域，如汉诺塔、骑士游历、八皇后问题。但是从程序运行效率来看，大量的重复计算会导致程序的时空效率偏低，因为每次函数的递归调用都需要进行参数传递、现场保护等操作，重复函数调用的时空开销很大，所以应尽量用迭代形式替代递归形式，以提高程序的执行效率。

【程序实例 3-3】 编写一个计算 Fibonacci 数列的函数，如图 3-9 所示。

```
long fib(int n)
{
    long  f;
    if (n == 0)
    {
        f = 0;
    }
    else if (n == 1)
    {
        f = 1;
    }
    else
    {
        f = fib(n-1) + fib(n-2);
    }
    return f;
}
```

函数 fib( )中的每层递归对调用数有加倍的趋势，这种指数级剧增的运算可以让最强大的计算机望而生畏，仅计算 fib(5)就调用了 14 次 fib( )。

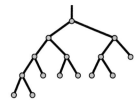

图 3-9 　计算 Fibonacci 数列
的递归调用过程

虽然可以改成如下迭代形式，但效率不会明显提高，因为每次函数调用只能计算一个值，即 fib(n)，而且每次计算 fib(n)都需要从头开始迭代计算。

```
long fib(int n)
{
    long  f1 = 0, f2 = 1, f3;

    if (n == 0)
    {
        return f1;
    }
    else if (n == 1)
    {
        return f2;
    }
    else
    {
        for (int i = 1; i < n; i++)
        {
            f3 = f1 + f2;
            f1 = f2;
            f2 = f3;
        }
        return f3;
    }
}
```

若改成如下迭代形式，由于每次函数调用可以连续计算 n 个值，即 fib(0)、fib(1)、fib(2)、…、fib(n)，而且后项是利用前项计算的，不必从头开始迭代计算，因此效率会大大提高。

```
void fib(long f[], int n)
{
    f[0] = 0;
    f[1] = 1;

    for (int i = 2; i <= n; i++)
    {
        f[i] = f[i-1] + f[i-2];
    }
}
```

实质上，递归也是一种循环结构，能将复杂的情形逐次归结为较简单的情形来计算，一直到归并为最简单的情形为止。从该意义上，递归是一种比迭代更强的循环结构。迭代与递归有很多相似之处，如：它们都基于控制结构，迭代用重复结构，而递归用选择结构；都涉及重复，迭代显式地使用重复结构，而递归通过重复函数调用实现重复；都涉及终止测试，迭代在循环条件为假时终止，递归在遇到递归初始条件时终止，迭代不断修改计数器，直到计数器使循环条件为假。递归不断产生最初问题的简化副本，直到简化为递归的初始情况。如果循环条件测试永远为真，那么迭代变成无限循环；如果递归永远无法回推到初始情况，那么变成无穷递归。

可以证明，每个迭代程序原则上都可以转换成等价的递归程序，但反之不然，如汉诺塔是一个典型的只有用递归才能解决的问题。当然，有时在没有明显的迭代解决方案时，我们也不得不选择递归。

条款 5：使用增 1 和减 1 运算符

使用增量和减量运算符比使用赋值语句会更快。对大多数 CPU 来说，对内存字的增量、减量操作不必明显地使用取内存和写内存的指令。

例如，对于 x=x+1 操作，模仿大多数微机汇编语言，产生的代码类似于如下：

```
MOVE      A,x;                        ; 把 x 从内存取出存入累加器 A
ADD       A, 1;                       ; 累加器 A 加 1
STORE     x                          ; 把新值存回 x
```

如果使用增量操作符，生成的代码如下：

```
INCR      x                          ; x 加 1
```

显然，后者比前者的执行效率高。

条款 6：在定义变量时就将其初始化

在定义变量时就对其进行初始化，有助于减少程序的运行时间。

条款 7：用指针代替数组

用指针代替数组可以产生又快又短的代码。

例如，在下面的代码中，用数组方法输出 a[i]，每次循环都必须进行基于首地址求数组下标的复杂运算。

```
for (i = 0; i < 10; i++)
{
    printf("%d ", a[i]);
}
```

事实上，它等价于如下代码

```
for (i = 0; i < 10; i++)
{
    printf("%d ", *(a+i));
}
```

而在如下代码中，将数组的首地址存入指针变量 p 后，在每次循环中只需对 p 进行增量操作，可以提高程序运行效率。

```
for (p = a; p < (a+10); p++)
{
    printf("%d ", *p);
```

}

当需要将数组（尤其是结构体数组）传递给函数时，将数组的首地址（对于结构体数组而言，就是用结构体数组的指针代替结构体数组作函数参数）传递给函数，相对于将整个数组的元素复制给函数而言，既可以节约程序运行时间，又可以节约内存空间。

如果需要频繁调用的函数中包含有数组，那么将其定义为静态（static）数组，也可以提高程序的执行效率。因为这样在每次函数调用时不需重新创建并初始化这些数组了。

条款 8：减少函数调用参数

一个函数调用的负担会随着参数列表的增长而增加。运行时系统不得不建立堆栈来存储参数值，因此函数参数作为函数与外界的接口，越精简越好，必要时可以用结构体封装多个参数为一个参数，并用结构体指针作函数参数，不仅可以提高程序的执行效率，还有利于数据的封装和程序的简洁性，同时方便函数调用者。一方面，如果函数个数很多（如十几个），调用者很容易搞错参数的顺序和个数，而使用结构体封装和传递参数，可以不必关心参数的顺序；另一方面，如果要给函数增加参数，也不需更改函数接口，只需更改结构体和函数内部处理即可。但是建议不要为了精简函数参数而使用全局变量，这样会得不偿失。

条款 9：不定义不使用的返回值

函数定义本身并不知道函数返回值是否被使用，假如返回值从来不会被用到，那么应该使用 void 来明确声明函数不返回任何值。

条款 10：根据发生频率重排 if 或 case 语句

在 switch 语句中根据发生频率来对 case 语句排序，把最可能发生的情况放在第一位，最不可能发生的情况放在最后。

编译器会产生 if-else if 的嵌套代码并按照顺序进行比较，发现匹配时，就跳转到满足条件的语句执行，每个由机器语言实现的测试和跳转仅仅为了判断下一步要做什么就可能把宝贵的处理器时间耗尽。

类似的情况还有：

① 在编写包含运算符&&的表达式时，把最有可能为假的简单条件写在表达式的最左边；在编写包含运算符||的表达式时，把最有可能为真的简单条件写在表达式的最左边。这样有助于缩短程序的运行时间。

② 将 case 标号很多的 switch 语句转为嵌套 switch 语句，把发生频率高的 case 标号放在一个 switch 语句中且在嵌套 switch 语句外，发生频率相对低的 case 标号放在嵌套 switch 语句中，这样做的目的也是为了减少比较的次数。

条款 11：嵌入汇编语言代码

如果尝试其他方法均不能满足要求，只有使用这最后一招了。虽然 C/C++编译器对代码进行了优化，但是对时间要求苛刻的代码部分使用内联汇编指令来重写，可以非常有效地提高整个系统运行的效率。但是该方法不能想当然地就去实施，因为会给将来的代码维护带来困难：一方面，维护代码的程序员可能对汇编语言并不了解；另一方面，如果想把软件运行于其他平台，还需要重写汇编代码部分。另外，开发和测试汇编代码也是一件辛苦的工作，需要花费更长的时间。

前面所列的部分条款都是名义上的性能改进措施，所以读者可以忽略它们。一个名义上的性能改进措施，只有被实施在一个被大量重复的循环结构中，或者将各种性能改进措施累积起来，也许才会看到性能的明显提高。

下面再给出一些有助于改善程序可移植性方面的提示，供读者参考。

【提示1】　因为标准 C 只是将 EOF 定义成一个负数（并不一定是-1），在不同的系统中，EOF 可能取不同的值。所以，采用符号常量 EOF 而不是-1 来测试文件输入数据是否结束，可以增加程序的可移植性。

【提示2】　因为在不同的系统中，数据类型所占的存储空间的字节数可能是不同的，所以采用 sizeof 运算符来计算数据类型、变量或表达式所占存储空间的字节数，可以增加程序的可移植性。sizeof 是一个编译时执行的运算符，不会导致额外的运行时间开销。

【提示3】　由于具有特定数据类型的结构体成员所占的字节数是与机器相关的，同时针对结构体成员的存储对准规则也是与机器相关的，从而导致一个结构体在内存中的表现形式也是与机器相关的，因此不能想当然地直接用结构体的每个成员类型所占内存字节数的"和"作为一个结构体实际所占的内存字节数，这样会降低程序的可移植性。

【提示4】　采用 C 标准库中的函数有助于提高程序的可移植性。例如，产生随机数的函数 rand()就是一个 C 标准库函数，而 random()不是，仅能在 Turbo C 环境中使用。

【提示5】　当一个 char*类型的变量用字符串常量初始化时，某些编译器是将这个字符串存放在内存的只读存储区内。如果程序需要改写这个字符串，就必须将其存储到一个字符数组中，这样才能保证在所有系统上都可以改写它。

【提示6】　尽管 const 已在标准 C 中定义，但是某些早期版本的 C 编译器并不支持它。

另外需要强调的是：我们可能经常要在保证软件工程质量和实现软件性能最优之间进行权衡，因为其中一个目标的实现常常是以牺牲另一个目标为代价的。在计算机科学中，有很多需要对时间与空间进行折中考虑的例子。例如，位域能够节约存储空间，但因访问一个正常编址的存储单元中的部分位（bit）需要一些额外的机器指令，因此会使编译器生成运行速度较慢的机器代码。又如，函数可以使代码变得更加简洁、短小，但是频繁的函数调用需要进行频繁的参数入栈和出栈处理，所以会增加额外的运行时间开销。

以结构体这样的大数据对象为例，如果相对于内存开销而言我们更关注执行效率，那么必须以"传地址调用"方式向函数传递结构体对象，如前面条款7所述，用指针代替数组可以有效节约程序运行时间。如果更想节约内存而不太在意执行效率，就必须以"传值调用"方式向函数传递结构体对象，这样可以避免数据对象被改写。

显然，如果使用指向常量数据的非常量指针（表示它所指向的数据不能被改写，而该指针可以被修改为指向其他数据）来传递结构体对象，就可以同时兼备"传地址调用"的高效性和"传值调用"的安全性了。这是一个在时间、空间和数据安全性之间进行折中的最好的例子。当然，如果系统不支持 const，为了避免数据被改写，仍需使用"传值调用"。

3.4　C 语言新标准

3.4.1　C99 简介

ANSI/ISO 标准的原始版本 C89 是被广泛接受的 C 语言标准版本。C99 是其改进和扩展版本，增加了很多新的特征，home.tiscalinet.ch/t_wolf/tw/c/c9x_changes.html 网站上提供了关于 C99 特征的简要技术描述和代码示例。本节简要介绍 C99 的一些重要特征。

在一些网站上可以免费下载在不同程度上支持 C99 的编译器和集成开发环境，但是并非所有流行的 C 编译器都支持 C99。在支持 C99 的编译器中，大部分也只是支持其一部分功能，这是导致 C99 未被广泛应用的主要原因。Wikipedia 的 C99 网页中提到了各种编译器对 C99 的支持情况。流行的编译器中目前只有 GCC 支持它的某些新特征，如在下面列出的几个主要特征中只有复数类型是 GCC 不支持的，http://gcc.gnu.org/c99status.html 网站上给出了 GCC 对 C99 特性支持情况的详细列表。而其他主要做 C++编译器的厂商（如 Microsoft 和 Borland）基本停止了对它的更新，因为很多改进得非常有用的新特征在 C++中也提供了，如单行注释符"//"、声明语句和可执行代码的混合使用、内联函数、long long int 类型等特征在流行的 C++编译器上都是支持的。

1．单行注释符（one-line comments beginning with //）

C99 允许使用单行注释符"//"（就像 C++、Java 和 C#中一样）。只要字符"//"在一对引号之外的任何地方出现，一行中"//"后面的部分都会被处理为注释。

2．声明语句和可执行代码的混合使用（mixing declarations and executable code）

C89 要求一个语句块范围内的所有变量必须在块的开始处声明。C99 允许声明语句和可执行代码混合使用，即在一个语句块内，一个变量可以在使用该变量的执行语句前的任何位置声明。尽管这种做法可以增强代码的可读性，降低无用变量出现的可能性，但很多程序员还是喜欢在一个程序段的开始将用到的所有变量一起声明。

3．在 for 语句头声明一个变量（declaring a variable in a for statement header）

C99 对 C89 中 for 语句的定义进行了扩展，允许在 for 语句的变量初始化子句中声明变量。在 for 语句头，中声明的循环计数变量的作用域仅局限于 for 语句的范围内。

4．指派初始化（designed initializers and compound literals）

指派初始化允许直接使用下标符号或成员名字来初始化数组元素、结构体和共用体变量的成员。例如，C89 中的语句

```
int  a[4] = {1,0,0,3};
```

在 C99 中可以写成

```
int  a[4] = {[0] = 1, [3] = 3};
```

又如，在 C99 中，可以用如下指派初始化来对 struct point 结构体类型的数组 b 的成员进行初始化：

```
struct point
{
    int  x;
    int  y;
};

struct point b[5] =
{
```

```
        [0] = {.x = 0, .y = 0},
        [4] = {.x = 10, .y = 20}
    };
```

此外，可以用一个初始化列表生成一个没有名字的数组、结构体或共用体。例如，C99 允许使用如下表达式将数组 a 传递给函数 Fun( )，而不必在程序中声明数组 a。

```
    Fun((int [5]) {[0] = 1, [3] = 3});
```

5. 布尔类型（type bool）

C99 中布尔类型用关键字_Bool 声明，该类型变量的取值只能是 0 和 1。在 C 语言中，我们约定用 0 值和非 0 值分别表示 false 和 true。将任意一个非 0 值赋给一个_Bool 型变量都会使该变量的值置为 1。

使用布尔数据类型时需要包含 C99 的头文件<stdbool.h>，其中定义了表示布尔数据类型及其取值（true 和 false）的宏。在宏定义中，用 1 替换 true，用 0 替换 false，用 C99 的关键字_Bool 替换宏 bool，因此程序设计时可以直接使用 bool 定义布尔型变量。

例如，下面 C99 程序使用 bool 型变量以及 true 和 false，判断一个数是否是偶数，若是偶数，则返回 true，否则返回 false。

```
bool isEven(int number)
{
    if (number % 2 == 0)
    {
        return true;
    }
    else
    {
        return false;
    }
}
```

6. 取消函数声明中的隐式 int 类型（remove implicit int）

在 C89 中，如果一个函数没有明确声明返回类型，那么这个函数将隐式地返回一个 int 类型。但 C99 不支持隐式 int 类型，此时支持 C99 的编译器会发出警告或产生编译错误。

7. 复数类型（complex numbers）

C99 支持复数类型和复数运算，但必须包含头文件<complex.h>C99 才能识别复数。在 C99 中，复数宏被扩展成关键字_Complex——它是一个用来存储仅有两个元素的数组的类型，其中一个元素表示复数的实部，另一个元素表示复数的虚部。

在头文件<complex.h>中定义了表示复数类型的宏，用 C99 关键字_Complex 替换 complex，同样，程序设计时可以直接使用 complex 来定义复数类型变量。该头文件中还定义了一些数学函数，如函数 cpow( )、creal( )、cimag( )等。其中，creal( )表示取复数的实部，cimag( )表示取复数的虚部。包含头文件<complex.h>后，我们可以用如下方式定义和使用复数变量：

```
double complex  a = 1.4 + 2.5 * I;
double complex  b = 1.6 + 1.5 * I;
double complex  c = a + b;
```

```
printf("a is %f + %fi\n", creal(a), cimag(a));
printf("b is %f + %fi\n", creal(b), cimag(b));
printf("c is %f + %fi\n", creal(c), cimag(c));
```

8．可变长数组（variable-length arrays）

在 C89 中，要求在编译时已知数组的长度，因此必须使用整型常数来定义数组长度，如果数组长度未知，那么必须使用动态内存分配函数来定义动态数组。而 C99 允许使用可变长数组来解决数组长度未知的问题。所谓可变长数组，并不是指数组的长度是可以改变的，是指数组的长度是由程序执行时计算出来的表达式的值来定义的。

例如，下面语句在 C89 中会导致编译错误，但在 C99 中是可行的，只要表示数组长度的变量是整型的就不会出错。

```
int  size;

printf("Enter array size : ");
scanf("%d", &size);
int  array[size];
```

在 C89 中，sizeof 一直是一个编译时操作，但在 C99 中被用在可变长数组上时 sizeof 却是一个运行时操作。例如，可以在声明这个数组后，用如下语句来验证可变长数组的长度。

```
int  len = sizeof(array);
printf("array size is %d bytes\n", len);
```

在 C99 中，函数还可以用一个可变长数组作为形参，即形参数组的长度可以是一个变量，但同时表示数组长度的这个整型变量必须同时传递给函数。例如：

```
void printArray(int size, int array[size]);
```

但如下声明

```
void printArray(int array[size]);
```

将引发一个编译错误。如果这个函数不需知道实参数组的长度，那么可以用如下方式声明这个可变长数组：

```
void printArray(int array[*]);
```

表示主调函数可以传递任意长度的数组。

9．弹性数组成员（flexible array members）

C99 允许将结构体的最后一个成员声明为一个未指定长度的数组，称为弹性数组成员。例如：

```
struct famStruct
{
    int  otherMembers;
    int  array[];
};
```

一个弹性数组成员是通过声明一个具有一对空的"[ ]"的数组来生成的。在使用弹性数组成员时，有许多限制。只能将一个弹性数组声明为该结构体的最后一个成员，每个结构体最多只能有一个弹性数组成员；一个弹性数组不能作为一个结构体的唯一成员存在，即结构体必须有一个以上的固定成员；任何一个拥有弹性数组成员的结构体不能作为其他结构体的成员，且不能被静态地初始化。

为一个具有弹性数组成员的结构体分配内存空间时，可使用如下语句：

```
int  size = 10;
struct famStruct  *ptr;
ptr = malloc(sizeof(struct famStruct) + sizeof(int)*size);
```

表达式 sizeof(struct famStruct)得到的是除弹性数组以外的该结构体所有其他成员所占内存空间之和。用表达式 sizeof(int)*size 额外分配的内存空间就是弹性数组所占的内存空间。

10．long long int 类型 (long long int type)

C99 引入了 long long int 类型，相对于其他整数类型而言，它的取值范围增大了，但仅适用于在硬件或软件上对 64 位字长兼容的系统，其格式转换说明符就是将长度修饰符 ll（表示"long long"）放在任何一个整型转换说明符的前面。

11．泛型数学函数 (type-generic math functions)

C99 新增的泛型数学函数头文件<tgmath.h>为<math.h>中的许多数学函数提供了泛型宏（type-generic macros）。例如，编程时，源程序中包含了<tgmath.h>，如果 x 是 float 类型，那么表达式 sin(x)将调用实参是 float 类型的 sinf( )函数；如果 x 是 double 类型，那么 sin(x)将调用实参是 double 类型的 sin( )函数；如果 x 是 long double 类型，那么 sin(x)将调用实参是 long double 类型的 sinl( )函数。

12．内联函数 (inline function)

C99 允许使用关键字 inline 来声明一个内联函数（与 C++类似）。例如：

```
inline void randomFunction();
```

这时，编译器会用内联函数本身的代码替换原程序中该函数的每一个调用语句，由于节省了函数调用时间，因此可以改善程序的执行效率，但会增加程序所占用的空间。所以，内联函数适用于很短且被频繁调用的函数。内联函数的使用只是对编译器的一个建议，编译器也可以不使用它。

13．抵御黑客攻击的函数 snprintf (the snprintf function: Helping Avoid Hacker Attacks)

C99 新增的函数 snprintf( )有助于避免发生缓冲区溢出——一种流行的黑客攻击方式。因此，一经推出，立即得到了广泛支持，即使在那些不支持 C99 标准的编译器中也是如此。

C89 的 sprintf( )函数只是简单地按需求对缓冲区进行写操作，但并不知道缓冲区的大小，因此有可能导致内存中任何紧随缓冲区其后的内容遭到破坏。而使用 snprintf( )函数时，缓冲区的大小将作为函数的第二个实参与其他实参一同传递给 snprintf( )函数，从而保证了写缓冲区的字节数不会超出缓冲区大小的限制。

3.4.2　C11 和 C18 简介

最新的 C 语言标准分别于 2011 年和 2018 年公布。国际标准化组织在 2011 年通过的 C 语言标准是 ISO/IEC 9899:2011，称为 C11。国际标准化组织在 2018 年通过的 C 语言标准是 ISO/IEC 9899:2018，称为 C18。从 C99 到 C11 再到 C18 的变化，没有从 C89 到 C99 变化显著，尤其是从 C11 到 C18 并没有引入新的语言特性，仅仅做了一些技术修正。

1.　泛型选择（Generic Selection）

有时我们可能希望用同一个名字来命名实现功能相同而参数和返回值类型不同的多个函数，这在 C++等高级语言中被称为函数重载，在 C 语言中则是通过泛型来实现的。从 C99 开始，C 标准库用泛型宏来统一数学函数的各版本。例如，对于 sin( )函数，为了应对 double、float、long double、double_Complex、float_Complex、long double_Complex 不同类型的参数，标准库定义了相应的函数：sin( )、sinf( )、sinl( )、csin( )、csinf( )和 csinl( )。

有了泛型后，我们就可以直接用 sin 函数来调用它们，而不必关心实际调用的是哪个版本的函数，因为泛型可以根据传入的实参找到对应版本的函数。虽然 C99 的标准库使用了泛型选择技术，但在语法层面上并未提供任何支持。

从 C11 开始从语法层面上支持泛型，C11 标准引入泛型选择，它是一个表达式，其语法如下：

_Generic(表达式，泛型关联列表)

这里，泛型关联列表是由一个或多个泛型关联组成的，如果泛型关联多于一个，那么它们之间用","分隔。

泛型关联的语法为

类型名 : 表达式
defaul t : 表达式

泛型选择的主要目的是从多个备选的表达式中选出一个作为结果，被挑选出的那个表达式的类型就作为泛型选择表达式的类型，被挑选出的那个表达式的值就作为泛型选择表达式的值。

在泛型选择表达式中，第一个表达式被称为控制表达式，仅用于提取类型信息，如果某泛型关联中的类型名和控制表达式的类型匹配，那么泛型选择的结果表达式是该泛型关联的表达式。但是，不允许控制表达式匹配多个泛型关联的类型名。注意，泛型选择不能识别数组类型，因为数组类型的表达式会被转换为指向其首元素的指针。

default 泛型关联的意义在于，如果控制表达式的类型和任何一个泛型关联的类型名所指定的类型都不匹配，就自动选择 default 泛型关联中的表达式。但是，一个泛型选择中只允许有一个 default 泛型关联。例如：

#define　　　　　sin(x)　　　　　_Generic(x, double:sin, float:sinf, long double:sinl)(x)

其中，标识符 sin 被定义为带参数的宏，C 的编译预处理器会将其识别为宏名并进行宏替换，虽然将泛型选择表达式定义为了宏体，但这里只是希望用同一个宏名 sin 来应对不同类型的参数并依靠反省选择表达式解析出与此参数类型相匹配的库函数而已。

例如，语句

```
printf("%f\n", sin(.5f));
```

在预处理期间将被展开为

```
printf("%f\n", _Generic(.5f, double:sin, float:sinf, long double:sinl)(.5f));
```

泛型选择中的第一个控制表达式.5f 的类型是 float，与此相匹配的类型是 float，因此最终选择的库函数就是 sinf，即上面这条语句相当于

```
printf("%f\n", sinf(.5f));
```

2．改进的 Unicode 支持

在 C99 中，可以用 wchar_t 类型的变量保存宽字符，尽管绝大多数计算机系统开始支持 Unicode 字符集，但是不同的操作系统使用不同的 Unicode 编码方案。例如，Windows 使用的是变长 UTF-16 编码，Linux 直接使用 32 位的 UTF-32 来编码字符。因为不同操作系统使用的编码长度不统一，所以当程序在不同平台间进行移植时，就需要进行额外的转换。

从 C11 开始，标准库提供了头文件<uchar.h>，并定义了两种具有明确长度的宽字符类型，分别是 char16_t 和 char32_t。char16_t 是一个无符号整型，用来保存 UTF-16 编码这样的长度为 16 位的字符，char32_t 也是一个无符号整型，用来保存 UTF-32 编码这样的长度为 32 位的字符。

从 C11 开始，相对于 C99 的一个显著变化就是支持 u、U 和 u8 前缀的字符串字面量，以及 u 和 U 前缀的字符常量。例如：

```
char16_t  ch = u'a';
char16_t  *pstr = u"Hello world!\n";
```

带 u 前缀的字面量用于在程序编译期间创建一个 char16_t 类型的静态数组，带 u 前缀的字符常量就是 char16_t 类型的宽字符常量。再如：

```
char32_t  ch = U'a';
char32_t  *pstr = U"Hello world!\n";
```

带 U 前缀的字符串字面量用于在程序编译期间创建一个 char32_t 类型的静态数组，带 U 前缀的字符常量就是 char32_t 类型的宽字符常量。

u8 前缀则用来明确指定字符串字面量采用 UTF-8 编码方案。例如：

```
char  s[]= u8"Hello world!\n";
```

注意，在 u、U、u8 和它们后面的双引号之间不能留有任何空白，否则将出现语法错误。

3．匿名结构体和匿名共用体

从 C11 开始，结构体或共用体的成员也可以是没有名字的，即包含了如下形式的成员：① 没有名称；② 被声明为结构体或共用体类型，但是只有成员列表而没有标记。这样的成员就是一个匿名结构体（anonymous structure）或匿名共用体（anonymous union）。

如何访问匿名结构体的成员呢？访问匿名结构体的基本原则是：按匿名结构体所属的结构体来访问匿名结构体的成员，即将匿名结构体的成员当作匿名结构体所属的结构体的成员来访问。对于多层嵌套的情况，可以递归应用上述原则。例如：

```
struct sample
{
    int  i;

    struct
    {
        char  c;
        float  f;
    };                              // 无标记且未命名的成员
    struct
    {
        double  d;
    }sd;                            // 无标记但有命名的成员
}t;
```

上面定义的 struct sample 类型的结构体变量 t 中包含了一个没有标记、没有名字的结构体成员，则这个结构体成员的成员 c 和 f 会被当作 struct sample 的成员来访问，即

```
t.c = 'x';                          // 正确
t.f = 10.5;                         // 正确
```

注意，这个原则仅适用于无标记且未命名的成员。因此，对于无标记有命名的成员 d，则需要通过级联方式来访问。例如：

```
t.sd.d = 15.6;
```

而

```
t.d = 15.6;
```

是错误的。

尽管匿名结构体的成员被当作隶属于包含该结构体的上层结构体的成员来访问，但是对成员进行初始化的时候，仍需采用多级花括号，不能省略内层的花括号。

4．函数指定符

在 C 语言中，有些函数是不返回到调用者的，如 exit()和 abort()。从 C11 开始引入了一个新的关键字_Noreturn，用于指定函数不返回到调用者，也被称为函数指定符。如果某函数的声明里有函数指定符，就意味着它不返回到调用者。

若在程序中包含头文件<stdnoreturn.h>，则可以直接使用 noreturn 来代替_Noreturn。

5．静态断言

C 语言中的断言函数 assert( )主要用于在程序的 Debug 版本运行期间对程序做诊断工作，检查"不应该"发生的情况是否会发生。从 C11 开始引入了一个新的关键字_Static_assert，表示静态断言，即可以在程序编译阶段进行程序的检查和诊断工作。

静态断言的语法为

```
_Static_assert(常量表达式, 字符串字面量);
```

其中，关键字_Static_assert 后括号内的"常量表达式"必须是一个整型常量表达式。若这个常量表达式的值是非 0，则什么都不做；若其值为 0，则表示违反了约束条件，会显示当前语句

行有错误，错误的原因是静态断言失败，同时会输出一条错误诊断信息，在这条错误诊断信息中会自动加上"字符串字面量"的内容。例如，检查当前平台的 unsigned int 的上限值（limit.h 中定义的符号常量 UNIT_MAX 的值）是否超出 32767，那么这个静态断言可以写为

```
_Static_assert(UNIT_MAX >= 32767, "Not support this platform");
```

6．对象的对齐

为了提高存储器访问效率，要求特定类型的对象在存储器里的存储位置只能开始于某些特定的字节地址，而这些字节地址都是某个数值 N 的特定倍数，这称为对齐（alignment）。从 C11 开始，新增了一个对齐运算符 _Alignof，即可以用运算符 _Alignof 来得到指定类型的对齐值。运算符 _Alignof 的操作数要求用圆括号括起来的类型名，如 _Alignof(char)，返回的结果类型是 size_t。

从 C11 开始，新增了一个对齐指定符 _Alignas，只能在变量的声明语句里或者复合字面量中使用，强制被声明的变量按指定的要求对齐。其语法格式为

```
_Alignas(类型名)
_Alignas(常量表达式)
```

其中，第一种形式等价于 _Alignas(_Alignof(类型名))。

例如：

```
struct sample
{
    int  a;
    int  _Alignas(8) b;
};
```

它强制结构体类型 struct sample 的成员变量 b 按 8 字节对齐。

在程序中包含头文件<stdalign.h>后，可以用 alignas 和 alignof 来代替 _Alignas 和 _Alignof。

7．C11 标准库的更新

从 C11 开始，新增了 5 个头文件，即<stdatomic.h>，<threads.h>，<stdalign.h>，<uchar.h>，<stdnoreturn.h>，同时在<float.h><complex.h><time.h>等已有头文件中增加了宏和函数。此外，对已有部分函数做了改进和移除。例如，像 printf( )和 scanf( )这样的一些已存在的函数在 C11 中被赋予了更多的功能，同时出于对安全性的考虑，从头文件<stdio.h>中移除了 gets( )函数，并将其从新标准中废除。

下面简要介绍新增的 5 个头文件。

① <stdatomic.h>：定义了现有数据类型的原子类型，并提供了大量的宏用于执行原子类型变量的初始化和读写操作。

② <threads.h>：提供了线程的创建和管理函数，以及互斥锁、条件变量和线程局部存储的功能。

③ <stdalign.h>：提供了 4 个用于数据对齐的宏定义。

④ <uchar.h>：定义了新的宽字符类型 char16_t 和 char32_t，并提供了从多字节字符到这些宽字符类型的转换函数。

⑤ <stdnoreturn.h>：仅定义了一个宏 noreturn。

限于篇幅，本书未列出 C11 新增的函数，有兴趣的读者可以查阅最新的相关库函数手册和书籍资料。

8．多线程执行

在 Windows 中，我们可以一边听音乐，一边写代码，之所以可以这样做，主要是现代计算机一般支持同时执行多个应用程序。这里运行的每个应用程序其实都对应着一个进程。

进程（process）是计算机领域中的一个非常重要的专业术语，一个程序被加载到计算机内部执行时，就被称为一个进程。计算机让多个进程同时运行，这样可以充分利用处理器的计算能力。以 C 程序为例，当程序启动时，操作系统创建一个独立的进程，在完成全局变量的初始化等工作后，开始调用 mian( )函数，当程序执行完毕，从 main( )函数返回时，进程被操作系统撤销。

线程（thread）是另一个重要的计算机专业术语。为了加快进程的执行速度，操作系统会把进程进一步划分为若干可以并行执行的部分，其中每个可独立执行的部分就被称为线程。线程本质上就是程序的一个组成部分。每个进程至少包含一个线程。在处理器利用率不高的情况下，将进程划分为多个线程，可以提高整个进程的执行速度。在多处理器（核）系统中，甚至可以将线程指派给不同的处理器（核），以达到复杂均衡的效果。

C89 和 C99 并未提供对线程的支持，从 C11 开始增加了对多线程的支持，同时引入了原子类型和原子操作，用于支持锁无关的编程。

多线程编程给编程带来了挑战，其需要解决的主要问题就是线程之间的数据同步问题。在实际中，多个线程之间需要分工协作的情况很常见，往往一个线程需要在另一个线程完成特定的工作之后才能继续执行，这就是同步问题。条件变量主要用于在两个线程之间形成同步关系。类似于在线程之间传递消息。此时，一个线程可以处于阻塞或者休眠状态以等待某个时间发生，一旦条件满足，则立即获得通知并重新开始运行。一个线程可以给其他线程发送通知信号，也可以等到其他线程的信号。为此，需要定义条件变量，并使用条件变量来发送和等待信号。条件变量是一个特殊的变量，它的类型是 cnd_t，在头文件<threads.h>中定义。与使用其他类型的变量一样，条件变量也需要先声明后使用。

除了协作关系，线程之间也会存在竞争关系。例如，当多个线程访问同一个变量时，线程之间的同步尤为重要。当一个线程修改一个变量时，如果其他线程也在同时读取或修改这个变量，那么它们之间就会产生冲突，这种现象称为数据竞争（data race）。此时必须有一种机制来保证多个线程对同一变量的读和写按有序的方式进行，否则会得不到正确的结果。在多线程编程中，通常使用互斥锁来解决多个线程访问同一个变量时的数据竞争问题，即多个线程之间通过抢占互斥锁来完成数据访问，只有抢到锁的线程可以访问数据，没有抢到锁的线程只能阻塞等待。

限于篇幅，本书对 C 语言的多线程编程方法和库函数不做详细介绍，有兴趣的读者可以查阅最新的相关库函数手册和书籍资料。

9．原子类型和原子操作

所谓的多线程，实际上表现为所有线程在一个处理器上交错执行，称为并发（concurrency）执行。为了解决线程间因共享数据而引发的数据竞争，包括互斥锁在内的各种锁被发明出来。使用锁的副作用是增加了系统开销，因为很多时间花在线程的状态切换上。因此，人们希望能在避免使用锁的情况下编写程序，以降低系统开销并提高软件的执行效率，这就是锁无关（lock-free）的程序设计。在多处理器（核）时代，这个任务非常具有挑战性。多处理器（核）环境下，可以把线程分发给不同的处理器（核），让其各自并行执行，如果线程间没有任何依赖，那么我们可以充分享受多处理器（核）带来的好处，但是如果线程之间要共享变量并进行同步操作，锁无关程序设计的难度就大大增加了。

锁无关的程序设计依赖于原子操作，执行原子操作需要声明原子类型和定义原子变量。在 C11 中引入原子类型和原子操作的目的就是支持锁无关的程序设计，以降低系统开销，提高程序的执行效率。

C11 新增的头文件<stdatomic.h>中定义了很多原子类型，用于声明原子变量。从 C11 开始，C 语言引入了关键字_Atomic，用来指定原子类型。它既可以用作类型指定符，也可以用作类型限定符。用作类型指定符时，其语法格式为

```
_Atomic(类型名)
```

这里的类型名不能是数组、函数、原子或者限定的类型。

当用作限定符时，与 const 等其他类型限定符在语法上没有区别，仅含义不同。其含义是用来声明一个原子类型。例如：

```
const _Atomic(int)  i;
```

与

```
const _Atomic int  i;
```

是等价的。前者用作类型指定符，后者用作类型限定符。

"原子操作"是一个名词，不是一个动词，指一个完整的操作，如读操作、写操作，或者一个完整的读 - 改 - 写操作，为了避免数据竞争，原子操作应该具有如下特征：

❖ 一个读对象 M 的操作在执行期间。其他线程不能访问对象 M。
❖ 一个写操作 M 的操作在执行期间，其他线程不能访问对象 M。
❖ 任何一个对象 M 的读 - 改 - 写操作在执行期间，其他线程不能访问对象 M，或者至少在写入新值时，应该确保对象的值没有因其他线程的写操作而发生变化，否则应该重新执行读 - 改 - 写操作。

基于这样的要求，在 C 语言中，所有复合赋值运算符以及所有形式的自增自减运算符，在修改原子变量时都应该执行原子操作，这些操作的原子性可能是借助处理器的硬件指令实现的，也可能是通过内联原子操作函数实现的。C11 新增的头文件<stdatomic.h>中定义了很多库函数，这些库函数都执行原子操作，用来存取原子变量。

限于篇幅，本书对 C 语言中如何进行锁无关的程序设计不做详细介绍，有兴趣的读者可以查阅最新的相关库函数手册和书籍资料。

参考文献

[1] H.M. DEITEL, P.J. DEITEL．C How to Program．sixth Edition．北京：电子工业出版社，2010.

[2] B.W. KERNIGHAN, R PIKE．程序设计实践．裘宗燕，译．北京：机械工业出版社，2000.

[3] 苏小红，等．C 语言大学实用教程．5 版．北京：电子工业出版社，2021.

[4] 苏小红，等．C 语言大学实用教程学习指导．4 版．北京：电子工业出版社，2017.

[5] K.N.金．C 语言程序设计：现代方法．2 版．修订版．吕秀锋，黄倩，译．北京：人民邮电出版社，2021.

反侵权盗版声明

电子工业出版社依法对本作品享有专有出版权。任何未经权利人书面许可，复制、销售或通过信息网络传播本作品的行为；歪曲、篡改、剽窃本作品的行为，均违反《中华人民共和国著作权法》，其行为人应承担相应的民事责任和行政责任，构成犯罪的，将被依法追究刑事责任。

为了维护市场秩序，保护权利人的合法权益，我社将依法查处和打击侵权盗版的单位和个人。欢迎社会各界人士积极举报侵权盗版行为，本社将奖励举报有功人员，并保证举报人的信息不被泄露。

举报电话：（010）88254396；（010）88258888

传　　真：（010）88254397

E-mail：　dbqq@phei.com.cn

通信地址：北京市万寿路 173 信箱

　　　　　电子工业出版社总编办公室

邮　　编：100036